舌尖上的酒文化

王绪前 编著

中国医药科技出版社

内容提要

人们的生活中，酒无处不在，无论是酒的酿造、饮用，还是品酒、论酒，都已逐步形成了自身独特的文化——酒文化。中国酒文化源远流长，与历史、文学、哲学、美学、宗教、生存等都有着千丝万缕的联系，以其独特的风度流淌于人类触及的每一个领域。

本书从“华夏千载酒飘香——酒之文化”“神州大地多琼浆——酒之种类”“醇酿本草相益彰——酒之养生”三方面着手，用通俗的语言和有趣的故事，深入浅出地向读者介绍中国的酒文化。内容涵盖了酒史、酒俗、酒令、酒德、酒谚语、各种酒的特点、四季酒养生、四大名著与酒、药酒常选药物及验方等。

当读者在茶余饭后捧起这本书时，既可以享受到文化的熏陶，还可以学习到一些养生的知识。

饱览此书，犹如畅饮美酒，希望给您带来不一样的感受！

图书在版编目（CIP）数据

舌尖上的酒文化 / 王绪前编著. — 北京：中国医药科技出版社，2017.1（2024.11重印）

ISBN 978-7-5067-8719-2

Ⅰ. ①舌…　Ⅱ. ①王…　Ⅲ. ①酒文化－中国　Ⅳ.①TS971.22

中国版本图书馆CIP数据核字(2016)第231815号

舌尖上的酒文化

美术编辑　陈君杞

版式设计　大隐设计

出版　中国医药科技出版社

地址　北京市海淀区文慧园北路甲 22 号

邮编　100082

电话　发行：010-62227427　邮购：010-62236938

网址　www.cmstp.com

规格　710 × 1000mm 1/16

印张　14 3/4

字数　216 千字

版次　2017 年 1 月第 1 版

印次　2024 年11月第 3 次印刷

印刷　大厂回族自治县彩虹印刷有限公司

经销　全国各地新华书店

书号　ISBN 978-7-5067-8719-2

定价　39.00 元

前言

酒，水之形，火之性，形态万千，色泽纷呈，品种亦多，产量之丰，遍布整个社会之中，形成了其特有的一种文化。中国酒文化源远流长，与政治、军事、经济、历史、文学、哲学、美学、宗教、生存等都有着千丝万缕的联系，以其独特的风度流淌于人类触及的每一个领域。国人喜酒，其表现和痕迹无处不在，影响之大、之深，恐他物所不能及。

酒蕴含着人类数千年的文明，酒文化也折射出灿烂辉煌的华夏古老文化。官场上，酒被视为政治饮料，无论是外交，还是内政，无论是劳军，还是治吏，常常以酒搭桥，以酒沟通。工作上，酒能启发智能，激发灵感，如朋友聚会、联络感情、陶冶情操，尤其是当疲劳时，适量饮酒可以提高工作效率。生活中，酒可以调节情绪，润滑感情，走亲访友也需要酒作引子。

酒是一种特殊的食品，它不是生活必需品，却具有一些特殊的功能。“酒以成礼，酒以治病，酒以成欢”，在这些特定的场合下，酒是不可缺少的。酒又被人们看作为一种奢侈品，如果没有它，也不会影响人们的正常生活，所以“开门七件事”，即柴、米、油、盐、酱、醋、茶中是没有酒的。

酒是百药之长，酒能疏通经脉、行气和血、宣情畅意、强心提神、消除疲劳、促进睡眠、协助药力，适量饮酒能增加唾液和胃液的分泌，促进胃肠的消化和吸收，增进食欲，扩张小血管，促进血液循环，延缓胆固醇等脂质在血管壁的沉积。

“劝君更尽一杯酒，西出阳关无故人”，不论是乔迁升职，还是婚嫁丧葬，一切红白喜事，凡是有宴会之处，必有酒，无酒不成宴，已成定俗。所以新官到职、旧僚迁任，或新友相识、旧友远行都得要聚上一回，以酒联情谊，以酒助兴。

酒从酿造、饮用到赏酒、论酒，已渗透到人类生活的各个方面，并逐步形成了自身独特的文化——酒文化。酒与医素有不解之缘，繁体“醫”字从“酉”，酉者酒也。酒生豪情、长侠气、遗千秋。在先秦古书中，不涉及酒的书是很少的。中国最古老的文字甲骨文和金文都有“酒”字。中国是酒的故乡，在五千年历史长河中，酒和酒类文化一直占据着重要地位。酒是一种特殊的食品，融于人们的物质生活和精神生活之中。饮酒乃人之乐事，地无分南北，人无分男女，族无分满汉，饮酒之风，历经数千年而愈盛。酒作为一种文化形态和文化现象，饮用的意义远不止生理性消费和口腹之乐。在许多场合，酒作为一种文化、一种礼仪、一种气氛、一种情趣、一种心境，被人们所认同。

酒既能使人精神亢奋，又能使人袒露真实情感。一杯在握，胸襟渐开，豪气顿生。酒能激发人们平日里被封闭的想象力与创造力，亦能激发人们的豪情壮志。“宽心应是酒，遣兴莫过诗。”但是，酒能使人上瘾，多饮使人致醉，惹是生非，伤身败体，因此，人们又将其作为引起祸乱的根源。

本书对酒文化进行了探求，可以作为人们茶余饭后的消遣之物，亦可以让读者根据书中所载的一些治病方来调理自己。但作者阅历有限，书中搜集资料并不全面，也不可能尽善尽美，敬请读者谅解。

本书出版，感谢北京华纳牛顿医药科技有限公司的支持，感谢徐能高董事长的鼎力相助。

湖北中医药大学　王绪前

2016 年 10 月

目录

华夏千载酒飘香——酒之文化

神州大地多琼浆——酒之种类

醇酿本草相益彰——酒之养生

华夏千载酒飘香——酒之文化

中国酒文化历史悠久，传统中的酒并不只是饮用的。一般来说有四类用途：一是祭祀，如祭祖、祭社稷；二是宴饮，如请客吃饭；三是药用，所谓“酒为百药之长”；四是陪葬，当人去世后用酒祭奠哀思。酒既然是一种文化，就一定具有影响力。

酒是一种由发酵所得的食品，它是由酵母菌分解糖类产生的。酵母菌是一种分布极其广泛的菌类，在广袤的大自然原野中，尤其在一些含糖分较高的水果中，这种酵母菌更容易繁衍滋长，也由此造出了酒。酒到底是谁发明的呢，有多种说法。

第一章

酒从哪里来，正说与传说并列

我国造酒的历史可以上溯到上古时期，究竟是谁发明了酒，自古以来，众说纷纭，很难断定。在我国民间，有许多关于酒起源的传说。祖先创造了酒，给后人留下了许多美丽的传说，也让人们遐想联翩。

天有酒星，酒之作也

天有酒星，酒之作也，其与天地并矣。自古以来，关于酒的创造，有天上“酒星”所造的说法。东汉末年的孔融，在《与曹操论酒禁书》中有“天垂酒星之耀，地列酒泉之郡”之说。据《晋书·天文志》记载：“轩辕右角南三星曰酒旗。酒官之旗也。主宴飨饮食。五星守酒旗，天下大哺。”酒不可能是上天创造的。李白有“天若不爱酒，酒星不在天”的诗句。当然，“上天造酒说”只是传说而已，但可以给人以遐想，增添酒的神秘感。

猿猴采果，酝酿为酒

猿猴不仅嗜酒，而且还会“造酒”。“猿猴造酒”听来近乎荒唐，但其也有一定的道理。当然，猿猴虽会造酒，但不可能为人类造出酒来。最原始的酒，是野生花果经过堆积，自然发酵形成的花蜜果酒，称为猿酒。猿猴居深山老林中，完全有可能遇到成熟后坠落，并且经发酵而带有酒味的果子。它们就将果子采下堆积，水果受到自然界中酵母菌的作用而发酵，被后人称为“酒”的液体析出。因而猿猴采花果酝酿成酒是完全可能的，是合乎逻辑与情理的。不过，猿猴的这种“造酒”，充其量也只能说造带有酒味的野果，与人类的酿酒有质的不同。在远古时代，天然的酿酒材料，恐怕非野果莫属，野果含有糖分，可以直接发酵，生成酒精和二氧化碳等，散发出酒的气味，所以“猿猴造酒”是因为自然界赋予的一种本能而已。

黄帝岐伯，举杯论酒

传说在黄帝时代人们就已开始酿酒。汉代成书的《黄帝内经》中记载了黄帝与岐伯讨论酿酒的情景，其中《素问·汤液醪醴论》就是一篇论述酒的文献。黄帝是中华民族的共同祖先，《黄帝内经》一书实乃后人托名“黄帝”之作，因此，“黄帝造酒”只是传说。虽只是传说，后人也尊黄帝为酒的创始人。《黄帝内经》中还提到一种古老的酒——醴酪，即用动物的乳汁酿成的甜酒。

尧帝酿酒，造福百姓

尧作为上古五帝之一，带领民众同甘共苦，发展农业，妥善处理各类政务，受到百姓的拥戴，并得到不少部族首领的赞许。尧使得百姓安居乐业，精选出最好的粮食，淬取出精华合酿祈福之水，即酒。此“水”清澈纯净、清香幽长，用其以敬上苍，并分发于百姓，共庆安康。当然，“尧帝造酒”也只能是传说而已。

仪狄作酒，玉液琼浆

相传夏禹时期的仪狄发明了酿酒。公元前二世纪史书《吕氏春秋》云：“仪狄作酒”。汉代刘向编辑的《战国策》则进一步说明：“昔者，帝女令仪狄作酒而美，进之禹，禹饮而甘之，曰：‘后世必有饮酒而亡国者。’遂疏仪狄而绝旨酒。”史载仪狄是夏禹时代的人。按照这个说法，大禹在痛痛快快享用仪狄酿造的酒后，觉得的确很好，可是不仅没有奖励造酒有功的仪狄，反而从此疏远了他，对他不仅不再信任和重用，而且从此和美酒绝了缘。大禹还说，后世一定会有因为饮酒无度而误国的君王，这就是历史上所谓的“仪狄被贬冤案”。仪狄虽然博得“造酒始祖”的称号，但又是“酒亡其国”的始作俑者。世云：“不求有功，但求无过”，而仪狄恰恰就是因酿酒而有过者。

何以解忧，唯有杜康

魏武帝曹操在他的名诗《短歌行》中写道：“对酒当歌，人生几何？譬如朝露，去日苦多。慨当以慷，忧思难忘。何以解忧？唯有杜康。”“杜康”在诗句中指的是酒，并非人名。但是，这一千古名句使“杜康造酒”之说风靡海内外。从此以后，人们在谈及酒的起源时，便把杜康作为酒的始祖。

若作酒醴，尔唯曲蘖

上面造酒的说法，只是传说，而真正酿造酒的应该是民众在生活中逐渐发明的。我国是世界上最早以制曲培养微生物酿酒的国家，早在三千多年前的殷商武丁时期就已掌握了“霉菌”生物繁殖的规律。《尚书·说命》有“若作酒醴，尔唯曲蘖”的记载。当时就已使用麦芽、谷芽制成蘖，使用谷物发霉制成曲，把糖化和酒精发酵结合起来，作为糖化发酵剂进行酿酒。

夏朝：夏朝有一种叫“爵”的酒器，是已知最早的青铜器。杜康作秫酒，指的是杜康造酒所使用的原料是高粱。有“仪狄作酒醪，杜康作秫酒”的说法。就是说仪狄是黄酒的创始人，而杜康则是高粱酒的创始人。这样就将仪狄、杜康在造酒方面的功劳进行了区分。

殷商：商朝时酿酒业发达，青铜器制作技术提高，中国的酒器盛行，酿酒有了成套的经验。据考证，当时的酒精饮料有酒、醴和鬯（古代祭祀时所使用的一种酒），饮酒风气很盛，特别是贵族饮酒极为盛行。酒的广泛饮用引起殷商统治者的高度重视，纣王的造酒池可行船，整日里美酒伴美色。《史记·殷本纪》有关于纣王“以酒为池，悬肉为林”“为长夜之饮”等的记载，表明此时酒之兴起到盛行已经有很大的影响力了。

周代：周代大力倡导酒礼与酒德。周代酒礼成为最严格的礼节，其尊老、敬老的民风在以酒为主体的民俗活动中有生动体现。饮酒已是生活中的主要部分。这个时期有关酒的故事亦可见于文献。

春秋战国时期：《诗经》中有“十月获稻，为此春酒，以介眉寿”的诗句，这就认识到酒用粮食制造，可以达到长寿。此时期由于铁制工具的使用、生产技术的改进和生产积极性的提高，使生产力有了很大发展，物资、财富大为增加，这就为酒的进一步发展提供了物质基础，其间酿酒技术有了提高，酒的质量随之也有了很大的提高。

秦汉时期：随着秦朝经济的繁荣，酿酒业自然也就兴旺起来。此间提倡戒酒，以减少五谷的消耗，最终屡禁不止。汉代时期对酒的认识进一步加深，酒的用途广为扩大。东汉名医张仲景用酒入药、疗病，水平相当高，其记载的瓜蒌薤白白酒汤就选用了白酒治疗胸痹。曲，专指酒曲，《左传》中有“麦曲”的名称，在“曲”前加麦字限制变成“麯”。由于酒曲的发展，曲蘖的含义也有了变化。两汉时期，曲的种类更多了，有大麦制的，有小麦制的；有曲表面长有霉菌的，有表面没有长霉菌的。还有制成块状的曲，叫饼曲。从散曲到饼曲，是酒曲发展进步的表现，这也给酿酒业的普及以更快的发展。

三国时期：三国时期作为我国酒文化的发展时期，不论是技术、原料，还是种类等都有很大进步。三国时期的酒风极盛，甚至酒风剽悍，一些嗜酒如命的酒徒多见于文献中，喝酒手段也比较激烈。

魏晋南北朝：秦汉年间提倡戒酒，到魏晋时期，酒才有合法地位，酒禁大开，允许民间自由酿酒，私人自酿自饮的现象相当普遍，酒业市场十分兴盛，并出现了酒税。其间名士饮酒风气极盛，酒的作用潜入人们的内心深处，从而使酒的文化内涵也随之扩展。晋代出现了在酒曲中加入草药的方法。晋代人嵇含的《南方草木状》中有此记载。用这种曲酿出的酒，也别有风味。

隋唐时期：唐宋时期的酒文化是酒与文人墨客大结缘。唐朝诗词的繁荣，对酒文化有着很大的促进作用。酒与诗词、生活、音乐、书法、美术、绘画等相融相兴，沸沸扬扬。唐代酒文化底蕴深厚，是酒文化的高度发达时期，其多姿多彩、辉煌璀璨。酒催诗兴，最典型的就是李白，被后人称为“酒仙”，酒也就从物质层面上升到精神层面，酒文化融入到了人们的日常生活中。

宋元时期：宋朝酒文化是唐朝酒文化的延续和发展，比唐朝的酒文化更丰富，更接近现今的酒文化，酒业繁盛，酒店遍布。金代时期北方民族素有豪饮之风，有着浓厚的酒文化底蕴，向南方传播开来，并影响着人们。

明清时期：明清以后，饮酒之风愈盛，酒已成为人们生活中不可缺少的饮品。人们找理由饮酒，如端午节饮菖蒲酒、雄黄酒，中秋节饮桂花酒，重阳节饮菊花酒等。用酒修身养性已成为时尚。酒文化从高雅的殿堂推向了通俗的民间，从名人雅士的所为普及为里巷市井。酒成了人们生活中重要的物质生活和精神生活的辅料。

上述关于酒的传说有多种，酿酒鼻祖是仪狄、杜康，记载酒的最早文字是商代甲骨文。我国最富有民族特色的酒是黄酒和白酒。根据对酒的酿造分析，人类最先学会酿造的酒应该是果酒，我国最早由麦芽酿成的酒饮料称“醴”。据考据，现存最古老的酒是 1980 年在河南商代后期（距今约三千年）古墓出土的酒，现存于故宫博物院。最早实行酒的专卖约在汉武帝天汉三年（公元前 98 年）。酒价的最早记载是在汉代始元六年（公元前 81 年），官卖酒，每升四钱。最早记载葡萄酒的是司马迁的《史记·大宛列传》。最早的药酒生产方法载于西汉马王堆出土的帛书《养生方》。关于卖酒广告，最早记载于战国末期《韩非子》中“宋人酤酒，悬帜甚高”。目前国内最有名的酒是茅台酒。

第二章

探源“酒”字

什么是酒？酒是指用粮食、水果等含淀粉或糖的物质经过发酵，同时含乙醇的饮料。酒是一种特殊之物，具有多重性。就其本质而言，是含有酸、酯、醛、醇等多种化学成分的混合饮料，其中的主要成分乙醇（酒精），可被肠胃直接吸收。

李时珍《本草纲目·卷二十五·酒》曰："按许氏说文云：酒，就也。所以就人之善恶也。一说：酒字篆文，象酒在卣（古代一种盛酒的器具，口小腹大，有盖和提梁）中之状。饮膳标题云：酒之清者曰酿，浊者曰盎；厚曰醇，薄曰醨；重酿曰酎，一宿曰醴；美曰醑，未榨曰醅；红曰醍，绿曰醽，白曰醝（白酒）。”医源于酒，医本作“醫”，“醫”示外部创作，“殳”示按摩热敷、针刺以治病，“酉”本为酒器，与酒意通，表示酒是内服药。故《说文解字》云："医之性然得酒而使”“酒所以治病也”。据《汉书·食货志》载："酒为百药之长”。早在《神农本草经》中明确记载用酒制药材以治病。酒最早用作麻醉剂，三国名医华佗用的“麻沸散”，即用酒冲服。

酒字的这个“酉”字，李时珍解释为“酉，就也”。《说文解字》云："八月黍成，可为酎酒。”中医素有“医源于酒”之说。医字从“酉”,作“醫”,“酉”即为“酒”。“医”为匣中的手术刀，“殳”意拿在手中，“酉”本意酒器，与酒意通。民间解释为酒是让没有女人的男人也能感到温暖的一种液体，也是让没有男人的女人感到忧伤的一种宣泄物。

按“酉”即酒字，本来的意义是酿酒的器具，下面是个缸，缸里有原料，缸外有盖和搅动器。酒是愈老愈有味道，所谓“陈年老酒”，愈喝愈香。陈年老酒从酒窖里搬出来，上面一层灰，所以在小篆里，把陈年老酒写作今天的“酉”字。后来这字逐渐抽象化，慢慢把管酒的官也叫作“酋”,有酋长之谓。这个“酋”字，表示两手在推举“酋”，两手举累了，就变成了现在的“尊”字，“尊”字上头就是酒坛子。“海”是指容量大的器皿，即古代特大的酒杯，而且所喝的酒是以缸和坛为容器，故称酒量大者为海量。

有个笑谈：清朝乾隆皇帝时，大文人纪晓岚很幽默，有一次，一个大富翁造了一幢大房子，特地请他为房子起名字。纪晓岚知道这个富翁本是铁匠出身，后来成了暴发户而附庸风雅，于是，纪晓岚为这幢房子起名“西斋”。富翁欢天喜地地把这两个字捧回家去，告诉人们这是纪大学士给我写的，可是当别人问起“西斋”是什么意思的时候，富翁就不知道了，他问别人，别人也不知道。终于有一天，富翁忍不住了，他望着这个“西”字发呆，最后决定去找纪大学士解答。富翁问起这个“西”字，纪晓岚大笑说：“这个‘西’字，有两个意义，都是字典里查不出来的：第一个意义要直着看，‘西’好像是打铁用的铁砧；第二个意义要横着看，‘西’好像是打铁用的风箱。这两个意义都符合你是铁匠出身，所以这个‘西’字，正好用来叫你这幢房子！”此虽笑话，却也道出了“西”的形象特点。

人很奇怪，明明知道酒喝多了对身体不好，而朋友聚会时却偏偏要饮酒。有人说“饮酒之趣，其乐无穷，先贤已道尽。今朝歌舞升平，太平盛世。好山好水好地方，条条大路都宽广，朋友来了有好酒。”这是说酒本无趣，有情乃芳！最有趣的是饮酒之后可以胆壮！好友邂逅相聚，不论官衔、不分阶第，无拘无束，称兄道弟，把盏小酌，倾诉心声，情趣盎然。偶有一醉，一夜大睡，即可活脱脱还原。

有人说饮酒无趣，最无趣便是应酬，相互间既无情分亦无酒兴，只是一种需要、一种迎来送往的无奈，人人都想顷刻结束，却又不得不故作一副相见恨晚状。这种官场客套、商家酒宴，实在无聊无趣也无味。有人甚至对喝酒产生恐惧，当酒醉后，醉貌如霜叶，虽红不是春，一场大醉如恙十天，心境全坏，何乐何益何趣之有？野蛮状地强逼硬劝，“感情铁，喝吐血”之类，实在令人胆寒，无味也无趣。

酒这东西很复杂，义气有之、情分有之、聚兴有之，不可一概而论。人们常说酒趣有三，一闲适，二微醉，三会友，最妙在“微醉”。老百姓对酒的描述更直接：“酒是高粱水，喝上转了腿，嘴里话胡说，眼里活见鬼。”显然这酒有趣也无趣。人有千面，酒有千醉。“朋友聚会，有酒没菜，不算慢待；有菜没酒，拔腿就走。”“功名万里外，心事一杯中。”“冷酒伤胃，热酒伤肝，无酒伤心。”凡此种种语言、俗语皆与酒紧密相连。

第三章
悠悠酒史

历代关于对酒的记载和论述有很多，特别是到了春秋战国时期，由于铁制工具的使用，生产技术有了很大的改进，物资、财富大为增加，这就为酒的进一步发展提供了物质基础。而酒作为一种生活的需要，又可以增进友情、增加乐趣，所以古今人们对酒多有阐述，有的甚至异常精辟，给人以遐想，给人以智慧。

汉代以前，酒与生活密不可分

酒作为饮食物来说，主要还是食用，所以《论语·为政》:“有酒食，先生馔，曾是以为孝乎？”意思是说，有酒食应该先让长辈食用，这也可以体现一种孝道。这就将酒食与生活和做人的品质联系了起来。

《诗经·豳风·七月》:“十月获稻，为此春酒，以介眉寿。”意思是在寒冬用稻谷酿造美酒，春天饮用，可以求得眉寿（长寿）。阳春三月，桃李春风，畅饮春酒，保健养生，延年益寿。春日春风动，春江春水流，春人饮春酒，春民鞭春牛。美酒千觞，心旷神怡，万古愁销，以介眉寿。《诗经·小雅·吉日》:“以御宾客，且以酌醴。”酌醴，即酌酒，所以用酒来接待宾客自古有之。

《礼记·曲礼》:“水曰清涤，酒曰清酌。”清涤，古时祭祀用的水。水指玄酒，水可灌濯，故称清涤。清酌，经过澄清的酒。《礼记·月令》:“孟夏之月天子饮酎，用礼乐。”酎，重酿之酒，配乐而饮，是说开盛会而饮之酒。

《尚书·说命》:“若作酒醴，尔为曲蘖”。最早的文献记录是“鞠蘖”，发霉的粮食称“鞠”，发芽的粮食称“蘖”，从字形看都有米字，米者，粟实也。由此得知，最早的鞠和蘖，都是粟类发霉、发芽而成的。《说文解字》说:“蘖，芽米也。”“米，粟实也。”以后用麦芽替代了粟芽，蘖与曲的生产方式分家以后，用蘖生产甜酒（醴）。

中医对酒的认识很深刻，《养生要集》云：“酒者，五谷之华，味之至也，故能益人，亦能损人，节其分剂而饮之，宣和百脉，消邪却冷也。若升量转久，饮之失度，体气使弱，精神侵昏。宜慎，无失节度。”《黄帝内经》中专门有一篇《素问·汤液醪醴论》就是论述酒的。醪，浊酒；醴，甜酒。醪醴指甘浊的酒，亦泛指酒类，古代用以治病。《素问·汤液醪醴论》说：“黄帝问曰：为五谷汤液及醪醴奈何？岐伯对曰：必以稻米，炊之稻薪。稻米者完，稻薪者坚。帝曰：何以然？岐伯曰：此得天地之和，高下之宜，故能至完，伐取得时，故能至坚也。”汤液和醪醴，都是以五谷作为原料，经过加工制作而成。古代用五谷熬煮成的清液，作为五脏的滋养剂，即为汤液；用五谷熬煮，再经发酵酿造，作为五脏病的治疗剂，即为醪醴。虽然五谷均为汤液、醪醴的原料，但经文中又指出“必以稻米”。因其生长在高下得宜的平地，上受天阳，下受水阴，而能得“天地之和”，故效用纯正完备；春种深秋收割，尽得秋金刚劲之气，故其薪“至坚”，所以必以稻米作为最佳的原料，稻薪作为最好的燃料。古代的这种汤液、醪醴，对后世方剂学的发展有很深的影响。例如现代所用的汤剂、酒剂以及方药中使用的粳米、秫米、薏苡仁、赤小豆等，都是直接从《黄帝内经》的汤液、醪醴发展而来的。

晋唐时期，饮酒有益亦有害

南北朝时期，陶弘景著《本草经集注》，其云：“大寒凝海，唯酒不冰，明其热性，独冠群物。人饮之使体弊神昏，是其有毒故也。”酒的特性是遇寒也不结冰，故云“性热”。酒既有益，也有毒，云其有益，是说可以治病、强身、助兴；云其有害，是说有毒，多饮会产生不良后果。酒的这种双重性，关键在于善于把握。

唐代医家孙思邈《备急千金要方·卷二十六·食治方》云：“酒，味苦甘辛大热有毒，行药势，杀百邪恶气。”这是讲用酒可以治疗疾病。唐代陈藏器著《本草拾遗》，云“通血脉，厚肠胃，润皮肤，散湿气，消忧发怒，宣言畅意。”这里将酒的作用进行了较好的表达。唐代孟诜云：“久饮伤神损寿，软筋骨，动气痢。醉卧当风，则成癜风。醉浴冷水成痛痹。服丹砂人饮之，头痛吐热。”“养脾气，扶肝，除风下气。”少量饮酒对于身体是有益的，而多量饮酒只会伤害身体。

宋元时期，酒可作为药用

宋代寇宗奭《本草衍义·卷二十·酒》云：“《吕氏春秋》曰：仪狄造酒。《战国策》曰：帝女仪狄造酒，进之于禹。然《本草》中已著酒名，信非仪狄明矣。又读《素问》首言以妄为常，以酒为浆。如此则酒自黄帝始，非仪狄也。古方用酒，有醇酒、春酒、社坛余胙酒、槽下酒、白酒、青酒、好酒、美酒、葡萄酒、秫黍酒、粳酒、蜜酒、有灰酒、新熟无灰酒、地黄酒。今有糯酒、煮酒、小豆曲酒、香药曲酒、鹿头酒、羔儿等酒。今江浙、湖南北，又以糯米粉入众药，和合为曲，曰饼子酒。至于官务中，亦用四夷酒，更别中国，不可取以为法。今医家所用酒，正宜斟酌。但饮家唯取其味，不顾入药如何尔。然久之，未见不作疾者，盖此物损益兼行，可不谨欤。汉赐丞相上樽酒，糯为上，稷为中，粟为下者。今入药佐使，专以糯米，用清水、白面曲所造为正。古人造曲，未见入诸药合和者，如此则功力和厚，皆胜余酒。今人又以麦糵造者，盖只是醴尔，非酒也。《书》曰：若作酒醴，尔唯曲糵。酒则须用曲，醴故用糵，盖酒与醴，其气味甚相辽，治疗岂不殊也。”以上从酒的名称、产地、原料、饮用等作了介绍。

元代《汤液本草·卷之六·酒》对酒的描述为：“能行诸经不止，与附子相同。味之辛者能散，味苦者能下，味甘者居中而缓也。为导引，可以通行一身之表，至极高之分。若味淡者，则利小便而速下。大海或凝，唯酒不冰。三人晨行遇大寒，一人食粥者病；一人腹空者死；一人饮酒者，安。则知其大热也。”这是说酒性热，能行散，并能防病。

元代朱丹溪《本草衍义补遗》云：“酒，《本草》止言其热而有毒，不言其湿中发热近于相火，大醉后振寒战栗者可见矣。又酒性善升，气必随之，痰郁于上，溺涩于下，肺受贼邪，金体大燥，恣饮寒凉，其热内郁，肺气得热，必大伤耗，其始也病浅，或呕吐，或自汗，或疼痒，或鼻齄，或自泄，或心脾痛，尚可散而出也；病深，或消渴，或内疸，为肺痿，为内痔，为鼓胀，为失明，为哮喘，为劳嗽，为癫痫，为难明之病，倘非具眼，未易处治，可不谨乎。”

元代李东垣《内外伤辨惑论·卷下·论酒客病》云：“夫酒者，大热有毒，气味俱阳，乃无形之物也。若伤之，止当发散，汗出则愈矣，此最妙法也；其次莫如利小便。二者乃上下分消其湿，何酒病之有。今之酒病者，往往服酒癥丸大热之药下之，又有用牵牛、大黄下之者，是无形之气受病，反下有形阴血，乖误甚矣！酒性大热，已伤元气，而重复泻之，况亦损肾水，真阴及有形阴血俱为不足，如此则阴血愈虚真水愈弱，阳毒之热大旺，反增其阴火，是谓元气消亡，七神无根据，折人长命；不然，则虚损之病成矣。《金匮要略》云：酒疸下之，久久为黑疸。慎不可犯此戒！不若令上下分消其湿，葛花解酲汤主之。”

这一时期的中医药学家对酒都有认识，亦有作药用，取其活血温经之功。

明清时期，详知酒之功效

明代陈家谟《本草蒙筌·卷五·酒》云："味苦、甘、辛，气大热。有毒。酿匪一等，糯米、粟米、秫米、黍米，并可酿造。名亦多般。（醇酒、清酒、白酒、黄酒、腊八酒、清明酒、绿豆酒、羔儿酒，如此多名，不能尽述。）唯糯米面曲者为良，能引经行药势最捷。因走诸经不止，称与附子同功。叶辛甘苦相殊，治上中下分用。辛者能散，通行一身之表，直至极高顶头；甘者能缓居中；苦者能下；淡则竟利小便而速下也。少饮有节，养脾扶肝。驻颜色，荣肌肤，通血脉，厚肠胃。御雾露瘴气，敌风雪寒威。诸恶立驱，百邪竞辟。消愁遣兴，扬意宣言。虽然佳酝常称，犹有狂药别号。若恣饮助火，则乱性损身。烂胃腐肠，蒸筋溃髓。伤神减寿，为害匪轻。倘入药共酿，凡主治又异。姜酒疗厥逆客忤，紫酒（即豆淋酒）理瘛疭偏风。葱豉酒解烦热而散风寒，桑椹酒益五脏以明耳目。狗肉汁酿酒日饮，大补元阳；葡萄肉浸酒时尝，甚消痰癖。牛膝干地黄酒更妙，渐滋阴衰；枸杞仙灵脾酒尤佳，专扶阳痿。又等社酒，亦有小能。指纳婴儿口中，可令速语；口含喷屋四壁，堪逐蚊蝇。糟罯跌伤，行瘀止痛。亦驱蛇毒，仍合冻疮。谟按：大寒凝海，唯酒不冰。因性热多，独异群物。丹溪亦曰：酒乃湿中发热，近于相火，醉后颤栗。即此可知，正所谓恶寒非寒，明是热证然也。性却喜升，气必随辅，痰壅上膈，溺涩下焦，肺受贼邪，金体大燥，寒凉恣饮，热郁于中，肺气得之，尤大伤耗。其始也病浅，或呕吐，或自汗，或疮疥，或鼻齄，或泻痢，或心脾痛，尚可散而出也。其久也病深，或为消渴，为内疸，为肺痿，为痔漏，为鼓胀，为黄疸，为失明，为哮喘，为劳嗽，为吐衄，为癫痫，为难治之病。倘非具眼，未易处治，可不谨乎！"

明代龚廷贤《寿世保元·卷二·嗜酒丧身》载："夫酒者，祭天享地，顺世和人，行气和血，乃可陶情性，世人能饮者，固不可缺。凡遇天寒冒露，或入病家，则饮酒三五盏，壮精神，辟疫疠。饮者不过量力而已，过则耗伤血气也。古云饮酒无量不及乱，此言信矣。饮者未尝得于和气血，抑且有伤脾胃，伤于形，乱于性，颠倒是非，皆此物也。早酒伤胃，宿酒伤脾，为呕吐痰沫。醉后入房，以竭其精，令人死亦不知。养浩高人，当寡欲而养精神，节饮食以介眉寿。此先圣之格言，实后人之龟鉴也。《本草》云酒性大热有毒，大能助火，一饮下咽，肺先受之，肺为五脏之华盖，属金本燥，酒性喜升，气必随之，痰郁于上，溺涩于下，肺受贼邪，不生肾水，水不能制心火，诸病生焉。其始也病浅，或呕吐，或自汗，或疮疥，或鼻齄，或泄利，或心脾痛，尚可散而出也。其久也病深，或为消渴，为内疸，为肺痿，为痔漏，为鼓胀，为黄疸，为失明，为哮喘，为劳嗽，为吐衄，为癫痫，为难状之病，倘非高明，未易处治。凡嗜酒者，可不慎呼！论治酒病，当发汗，其次莫如利小便，使上下分消其湿可也。此药治饮酒太过，呕吐痰逆，心神烦乱，胸膈痞塞，手足战摇，小便不利，大便稀溏，饮食减少等症，宜服葛花解酲汤。”

明代李时珍《本草纲目·卷二十五·烧酒》载："过饮败胃伤胆，丧心损寿，甚则黑肠腐胃而死。与姜、蒜同食，令人生痔。盐、冷水、绿豆粉解其毒。""烧酒，纯阳毒物也。面有细花者为真。与火同性，得火即燃，同乎焰消。北人四时饮之，南人止暑月饮之。其味辛甘，升扬发散；其气燥热，胜湿祛寒。故能开怫郁而消沉积，通膈噎而散痰饮，治泄疟而止冷痛也。辛先入肺，和水饮之，则抑使下行，通调水道，而小便长白。热能燥金耗血，大肠受刑，故令大便燥结，与姜、蒜同饮即生痔也。若夫暑月饮之，汗出而膈快身凉；赤目洗之，泪出而肿消赤散，此乃从治之方焉。过饮不节，杀人顷刻。近之市沽，又加以砒石、草乌、辣灰、香药，助而引之，是假盗以方矣。善摄生者宜戒之。按：刘克用《病机赋》云：有人病赤目，以烧酒入盐饮之，而痛止肿消。盖烧酒性走，引盐通行经络，使郁结开而邪热散，此亦反治劫剂也。”这里就记载酒乃纯阳毒物，可饮又不可多饮。

清初张璐《本经逢原·卷三·酒》云："辛甘大热。新者有毒，陈者无毒。味甜者曰无灰酒，方可入药。发明：酒严冬不冰，其气悍以侵明，其性热而升走，醉后则体软神昏，振寒战栗。本草止云有毒，不知其温中发热近于相火也。酒类多种，酝酿各异，甘苦悬殊。甘者性醇，苦者性烈。然必陈久为胜。其色红者，能通血脉，养脾胃。色白者，则升清气，益肺胃。至于扶肝气，悦颜色，行药势，辟寒气。其助火邪，资痰湿之性则一。醉当风卧成恶风，醉浴冷水成痹痛，醉饱饮水成癖积，皆宜切慎。豆淋酒以黑豆炒焦，红酒淋之，破血去风，治男子中风口喎，阴毒腹痛，及小便尿血，妇人产后一切诸证。烧酒，一名火酒，又名气酒，与火同性，得火则燃。其治阴寒腹痛最捷，然臭毒发沙，误用立毙。又入盐少许，治冷气心痛，下咽则安。其性大热，与姜、蒜同饮，令人生痔。糟，性最助湿热，病水气浮肿，劳嗽吐血人忌食。唯罨扑损，行瘀止痛，及浸水洗冻疮，敷蛇咬、蜂叮毒有效。”

清初严洁等所著《得配本草·卷五·酒》云：“酒（即米酒）畏枳椇、葛花、赤豆花、绿豆粉。忌诸甜物及乳同食。辛、甘，大热。行十二经络。通血脉，利筋骨，温肠胃，润皮肤，引药势上行。少饮则和血行气，壮神御寒，辟邪逐秽。过饮则伤神耗血，损胃烁精。配生地汁，治产后血秘。烧酒：辛、甘，大热。开郁消积，通膈除痰，祛寒截疟，杀虫驱瘴，辟邪逐秽。治水泄，止冷痛，滴耳中积垢结块。（半时辰即可钳出。）得飞盐，治冷气心痛。和井水，治吐逆不止。和猪脂、香油、蜂蜜，治寒痰咳嗽。同姜、蒜食生痔。（绿豆粉可解其毒。）黄酒、烧酒，俱可治病，但最能发湿中之热。若贪饮太过，相火上炎，肺因火而痰嗽，脾因火而困怠，胃因火而呕吐，心因火而昏狂，肝因火而善怒，胆因火而发黄，肾因火而精枯，大肠因火而泻痢，甚则失明，消渴，呕血，痰喘肺痿，痨瘵，反胃噎隔，鼓胀癥瘕，痈疽痔漏，流祸不小，可不慎欤。老酒糟：甘，辛。温中消食，除冷杀腥。罨跌伤，行瘀血，敷蛇咬诸毒。”

清代赵学敏《本草纲目拾遗·卷八·酒酿》云：“酒酿俗名酒窝，又名浮蛆，乃未放出酒之米酵也。味酽浓，多饮致腹泻。性善生透，凡火上行者忌之。味甘辛，性温，佐药发痘浆、行血、益髓脉、生津液。”

清代黄宫绣《本草求真·卷七》云：“酒性种类甚多，然总由水谷之精，熟谷之液酝酿而成，故其味有甘有辛，有苦有淡，而性皆主热。……辛则通身达表，引入至高巅顶之分，甘则缓中，苦则降下，淡则通利小便而速下也。热酒伤中，温饮和胃，怡神壮色，通经活脉，且雾露岚瘴，风寒暑湿邪秽，得此亦可暂辟……烧酒则散寒结，然燥金涸血，败胃伤胆。水酒藉曲酿酝，其性则热，酒藉水成，其质则寒，少饮未至有损，多饮自必见害。如阴虚酷好，其脏本热，加以酒热内助，其热益增，不致逼血妄出不止。阳虚酷好，其脏本寒，加以酒寒内入，其害益甚，不致饱胀吞酸吐泻不止。糟罨跌伤，行瘀止痛、亦驱蛇毒，及盦（覆盖意）冻疮。醇而无灰，陈久者良。畏枳椇、葛花、赤豆花、绿豆粉、咸卤。”

清代王士雄《随息居饮食谱·水饮类·烧酒》云：“消冷积，御风寒，辟阴湿之邪，解鱼腥之气。阴虚之体，切勿沾唇。孕妇饮之，能消胎气。汾州造者最胜。凡大雨淋身及多行湿路，或久浸水中，皆宜饮此，寒湿自解。如陡患泄泻，而小溲清者，亦寒湿病也，饮之即愈。”

清代张秉成《本草便读·谷部》论酒：“行经络，御风寒，味苦甘辛多蓄热，通血脉，壮心神，气雄刚猛善消愁。（酒用糯米和酒曲酿成，种类颇多，味亦不一，具毒烈之性，有升散之能，少饮之固可行经络，御风寒，壮神活血；过饮则耗散气血，助湿生痰，其酒性虽退，而渣滓日积，留聚胃中，黏腻不化，饮食渐少，脾胃日虚，而成噎膈反胃者多矣。至若烧酒之性，大辛大热，用以散寒开郁，颇有捷效，虽无助湿生痰之害，而毒烈之性，较前为尤盛耳。）”

综合上面历代医家对酒的认识，酒是有益的，这是指少量饮用，而如果大量饮用，又是极其有害的，不但伤害身体，甚至可能伤及生命。

第四章

无酒不成俗

酒与民俗互不可分。无酒不成礼，无酒不成俗，无酒不成宴，离开了酒，许多民俗活动便无所依托。酒是用来祀天地、祭宗庙、奉佳宾、治疾病的。饮酒后来又逐渐形成了酒俗。酒既是娱乐欢宴的兴奋剂，又是融洽人际关系的润滑剂，尤其甚者，社会应酬时如果满桌珍馐，举杯无酒，虽有雅兴，却难下箸，甚是遗憾。宴客无酒，便无以尽礼、无以助兴、无以尽情，心声难以表达，所以酒乃媒介自是明了。

酒与人们的生活习俗、礼仪风尚紧密相连，历代如此。曲蘖的使用，使酿酒业空前发展，社会重酒现象日甚。反映在风俗民情、农事生产中的用酒活动已经非常广泛。《诗经·豳风·七月》：“九月肃霜，十月涤场。朋酒斯飨，曰杀羔羊。跻彼公堂，称彼兕觥（古代一种酒器），万寿无疆！”此诗描绘的是一幅先秦时期农村中乡饮的风俗画。在开镰收割、清理禾场、农事既毕以后，人们屠宰羔羊，来到乡间学堂，设酒共饮，相互祝愿大寿无穷。周代风俗礼仪中，男子年满二十要行冠礼，表示已成为成年人。在行冠礼的活动中，嫡子醮用醴，庶子则用酒，庆贺自己走向成熟。

迎宾酒——久别重逢“把酒话旧”

有朋自远方来，不亦乐乎！远客来要“置酒洗尘”，久别相逢则“把酒话旧”，一壶浊酒喜相逢，古今多少事，都付笑谈中。知心好友一起饮酒，酒酣而吐真言，彼此得到情感宣泄。消除朋友间的芥蒂，增进至诚的友谊，靠的就是酒。为了欢迎客人，迎宾不能少了酒，此习俗沿袭几千年不变，所以酒被视作交流感情的良方，增进情谊的妙药。

送别酒——把酒饯行，情浓谊长

饯行之俗，古代文献上早有记载，如《诗经·大雅·韩奕》上说：“韩侯出祖，出宿于屠。显父饯之，清酒百壶。”这是远在周朝时代人们就用酒饯行的例证。送别酒也叫送行酒，有朋友远行，为其举办酒宴，表达惜别之情。

设酒饯行，在唐代更是盛行。人们历来重感情、重友情、重交情，在离别之时倍加珍惜情感。真挚的情谊平日往往深藏心底，不易显露，而在离别饯行之时却因酒而到了充分的体现。美好的回忆、未来的憧憬、绵绵的离愁、真诚的祝愿在饯行时的饮酒中得到了加深，得到了寄托，得到了解脱，得到了慰藉，也得到了巩固。临别饯酒，实际上意不在酒，而在于这种浩渺无际、深沉无底的情意的交流与贮存，这便是把酒饯行的真谛，也是酒的魅力。

壮行酒——壮胆送行，斟酒一杯

战争年代，当勇士们上战场执行重大任务且有生命危险时，指挥官们都会为他们斟上一杯酒，为勇士们壮胆送行。壮行若无酒，则壮士一去不复返的悲壮情怀无以倾诉。血性男儿枕戈待旦，不向死伤低头，醉卧沙场，甘用热血书写壮丽春秋。在古代，尤其是重大战役时，用酒壮行、壮胆更是司空见惯的事，酒作为鼓舞士气、提高战斗力的宣传物，更是家喻户晓，这就是酒的魔力。

寄情酒——以酒寄情，乘兴酣饮

以酒寄情，乘兴酣饮，觥筹交错，倍增其乐。欢乐时饮酒可以表达情怀，忧伤时饮酒亦何尝不是“抽刀断水水更流，举杯消愁愁更愁”。饮酒之人因情志变化而有喜怒哀乐，当情志不畅，找朋友宣泄时，饮酒能使人很好地表达自己的情感。当遇到高兴之事时，饮酒也能抒发情志，只是一个人不要喝闷酒。在生活中，酒是一种调节精神压力的良好物质。

喜酒——玉液琼浆，饮酒助兴

喜酒往往是婚礼的代名词。置办喜酒，即办婚事。去喝喜酒，也就是去参加婚礼。因为酒是人们情感的寄托，喜酒更是助兴的精神食粮，让新婚夫妻的生活更加幸福。酒已不仅仅是一种饮品，而是一座桥梁和纽带，是一种载体、一种文化和时尚。古人在“洞房花烛夜金榜题名时”均用玉液琼浆的美酒来助兴庆贺。现在，结婚喝喜酒已经成为人们生活中的一项重要事项。

交杯酒——相互扶助，白头偕老

早在战国时期，人们结婚时就已经有喝交杯酒的习俗。婚礼上的交杯酒是为了表示夫妻相爱，夫妻各执一杯酒，手擘相交各饮一口。喝交杯酒是我国婚礼程序中的一个传统仪式，在古代又称为“婚礼合卺”，所谓“卺”，指古代结婚时用作酒器的一种瓢，即葫芦瓢。夫妻结婚时，把一个葫芦剖成两个瓢，新郎、新娘各拿一个瓢饮酒，新人交相共饮，表示两人相亲相爱、长相厮守、永结同心。据认为，在唐代即有“交杯酒”这一名称，到了宋代，在礼仪上盛行用彩丝将两只酒杯相连，夫妻互饮一盏，或夫妻传饮。随着民间婚俗的演变，现在的交杯酒与过去相比，有了很大的变化。有些新郎、新娘饮交杯酒时，只是两臂相交，双目对视，在一片温情和欢乐的笑声中一饮而尽，实际上成了“交臂酒”，意味着你中有我，我中有你，相互扶助，白头偕老。

回门酒——感恩父母，夫妻恩爱

女子出嫁以后，三天后应回门，即回到娘家探望长辈，娘家要置宴款待，摆酒庆贺，称为回门酒。亲友要向新婚夫妇馈赠礼物，回门酒比较简单。

月米酒——孕育生命，寓意美好

妇女分娩前几天，要煮米酒 1 坛，一是为分娩女子催奶，二是款待客人。一般月米酒用的是糯米酿制的酒。此习俗在很多地方流行。

满月酒——健康成长，平安快乐

在孩子满月时，摆上几桌酒席，邀请亲朋好友共贺，酒足饭饱后，还有红蛋等物以示祝贺。亲朋好友一般都要带有礼物，也有的送红包。

生日酒——花朝月夕，如诗如画

生宴之无酒，人生礼趣无以显示。老人生日，子女必为其操办生日酒。届时，大摆酒宴，至爱亲朋、乡邻好友不请自来，携赠礼品以贺。根据民俗，有的地方生日酒是实数年龄，有的地方是虚数年龄。

寿酒—— 松鹤延年，多福多寿

中国人有给老人祝寿的习俗，一般为 50、60、70 岁等生日，称为大寿，多由儿女或者孙子、孙女出面举办，邀请亲朋好友参加酒宴。

上梁酒——春溢金梱，福满六合

在中国农村，盖房是件大事，盖房过程中，上梁又是最重要的一道工序，故在上梁这天，要办上梁酒，有的地方还流行用酒浇梁的习俗。房子造好，举家迁入新居时，又要办进屋酒，一是庆贺新屋落成，并致乔迁之喜，二是祭祀神仙祖宗以求保佑。

开业酒——富贵迎门，财源滚滚

开业酒是店铺作坊置办的喜庆酒。店铺开张、作坊开工之时，老板要置办酒席，以致喜庆贺，以图吉利。

第五章

雅俗兼备行酒令

酒令也叫觞令，是筵宴上助兴取乐的饮酒游戏。在酒宴上执行觞令，是对不饮尽杯中酒的人实行某种处罚。一般饮酒行令多是高雅之士的取乐行为，饮酒既是一种享受，也是可以作为一种乐趣的。饮酒行令既是古人好客传统的表现，又是饮酒艺术与聪明才智的结晶。

饮酒行令，以酒助兴

饮酒行令，不光要以酒助兴，还要有下酒物，而且往往伴之以赋诗填词、猜谜行拳之举，它需要行酒令者敏捷机智，有文采和才华。因此，饮酒行令既是古人好客传统的表现，又是饮酒艺术与聪明才智的结晶。实行酒令最主要的目的是活跃饮酒时的气氛。何况酒席上有时坐的都是客人，互不认识是很常见的，行酒令可使酒席上的气氛活跃起来。

雅俗酒令，多种多样

行酒令的方式可谓是五花八门，见于史籍的雅令有四书令、花枝令、诗令、谜语令、改字令、典故令、牙牌令、人名令、快乐令、对字令、筹令等。文人雅士常用对诗或对对联、猜字或猜谜等，一般百姓则用一些既简单，又不需做任何准备的行令方式。通令的行令方法主要有掷骰子、抽签、划拳、猜数、击鼓传花等。通令很容易营造酒宴中热闹的气氛，因此较流行。但通令掳拳奋臂，叫号喧争，有失风度，显得粗俗、单调、嘈杂。《红楼梦》第六十三回中描述的就是这样一个场面和故事：晴雯拿了一个竹雕的签筒来，这个签筒，大家看到的图画中央的那个，那就是一个竹筒，里头装的都是酒签。

酒令大如军令，违者受罚

雅令的行令方法是先推一人为令官，或出诗句，或出对子，其他人按首令之意续令，所续必在内容与形式上相符，不然则被罚饮酒。行雅令时，必须引经据典，分韵联吟，当席构思，即席应对，这就要求行酒令者既要有文采和才华，又要敏捷和机智，所以它是酒令中最能展示饮者才思的项目。在一些公共场合，有人为了显露自己的才华，就常通过酒令来展示。如《红楼梦》第四十回中鸳鸯吃了一盅酒，笑着说："酒令大如军令，不论尊卑，唯我是主，违了我的话，是要受罚的"。总的说来，酒令是用来罚酒。

吟诗行雅令，喜结良缘

唐代《申屠澄》记载了一则关于雅令的动人故事：布衣秀才申屠澄赴任县尉，风雪阻途，夜投茅屋。好客的主人烫酒备席，围炉飨客。风流才子申屠澄举杯行令："厌厌夜饮，不醉无归。"引用《诗经·小雅·湛露》诗句行雅令。不料话音刚落，坐在对面的主人之女就咯咯笑了起来，说："这样的风雪之夜，你还能到哪里去呢？"说完，少女多情地看了申屠澄一眼，脱口出令："风雨如晦，鸡鸣不已。"申屠澄听后，惊叹万分。他知道少女是用《诗经·郑风·风雨》里的诗句，隐去"既见君子，云胡不喜"后两句，说明少女已含蓄而巧妙地向他表达了爱慕之意。于是，申屠澄向少女的父母求婚，喜结良缘。

第六章

每逢节日，无酒不成席

过节要饮酒，营造节日气氛。通过饮酒，可以增添喜庆氛围，这也是酒的作用。

酒与春节——为此春酒，以介眉寿

春节，俗称过年。在过去的传说中，“年”是一种为人们带来坏运气的想象中的动物。“年”一来，树木凋敝，百草不生；年一过，万物生长，鲜花遍地。“年”来了，需用鞭炮轰，于是有了燃鞭炮的习俗，这其实也是烘托热闹场面的一种方式。

春节是中华民族最悠久、最富有民族特色的节日。春节起源于殷商时期年头岁尾的祭神、祭祖活动。汉武帝时规定正月初一为元旦。辛亥革命后，正月初一改称为春节。在这一盛大节日中，各地有众多习俗，饮酒是其中必不可少的。到了汉代，“年”作为重大节日逐渐定型，饮春酒的习俗历史十分悠久。关于春酒，《诗经·豳风·七月》中有“为此春酒，以介眉寿。”后世便多用“春”字为酒名，饮春酒除了欢庆佳节外，更主要的目的是驱除恶秽之气，以求长命百岁。

酒与清明节——祭拜亲人，饮酒怀念

清明节早在古代春秋时期就已经有了，是我国二十四节气之一，时间约在每年阳历四月五日前后。由于二十四节气比较客观地反映了一年四季气温、降雨、物候等方面的变化，所以古代人们用它安排农事活动。清明一到，气温升高，雨量增多，正是春耕春种的大好时节，故有“清明前后，种瓜种豆”“植树造林，莫过清明”的农谚。《岁时百问》曰：“万物生长此时，皆清洁而明净，故谓之清明。”

清明节是我国物候变化、时令顺序的标志，既是我国的传统节日，也是最重要的祭祀节日，是祭祖和扫墓的日子，扫墓俗称“上坟”。

相传春秋战国时代，晋献公的妃子骊姬为了让自己的儿子奚齐继位，就设毒计谋害太子申生，申生被逼自杀。申生的弟弟重耳，为了躲避祸害，流亡出走。在流亡期间，重耳受尽了屈辱。原来跟着他一道出奔的臣子，大多陆陆续续地各奔出路去了。只剩下少数几个忠心耿耿的人，一直追随着他。其中一人叫介子推。有一次，重耳饿晕了过去。介子推为了救重耳，从自己腿上割下了一块肉，用火烤熟了送给重耳吃。十九年后，重耳终于回国做了君主，就是春秋五霸之一的晋文公。

晋文公执政后，对那些和他同甘共苦的臣子大加封赏，唯独忘了介子推。有人在晋文公面前为介子推叫屈。晋文公猛然忆起旧事，心中有愧，马上差人去请介子推上朝受赏封官。可是，差人去了几趟，介子推不来。晋文公只好亲自去请，但当晋文公来到介子推家时，介子推已经背着老母躲进了绵山。晋文公便让他的御林军上绵山搜索，没有找到。于是，有人出主意说，不如放火烧山，三面点火，留下一方，大火起时介子推会自己走出来的。晋文公乃下令举火烧山，孰料大火烧了三天三夜，大火熄灭后，终究不见介子推出来。上山一看，介子推母子俩抱着一棵烧焦的大柳树已经死了。

晋文公把介子推和他的母亲分别安葬在那棵烧焦的大柳树下。为了纪念介子推，晋文公下令把绵山改为“介山”，在山上建立祠堂，并把放火烧山的这一天定为寒食节，晓谕全国，每年这天禁忌烟火，只吃寒食。走时，他伐了一段烧焦的柳木，到宫中做了双木屐，每天望着木屐感叹，据认为“足下”始于此，是古代下级称上级或同辈相称的敬词。

此后，晋国的百姓得以安居乐业，对有功不居、不图富贵的介子推非常怀念。每逢他死的那天，大家禁止烟火来表示纪念。寒食、清明成了全国百姓的隆重节日。每逢寒食，人们即不生火做饭，并留下扫墓和踏青、植树的习俗。按照旧俗，清明这天，人们要携带酒食、果品、纸钱等物品到墓地，将墓地打扫干净，称为扫墓。把食物供奉在亲人墓前，将纸钱焚化，为坟墓培上新土，叩头行礼祭拜，最后吃掉酒食回家。唐代诗人杜牧的诗《清明》：“清明时节雨纷纷，路上行人欲断魂。借问酒家何处有，牧童遥指杏花村。”写出了清明节的特殊气氛。

传说朱元璋当了大明朝的开国皇帝后，就去祭祀离家征战多年而无暇拜谒的父母坟地。由于年头太长了，新坟簇着新坟，荒草连着荒草，已无法辨认父母的寿冢了。聪明的朱元璋想出了一个办法。发布昭示，让天下百姓在几天以后的清明，去祭拜各自的先人，未去者格杀勿论。清明节的第二天，朱元璋率亲眷家将们又来到那块坟地。到处是白色的幡带、祭品，唯独一双坟头干干净净，无人顾及，这一定就是先辈的坟冢了。

酒与端午节——饮了雄黄酒，百病都远走

端午节，是我国夏季最重要的传统节日，农历五月五日，大约形成于春秋战国之际。“仲夏端午。端者，初也。”（清代宝廷《五日续 < 离骚 >》）端即初始，由于“五”与“午”同音，五月为午月，“五”与“午”通，五又为阳数，故端午又名端五、端阳。直到唐代，为避玄宗生日之讳，将“端五”改为“端午”。从此，端午节的名字就固定下来了。

端午节的形成主要是为悼屈原和辟邪恶。屈原是一位伟大的爱国主义诗人。相传他在公元前 278 年农历五月五日投汨罗江自杀，江中的渔夫闻讯泛舟赶来打捞，费尽周折也未见到他的尸体。为了保护屈原尸体不为蛟龙水兽所伤害，人们将粽子、雄黄酒等物扔进江中。

“饮了雄黄酒，百病都远走。”旧时，每逢端午节，不少地区都有饮雄黄酒以驱疾除病的习惯。民俗约定要在这一天饮艾酒、菖蒲酒、雄黄酒，以禳毒除病。雄黄酒是用研磨成粉末的雄黄炮制的白酒或黄酒。作为一种中药药材，雄黄可以用做解毒剂、杀虫药。于是古代人就认为雄黄可以克制蛇、蝎等百虫，“雄黄能杀百毒，辟百邪，杀蛊毒。人佩之，鬼神不敢近；入山林，虎狼伏；涉川水，毒物不敢伤。”（《本草纲目·石部卷九·雄黄》）中国神话传说中常出现用雄黄来克制修炼成精的动物的情节，比如变成人形的白蛇精白娘子不慎喝下雄黄酒，失去控制现出原形。所以古人不但把雄黄粉末撒在蚊虫滋生的地方，还饮用雄黄酒来祈望能够避邪,让自己不生病。从现代医学的角度来看,雄黄是一种含砷的化学物质，本身具有毒性，食用会对人体造成损害。所以，雄黄酒还是不喝为妙，以免中毒。

再就是饮菖蒲酒，人们为了辟邪、除恶、解毒，唐代即有饮菖蒲酒的记载。唐代《千金要方》《外台秘要》、宋代《太平圣惠方》、明代《本草纲目》《普济方》等古籍书中，均载有此酒的配方及服法。菖蒲酒是我国传统的时令饮料。

酒与中秋节——月下饮酒，阖家团圆

中秋节，又称团圆节，时在农历八月十五，是一个与家人团圆、赏月、饮酒的日子。农历八月是秋季三个月中间的一个月,故而叫“中秋”。在中国的农历里，一年分为四季，每季又分为孟、仲、季三个部分，因而中秋也称仲秋。八月十五的月亮比其他几个月的满月更圆、更明亮。此夜，人们仰望天空中如玉如盘的朗

朗明月，自然会期盼家人团聚。远在他乡的游子，也借此寄托自己对故乡和亲人的思念之情。所以，中秋又称“团圆节”。

中秋节无论家人团聚，还是挚友相会，都离不开赏月饮酒。《开元天宝遗事》中记载了唐玄宗在宫中举行中秋夜酒宴，并熄灭灯烛，月下进行“月饮”。到了清代，中秋节以饮桂花酒为习俗。

相传古代齐国丑女钟无盐，幼年时曾虔诚拜月，长大后，以超群品德入宫，但未被宠幸。某年八月十五赏月，天子在月光下见到她，觉得她美丽出众，后立她为皇后，中秋拜月由此而来。月中嫦娥，以美貌著称，故少女拜月，愿“貌似嫦娥，面如皓月”。

关于中秋节拜月，民间传说远古时候天上有十个太阳同时出现，晒得庄稼枯死，民不聊生，一位名叫后羿的英雄，力大无穷，他同情受苦的百姓，登上昆仑山顶，运足神力，拉开神弓，一气射下九个太阳，并严令最后一个太阳按时起落，为民造福。后羿因此受到百姓的尊敬和爱戴。后羿娶了个美丽善良的妻子，名叫嫦娥。一天，后羿外出，巧遇王母娘娘，向王母求得一包不死药。据说，服下此药，能即刻升天成仙。后羿舍不得撇下妻子，只好暂时把不死药交给嫦娥珍藏，不料被小人蓬蒙窥见了。几天后，后羿外出狩猎，蓬蒙手持宝剑，威逼嫦娥交出不死药。危急之时，嫦娥当机立断，拿出不死药一口吞下，其身子立时飘离地面，向天上飞去，飞到月亮上成了仙。后羿回来后，得知嫦娥已上月宫，悲痛欲绝，仰望着夜空，这时他惊奇地发现，今天的月亮格外皎洁明亮，而且有个晃动的身影酷似嫦娥。他拼命朝月亮追去，可是他追三步，月亮退三步，他退三步，月亮进三步，无论怎样也追不到跟前。后羿无可奈何，又思念妻子，只好派人到嫦娥喜爱的后花园里，摆上香案，放上她平时最爱吃的蜜食鲜果，遥祭在月宫里眷恋着自己的嫦娥。百姓们闻知嫦娥奔月成仙的消息后，纷纷在月下摆设香案，向善良的嫦娥祈求吉祥平安。从此，中秋节拜月，吃月饼饮酒的习俗便流传开了。

酒与重阳节——登高饮酒，延年益寿

农历九月九日，为传统的重阳节。“九”为阳数，两阳相重，故而叫重阳节，现也叫老年节。重阳节的活动很多，如出游、登高、赏菊、插茱萸、吃重阳糕和饮菊花酒等。重阳节不仅有喝菊花酒的习俗，也有饮茱萸酒的习惯。人们在重阳日佩茱萸，认为饮菊花酒可令人长寿。《续齐谐记》载：“汝南桓景随费长房游学累年，长房谓曰：‘九月九日，汝家中当有灾。宜急去，令家人各作绛囊，盛茱萸，以系臂，登高饮菊花酒，此祸可除。’景如言，齐家登山。夕还，见鸡犬牛羊一时暴死。长房闻之曰：‘此可代也。’”今世人九日登高饮酒，妇人带茱萸囊，盖始于此。

重阳佳节，我国有饮菊花酒的传统习俗。菊花酒被看作是重阳必饮、祛灾祈福的吉祥酒。晋代葛洪在《抱朴子》中记河南南阳山中人家，因饮了遍生菊花的甘谷水而延年益寿的故事。李时珍在《本草纲目》一书中，记载常饮菊花酒可“治头风，明耳目，去痿痹，消百病”“令人好颜色不老”“令头不白”“轻身耐老延年”等。因而古人在食其根、茎、叶、花的同时，酿制菊花酒，是盛行的健身饮料。

酒与除夕——饮酒守岁，辞旧迎新

除夕俗称大年三十夜，为一年中最后一天的晚上。人们有别岁、守岁的习俗，即除夕夜通宵不寝，回顾过去，展望未来。按习俗是要祭祀的，当然也要用酒和饮酒。

除夕饮用的酒品有屠苏酒、椒柏酒。这原是正月初一的饮用酒品，后来改为在除夕饮用。宋代苏辙在《除日》一诗中写道：“年年最后饮屠苏，不觉年来七十余”。“屠苏”原是草庵之名。相传古时有一人住在屠苏庵中，每年除夕夜里，他给邻里一包药，让人们将药放在水中浸泡，到元旦时，再用这井水对酒，合家欢饮，使全家人一年中都不会染上瘟疫。后人便将这草庵之名作为酒名。饮屠苏酒始于东汉。明代李时珍的《本草纲目》中有这样的记载：“屠苏酒，陈延之《小品方》云：‘此华佗方也。’元旦饮之，辟疫疠一切不正之气。”饮用方法也颇讲究，由幼及长。

第七章

持酒以礼，酒不可极

酒德，即饮酒行为的道德规范。酒既是联络感情、倾吐衷肠、增进友谊的最佳媒介，也是惹祸上身、乱人本性、残害忠良的害人毒液。古今医学从保健的角度也极为提倡酒德。制止滥饮，提倡节饮，文明饮酒，科学饮酒，这就是酒文化所提倡的饮酒之德。中国人饮酒很讲究德行，儒家最讲究酒德。中国自古为礼仪之邦，人们交杯换盏之际，其实正潜移默化地践行着很多的礼仪规范。饮酒不能像夏桀、商纣那样荒诞。

宾之初筵，温温其恭

饮酒作为一种饮食文化，有应该遵守的礼节。有时这种礼节非常繁琐，但如果在一些重要的场合下不遵守，就有犯上作乱的嫌疑。若饮酒过量，不能自制，容易生乱，所以饮酒要有礼节，要有酒德。中国儒家经典历来提倡酒德，劝人戒酒或节饮。《诗经·小雅·宾之初筵》就强调“宾之初筵，温温其恭。其未醉止，威仪反反。曰既醉止，威仪怭怭。舍其坐迁，屡舞仙仙。其未醉止，威仪抑抑。曰既醉止，威仪抑抑。是曰既醉，不知其秩。”就是说在宾宴上，宾客就席，不得失礼，不要饮醉，否则就会仪态失度、轻薄张狂、忘记礼节。而应文明饮酒，而且要适度，点到为止，切勿好酒贪杯。若只图一时的痛快，淋漓狂饮而乐极生悲就不妥了，当戒则戒，不受其害。

主人和宾客一起饮酒时，在古代要相互跪拜。现虽无此礼节，但晚辈在长辈面前饮酒，要注意尊卑，入席时要长辈先坐。长辈命晚辈饮酒，晚辈才可举杯。长辈酒杯中的酒尚未饮完，晚辈也不能先饮尽。主人向客人敬酒，客人要回敬主人，主客之间应互相尊重。在敬酒时，敬酒的人和被敬酒的人都要“避席”，起立。普通敬酒以 3 杯为度。

饮酒不在多少，而在于适度

饮酒不在多少，贵在适量，贵在尽兴。要正确估量自己的饮酒能力，不作力不从心之饮。过量饮酒或嗜酒成癖，都将导致严重后果。《饮膳正要·卷一·饮酒避忌》指出："少饮尤佳，多饮伤神损寿，易人本性，其毒甚也。醉饮过度，丧生之源。"《本草纲目·谷部卷二十五·酒》亦指出："若夫沉湎无度，醉以为常者，轻则致疾败行，甚则丧邦亡家而陨躯命，其害可胜言哉？"这就是说，过量饮酒，一伤身体，二伤大雅。有的人或赌酒争胜，或故作豪饮，或借饮消愁，都是愚昧的表现。酗酒作欢的是浪荡鬼，醉酒哭天的是窝囊废，饮酒作乐的是高尚的人。

饮酒不能逞能，要自我克制

饮酒不能逞能，要注意自我克制，把握分寸，十分酒量最好只喝到六七分，至多不得超过八分，这样才能做到饮酒而不乱。尤其是在庄重场合，更应节制。酒不可极，才不可尽，持酒以礼，持才以愚，力戒贪杯与逞能。

君子饮酒，率真量情

朋友之间虽关系密切，但饮酒应量力而为，不可强求。君子饮酒，率真量情，不可胡搅蛮缠、步步紧逼、层层加码，必欲置朋友、客人于醉地而后快，这是不道德的，不能将别人的醉酒当作自己的快乐。强人饮酒容易出事，甚至导致丧命。敬别人饮酒，既要热情，又要诚恳；既要热闹，又要理智；既要真心，又要善意。切勿强人所难，执意劝饮。还是主随客便，客随主便，只要尽兴为好。

第八章

民间经久流传的酒谚语

谚语，是俗语的一种。谚，即从言从彦，传言也。谚语源远流长，民间谚语形式以短小为特点。谚语是民众对生活和生产劳动的经验总结，是民众丰富的智慧所形成的，是在民众中广泛流传的固定语句，是流行于民间的简练通俗、言简意赅而富有意义的语言结晶，是通过普遍的经验、教训取得的知识并带有规律性的总结。有关酒的谚语以口语形式互相传送，并在流传中不断修改加工，通俗易记，形象生动，以致经久流传，慢慢地就发展成了较为定型的谚语形式。酒谚语具有训导性、劝诫性，也是酒文化的一个组成部分。若仔细回味有些酒谚语，意味无穷。

美酒不过量　美食不过饱

酒为多种谷物类如米、麦、粟、黍、高粱等酿成的一种饮料，尤以高粱酒最好。通常所说的酒指的是蒸馏水酒，即白酒，以陈久者为佳。古代将各种酒统称为醪醴，醪为浊酒，醴为甜酒。无酒不成宴，餐桌上肯定不能少了酒，少了酒就没有气氛。

饮酒要慢斟缓饮，酒食并用，适量而为，意到为止。朋友聚会、职场应酬都免不了要喝点酒。酒有裨益，但也滋害。因为“少饮如蜜，醉饮似毒”“会喝酒，能治病，不会饮，要人命”“酒以不劝为欢，棋以不争为胜”。

品酒均以慢饮为好，古有“饮必小咽”的说法。饮酒不宜狂饮，因为速饮伤肺，肺为五脏华盖，伤则气短胸闷；速饮伤胃，因为胃受到酒精的强烈刺激，会造成急性胃炎；速饮伤肝，因肝脏承受不了突如其来的酒精刺激，会导致肝脏功能受损；速饮伤肾，因为酒精到达肾后，给肾脏强烈刺激。如此一来，脏腑受到损害，尤其是在人体剧烈运动以后，全身极度疲乏，易导致脑溢血的发生。所以饮酒要适量、适度。

个人要选择适合自身的酒类饮用，不可过量、暴饮、乱饮。少量饮用质量高的酒也有一定好处，俗话说：“经常喝好酒，精神好抖擞。”李时珍说：“少饮和血行气，醒神御风，消愁迁兴，痛饮则伤神耗血，损胃无精，生痰动火。”

千万要注意的是，“今朝有酒今朝醉”绝不可取。所谓“不染烟和酒，活到九十九”“尽量少喝酒，病魔绕道走”。但少量饮酒可以扩张血管、改善睡眠。所以酒有裨益，又能滋害。好的食物也不能一次性吃得过多，过饱伤身。

酒过三巡　菜过五味

这是古代留下来的酒场谚语，强调在喝酒时吃菜的重要性。所谓“三巡”，就是3遍。主人给每位客人斟1次酒，如巡城1圈，斟过3次，客人都喝光了，这就叫“酒过三巡”。例如同桌的所有人都喝了1次，就是1轮，也就是“一巡”。“巡”在这里的意思是“遍、周遭”的意思，围桌饮酒就是每个人必须把酒干了，才叫一巡。在喝酒时，饮前3杯酒、上前5道菜时，客人之间一般比较客气，筵席上表现为轻声细语，此时应尽量多吃点菜，然后再喝酒，这样当酒精进入体内以后，可以减少乙醇进入血液的速度，以利于保护身体的各个脏器。吃酒不吃菜，必定醉得快，狂饮伤身，暴食伤胃。要想饮酒不醉，就要注意以下几点：①不要空腹饮酒。②多吃蔬菜。③宜选食硬菜，耐咀嚼的菜。④宜慢饮。⑤多饮热汤。⑥酒醉后多吃水果。⑦酒后要吃饭。⑧不要与饮料同饮。

吸烟加饮酒　阎王拉着走

在生活中，无论是酒逢知己的老朋友，或是一见如故的新朋友，见面之后，首先递1支烟给对方作为见面礼，以表示亲近，之后再叙旧或是谈论工作，须知这种礼仪并不好。

吸烟有百害而无一利，如果饮酒再加上吸烟，两者合起来所构成的危害比单纯吸烟或饮酒的危害要大得多。每吸一口烟，也就吸入了一些致癌物质，烟会在口腔、鼻腔、咽喉部分形成焦油，而酒作为一种溶剂，又将烟草形成的焦油溶解，使致癌物质通过细胞膜而引发口腔癌、舌癌、食道癌、肺癌。

饮入的酒需要在肝脏进行代谢，若摄入过多，则消耗肝脏的能量，影响其解毒功能。饮酒还会使肝脏丧失祛除血液内脂肪的功能，消耗体内的维生素 B_{12}，也会损害神经系统。长期吸烟者又长期饮酒，会威胁神经系统，同时也更容易患高血压、心肌梗死，所以“烟酒不分家，害了你我他”。

吸烟且饮酒过度则易导致短命，因此，尽量少喝酒，病魔绕道走；戒烟限酒，健康长久；少量之酒，健康之友；多量之酒，罪魁祸首；酒在口头，事在心头；觉多腿脚软，酒多脑袋沉；莫饮卯时酒（注：五时至七时，即清早不要饮酒），莫食酉时饭（注：十七时至十九时，即晚饭不要吃的太晚）；烟无多少总有害，少量饮酒利健康；嗜烟酗酒，易得癌瘤；烟酒不尝，身体必强；饭后一支烟，祸害大无边，食后一支烟，伤肝得胃炎。

有的人饮酒，非要将对方灌醉，认为这样才有气氛，其实这是不道德的，因饮酒导致死亡者并不鲜见。如果某人有某种意图，想将对方灌醉以达到某种目的，则又当别论，所以又有“醉翁之意不在酒”的说法。少量饮酒是有益的，但要做到量到为止、仪到为止、意到为止，不可强求对方饮酒，否则伤了和气，也伤了身体。所以说“烟酒不分家，害了你我他。”假如因为饮酒过多，或职场应酬非饮酒不可，可以事先预备解酒之品，中药中的枳椇子、葛花泡水服，解酒效果很好，谚云“千杯不醉枳椇子，葛花能解万盅酒。”饮酒之人可事先将葛花泡水饮服，或者边饮酒边饮葛花泡的水，也可以吃枳椇子。

水果多可以解酒，如西红柿治酒后头晕。西红柿汁含有特殊的果糖，能帮助促进酒精分解，使酒后头晕逐渐消失，实验证明，喝西红柿汁比吃西红柿的解酒效果更好。新鲜葡萄治酒后反胃、恶心。葡萄中含有丰富的酒石酸，能与酒中乙醇相互作用形成酯类物质，达到解酒的目的，如果在饮酒前吃葡萄，还能有效预防醉酒。西瓜汁治酒后全身发热，能加速酒精从尿液中排出。柚子消除口中酒气。吃柚肉蘸白糖对消除酒后口腔中的酒气有很大帮助。香蕉治酒后心悸、胸闷。酒后吃香蕉能增加血糖浓度，降低酒精在血液中的比例，达到解酒的目的，还能减轻心悸症状，消除胸口郁闷。橄榄自古以来就是醒酒、清胃热、促食欲的良药，既可直接食用，也可加冰糖炖服。食用甘蔗榨汁、鲜藕榨汁、梨子、橙子、橘子、苹果、香蕉、荸荠等果品均可解酒。

蜂蜜水治酒后头痛。蜂蜜中含有一种特殊的果糖，可以促进酒精的分解吸收，减轻头痛症状。另外，蜂蜜还有催眠作用，能使人很快入睡，且第二天起床后也不会头痛。芹菜汁治酒后胃肠不适，颜面发红。萝卜捣成汁饮服，或将萝卜切成丝，加适量米醋和白糖食用，也可解酒。绿豆熬成汤加白糖混合后饮，也能达到解酒之效。

啤酒、米酒　厨房好帮手

啤酒 、米酒既可以饮用，又可以作为烹调佐料。

啤酒为营养食品，其酒精含量一般不超过4%，低于黄酒和葡萄酒。啤酒被称为液体面包，含有丰富的维生素，同时又是好的料酒，能除去腥味、膻味、臊味。啤酒在夏季饮用，可以起到消暑利尿的作用。平时适量饮用啤酒，能增进食欲，帮助消化，促进血液循环，解除肌肉疲劳，对于结核病、高血压、贫血等疾病有一定的医疗效果。尤其是在烧制如啤酒鸭、啤酒鸡等时，做出来的菜肴味道鲜美，且耐吃、耐看。

米酒为未放出酒的米酵，能提神解乏、解渴消暑、润肤，对中老年人及身体虚弱者更加适合，是老幼均宜的营养佳品。产妇和妇女经期多吃米酒，尤有益处。且对面色不华、自汗，或平素体质虚弱、头晕眼眩、面色萎黄、少气乏力、畏寒、血瘀、腰酸背痛、手足麻木、风湿性关节炎、跌打损伤、消化不良、厌食烦躁、月经不调、贫血等病症有补益作用。在通乳方面，米酒用于治疗乳汁不通、乳房胀痛、急性乳腺炎。

五月端午　雄黄泡酒

雄黄酒是以中药雄黄浸酒而成，雄黄遇热可分解三硫化二砷，是一味毒性较大的药物。民俗约定，五月初五不但要饮雄黄酒，而且从初一起，便用此酒涂抹小儿的面额、口鼻、手掌、足心，并将此酒洒房舍四壁和床帐之间。为了保持雄黄酒气味的长久，又直接将雄黄放入佩带的香囊内，以便伴随人身。这样做是因为雄黄具有良好的解蛇毒的作用，而从端午节以后，气温升高，蛇、虫开始伤害人，人们用了雄黄以后，就可以预防蛇虫咬伤。

此谚语是自古代留下的。需要注意的是，雄黄有毒。从现在的认识来看，不宜将雄黄泡酒服，因为雄黄酒有毒，可损伤肝脏、心脏、肾脏，产生对人体的毒害作用。若要用雄黄预防蛇虫咬伤，可以将其外用。

酒逢知己千杯少

有酒的地方就有酒文化，地域风光、人文景观、民情风俗、劳动追求皆为酒文化提供了丰富源泉，源于生活又飘有酒香的精彩酒文化层出不穷。朋友聚会、同学聚首、战友重逢、喜庆佳节等均要用酒来庆贺，饮酒关键在于“喜”字和“醉”字。

酒桌上遇到知己，喝一千杯酒都还嫌少。此谚语形容性情相投的人聚在一起总不厌倦。“酒逢知己千杯少，话不投机半句多。遥知天涯一樽酒，能忆天涯万里人。”喜庆酒派生出吉祥欢乐氛围、酒会酒令，民间有“怪酒不怪菜”之说。

凡庆贺、祭祀、举哀、久逢均用酒，以酒解乏，以酒促食，以酒解忧。祝寿酒、谢师酒、交杯酒、满月酒、开业酒，真可谓“无酒不成宴，无酒庆不烈。”醉更是酒的精华，“酒不醉人人自醉”，这些均是人们饮酒的由头。

当人心情轻松愉快时，相互之间话语就会变多，酒气也随着言谈话语消耗了许多，所以当一个人独饮时往往饮酒并不多，而知心的朋友聚会时，饮酒酒量就会大大增加。中医认为抑郁伤肝，人在抑郁的时候肝脏的功能明显减退，全身的血流速度也减慢，肝脏的解毒功能较正常的时候下降，导致酒量下降。所以当一个人饮酒，心情没有得到舒畅时，多饮不好，而多人饮酒时心情处于高兴、兴奋的状态，肝脏的解毒能力加强，比平时饮酒就多些，所以说“千杯少”。但是，若饮酒多而不醉不代表肝好，很多酒鬼千杯不醉，但他们的肝功能很差。

酒既可制造吉利，又可制造凶光。正可谓“酒外乾坤大，壶中日月长；酒中乾坤大，醉里喜事多。”但酒多伤身又误身，酒能乱人性，酒色毒如刀。在饮酒时，无论饮酒多少，都要以不醉为原则，因为醉必伤身。

酒是陈得好

酒的特点是火般刚锵水样柔。酒中除乙醇外，还含有有机酸、杂醇等，有机酸带酸味，杂醇气味难闻，饮用时涩口刺喉。但在长期贮藏过程中，有机酸能与杂醇相互酯化，形成多种酯类化合物，每种酯具有一种香气，多种酯就具有多种香气，所以老酒的香气是混合香型，浓郁而优美。由于杂醇被酯化而除去，所以口感味道也变得纯正了，故有“陈年老酒”的说法。

古代用铜、锡、铝，高贵的用金、银等作为盛酒或饮酒器皿，这是不合理、不卫生的，器皿应以适用、美观、大方、卫生为原则。当将酒购进以后，最好将其放置一段时间以后再饮用，这样酒的味道更醇厚，刺激性小。

饮用红酒好处多　抗癌健身命长久

红酒鲜艳的颜色、清澈透明的体态使人赏心悦目，倒入杯中，果香、酒香扑鼻。适量饮用红葡萄酒能：①预防心血管疾病和中风：红葡萄酒可以通过显著减缓动脉壁上胆固醇的堆积从而保护心脏。②增进食欲：红葡萄酒刺激胃酸分泌胃液，有助消化，促进食欲，使人体处于舒适、欣快的状态中。③减肥作用：红酒能直接被人体吸收，有减轻体重的作用，不仅能补充人体需要的水分和多种营养素，而且有助于减肥。④利尿作用：一些红酒具有利尿作用，可防止水肿，维持体内酸碱平衡。⑤杀菌作用：红酒中的抗菌物质对流感病毒有抑制作用。⑥滋补和防衰老作用：经常饮用适量葡萄酒具有防衰老、益寿延年的效果。⑦预防乳腺癌：近来发现，葡萄酒里含有一种可预防乳腺癌的化学物质，有预防乳腺癌作用。

红葡萄酒虽然好处多，且味道好，但也不可多喝。一般每天饮用 100 毫升左右即可，既经济、安全，又满足了需要，多则反而有害无益。

葡萄美酒夜光杯

质量好的葡萄酒，其口感舒畅愉悦、各种香味应细腻、柔和，酒体丰满完整、有层次感和结构感，余味绵长；质量差的葡萄酒，或有异味，或异香突出，或酒体单薄没有层次感，或没有后味。质量好的葡萄酒能陶冶人的情操，丰富人的物质生活和精神生活。饮 1 杯葡萄美酒定会使人心旷神怡。只有在真正接触了它之后，才能领略它高雅、香甜、浪漫的诱人之处。质量好的葡萄酒外观应该澄亮透明、有光泽、色泽自然、悦目；质量差的葡萄酒，或混浊无光，或色泽艳丽，有明显的人工色素感。葡萄酒香气应该是葡萄的果香和发酵的酒香，这些香气平衡、协调、融为一体，香气幽雅，令人愉快。所以说“葡萄美酒夜光杯，欲饮琵琶马上催。醉卧沙场君莫笑，古来征战几人回？”意思是这举起夜光杯，葡萄美酒多滋味，正当畅饮时，马上的琵琶把人催。将士说：“即使醉卧沙场上，请君切莫笑痴狂，古往今来征战地，有几人回故乡？”

敬酒不吃吃罚酒

一般宴席开始，宾主分头就座后，主人会首先致辞，说明今日宴席的事由，然后开始敬酒。每个客人都要先接受主人的敬酒。通常情况下是敬 3 杯。主人敬酒时一般自己不喝，如果有不饮酒者，也可以象征性地端起酒杯抿一下。所谓“敬酒不吃吃罚酒”，意思是如果宴席开始后，有客人迟到，那么迟到者就要被罚酒。通常罚酒的杯数和大家已经喝的平均杯数相等。此外如果在饮酒过程中，发现有人没有喝干净杯中酒，也要执行罚酒。

其实，现在所说的“敬酒不吃吃罚酒”，其引申的意思是，在社会中给好处的事不要，偏要去做对自己不利的事。比喻不识好歹、不识抬举、不识时务。这里面还包含了一种褒义的意思，在某些利益面前，绝不动摇自己的立场，只要做无愧于心的事情就好了，即使威逼利诱也决不妥协，吃罚酒心安理得，敬酒再甜美也绝不沾一滴，比喻一些作风正派的正义之士。

酒香不怕巷子深

这条谚语是说如果酒酿得好，就是在很深的巷子里，也会有人闻香知味，前来品尝，酒客不会因为巷子深而却步。这句话早已成为民间的通俗语句，并融入中国具有民族性、地域性和旺盛生命力的俗语文化之中了。不过随着社会的发展，特别是市场经济下，当供大于求，“酒香不怕巷子深”恐怕已不合时宜了。酒好还得靠吆喝好，这样才能受人瞩目、广为流传，所以即使再好再香的酒，也要做广告，方为人们所熟悉。深巷中的酒，谁能闻得到？好酒也需要包装和宣传。在信息时代，我们不能消极等待一个偶然过客的发现。

据说，在泸州老窖国宝窖池所在地，在明清时代有着一条很深很长的酒巷，其中，酒巷尽头的那家作坊因为其窖池建造得最早，所以在手工酿酒作坊中最为有名。人们为了喝上好酒，都要到巷子最里面那一家去买。

还有一个说法，在清同治的时候，张之洞出任四川的学政，他来到泸州，刚上船，就闻到一股扑鼻的酒香，就请仆人为他打酒来饮。张之洞一直等到中午，才看见仆人慌慌张张抬着一坛酒小跑而来，仆人打开酒坛，顿时酒香沁人心脾，张之洞连说“好酒，好酒”，于是猛饮一口，顿觉甘甜清爽，就问是从哪里打来的酒？仆人连忙回答：“小人弯弯拐拐，穿过长长的酒巷，到了最后一家作坊里才买到酒。”张之洞点头微笑：“真是酒香不怕巷子深啊。”

其他酒谚语

与酒有关的俗语、谚语还有很多，列举如下。

1. 人要老格好，酒要陈格好。
2. 三杯酒下肚，真话说出口。
3. 万丈红尘三杯酒，千秋大业一壶茶。
4. 今日酒灌肠，天塌又何妨。
5. 今朝有酒今朝醉，不管明日是和非。
6. 开怀畅饮，一醉方休。
7. 无食烟茶酒，活到九十九。

8. 无酒不成席。
9. 对酒当歌，人生几何？
10. 吃饭要过口，吃酒要对手。
11. 自己酿的苦酒自己喝。
12. 过量酒勿吃，意外财勿拿。
13. 沏茶要浅，斟酒要满。
14. 陈酒味醇，老友情深。
15. 朋友劝酒不劝色。
16. 贪酒伤身，贪色伤命。
17. 酒不可过量，话不可过头。
18. 酒吃人情饭吃饱。
19. 酒在口头，事在心头。
20. 酒壮胆亦大。
21. 酒多人癫，书多人贤。
22. 酒多伤身，气大伤人。
23. 酒好客自来。
24. 酒肉朋友，柴米夫妻。
25. 酒色财气四大害。
26. 酒色毒如刀。
27. 酒行大补，多吃伤神。
28. 酒朋饭友，没钱分手。
29. 酒杯虽小淹死人。
30. 酒是下山的猛虎，气是杀人的钢刀。
31. 酒难解真愁，药不医假病。
32 情好意好，水比酒香。
33. 清醒时藏在心里的话，醉酒时会说出来。
34. 富人一席酒，穷汉半年粮。
35. 稚子与酒徒，口中无虚言。
36. 寡妇难当，独酒难饮。
37. 醉翁之意不在酒。

第九章

唯有饮者留其名

酒作为一种文化，历来受到人们的热议，其文化底蕴深厚，人们谈论酒时，往往津津乐道，古今如此。

名人的酒情怀

古代名流，善饮酒者不计其数，给酒文化增添了光彩。不少文人学士留下了斗酒、写诗、作画、养生、宴会、饯行等酒神佳话。酒作为一种特殊的文化载体，在人类交往中占有独特的地位。酒文化已经渗透到人类社会生活中的各个领域。

（1）酒圣杜康

杜康又名少康，传说乃夏朝人，据《史记·夏本纪》载："帝禹东巡狩，至于会稽而崩。……启遂即天子之位，……启崩，子帝太康立。……太康崩，弟中康立。……中康崩，子帝相立。帝相崩，子帝少康立。"而少康即杜康也。还有传说夏朝帝相在位的时候，发生了一次政变，帝相被杀，帝相的妻子后缗氏已身怀有孕，逃到娘家"虞"这个地方，生下了儿子，因希望他能像爷爷中康一样有所作为，所以取名少康。传说少年杜康以放牧为生，将未吃完的剩饭放置在桑园的树洞里，剩饭变了味，产生的汁水竟甘美异常，有芳香的气味传出，经过反复地研究思索，发现了自然发酵的原理，遂有意识地进行效仿，并不断改进，终于形成了一套完整的酿酒工艺，从而奠定了"杜康造酒"的说法。

关于杜康造酒的记载，最早见于战国时期成书的《吕氏春秋》。东汉许慎《说文解字·酉部·酒》记载："古者仪狄作酒醪，禹尝之而美，遂疏仪狄。杜康作秫酒。"《说文解字·巾部》称："古者少康初作箕帚、秫酒。少康，杜康也。"所以有"仪狄作酒，杜康润色之"的说法。据此推断，仪狄所作酒大概是用粮食半发酵而成的，类似于现在食用的醪糟，而杜康进一步发展，完善了这一工艺，尤其是其首创选用秫（即高粱）作为造酒原料。高粱经发酵后芳香类物质析出，使得香气四溢，令人神清气爽，故后世尊杜康为“造酒鼻祖”“酒圣”。

（2）酒鬼刘伶

酒风最具规模的当属魏晋时代，竹林七贤中的刘伶因嗜酒如命扬名至今。竹林七贤指的是晋代阮籍、嵇康、山涛、刘伶、阮咸、向秀和王戎七位名士。他们放旷不羁，常于竹林下酣歌纵酒。尤其是刘伶，西晋沛国（今安徽宿州）人，字伯伦，曾仕至建威参军。其人豁达洒脱、非同一般，他的一生与酒同在。后世称为“酒鬼”。他颂扬“以饮酒为荣，酗酒为耻，唯酒是德”的饮酒思想。

传说一天，刘伶路经一个山村，看见一个酒坊，门上贴着一副对联：“猛虎一杯山中醉，蛟龙两盏海底眠。横批：不醉三年不要钱。”刘伶看过对联后便大摇大摆地走进店里说：“店家，拿酒来！”话音一落，只见店内一位鹤发童颜、神情飘逸的老翁捧着酒坛向他走了过来。刘伶看到如此美酒，抑制不住地高兴，接连喝了三杯，还未等捧起第四杯，只觉得天旋地转，不能自制，连忙向店家告辞，跌跌撞撞回到家中。

三年后，店家到刘伶家讨要酒钱。刘伶妻子听到店家来要酒钱，又气又恨，上前拉住店家说：“刘伶只因喝了你的酒已死去三年了。”并要带他去见官。店家拂袖笑道：“刘伶未死，只是醉过去了。”众人不信，打开棺材一看，脸色红润的刘伶刚好睁开睡眼，伸开双臂，深深打了个哈欠，吐出一股喷鼻酒香，陶醉地说：“好酒，真香！”所以后世称其为“酒鬼”。

还有一说，刘伶经常随身带着一个酒壶，乘着鹿车，一边走一边饮酒，一人带着掘挖工具紧随车后，什么时候死了，就地埋之。其行无踪，居无室，不管是停下来还是行走，随时都提着酒杯饮酒，唯酒是务，焉知其余。至于别人怎么说，一点都不在意。

（3）酒仙李白

李白，字太白，号青莲居士，唐代著名诗人，祖籍陇西成纪。隋末，其先人流寓碎叶。幼时随父迁居绵州昌隆青莲乡。李白一生嗜酒，与酒结下了不解之缘。杜甫的《饮中八仙歌》：“李白斗酒诗百篇，长安市上酒家眠。天子呼来不上船，自称臣是酒中仙。”极其传神地描绘了李白，故而称李白为“诗仙”“酒仙”。

李白一生写了大量以酒为题材的诗作，其中《将进酒》可谓是酒文化的宣言：“君不见黄河之水天上来，奔流到海不复回。君不见高堂明镜悲白发，朝如青丝暮成雪。人生得意须尽欢，莫使金樽空对月。天生我材必有用，千金散尽还复来。烹羊宰牛且为乐，会须一饮三百杯。岑夫子，丹丘生，将进酒，杯莫停。与君歌一曲，请君为我侧耳听。钟鼓馔玉不足贵，但愿长醉不复醒。古来圣贤皆寂寞，唯有饮者留其名。陈王昔时宴平乐，斗酒十千恣欢谑。主人何为言少钱，径须沽取对君酌。五花马，千金裘，呼儿将出换美酒，与尔同销万古愁。”如此痛快淋漓，豪迈奔放。难得的是，为了饮酒，五花马、千金裘都可以用来换取美酒，其对于酒之魅力的诠释，确已登峰造极。

李白的出现，把酒文化提高到了一个崭新的阶段，他在继承历代酒文化的基础上，通过自己的大量实践，以开元以来的经济繁荣作为背景，以诗歌作为表现方式，创造出了具有盛唐气象的新一代酒文化。

李白六十多年的生活没有离开过酒。他在《赠内》诗中说：“三百六十日，日日醉如泥。”李白痛饮狂歌，并留下了大量优秀的诗篇。但他的健康却为此受到损害，62 岁便魂归碧落。“古来圣贤皆寂寞，唯有饮者留其名。”这就是李白，一个光照千古的诗仙、酒仙。

（4）酒徒郦食其

“酒徒”是对饮酒者的泛称。现在多用作贬义。“酒徒”一词最早见于《史记·郦生陆贾列传》：郦食其，陈留高阳人，……初，沛公引兵过陈留，郦生踵军门上谒……使者对曰：“状貌类大儒……”使者出谢曰：“沛公敬谢先生，方以天下为事，未暇见儒人也。”郦生嗔目案剑叱使者曰：“走，复入言沛公，吾高阳酒徒也，非儒人也。”……沛公遽雪足仗予曰：“延客入。”

郦食其好读书，有奇谋，家贫落魄却放荡不羁。汉高祖刘邦起义后，久攻陈留不下。正在无计可施之际，郦生前去求见，他对看门的军士说：“请你通报一声，说有个儒生来见。”军士通报，刘邦向来讨厌儒生，也不见儒生。郦生怒眼圆睁，呵军士说：“你再滚进去通报，就说我是高阳酒徒，不是儒生！”刘邦听是酒徒求见，马上停止洗脚，说：“快请客人进来。”由此可见，酒徒在刘邦心目中的地位，比儒生要高得多。

（5）酒狂盖宽饶

“酒狂”指纵酒使气的人。古人饮酒至酒酣时孤傲不驯，放浪自任，轻佻礼疏。汉代有个盖宽饶，为人刚直高节，志在奉公，任负责治安的司隶校尉，依法办事，京师清宁。据《汉书·卷七十七·盖诸葛刘郑孙毋将何传》载：平恩侯许伯入第，丞相、御史、将军、中二千石皆贺，宽饶不行。许伯请之，乃往，从西阶上，东乡特坐。许伯自酌曰："盖君后至。"宽饶曰："无多酌我，我乃酒狂。"丞相魏侯笑曰："次公醒而狂，何必酒也？"坐者毕属目卑下之。酒酣乐作，长信少府檀长卿起舞，为沐猴与狗斗，坐皆大笑。宽饶不说，卬视屋而叹曰："美哉！然富贵无常，忽则易人，此如传舍，所阅多矣。唯谨慎为得久，君侯可不戒哉！"因起趋出，劾奏长信少府以列卿而沐猴舞，失礼不敬。上欲罪少府，许伯为谢，良久，上乃解。

这是说平恩侯许伯新建的府第落成，丞相、御史、将军等达官贵人都前往祝贺。盖宽饶迟到，许伯说："盖君迟到。"话还没有说完，盖就说："不要让我多饮酒，我是酒狂！"丞相魏侯说："他醒的时候就狂，何必饮酒。"一会儿酒酣作乐，长信少府檀长卿起舞，扮成猴子与狗斗，满座大笑。唯独盖宽饶仰头环视新房，长叹一声说："这房子真好啊！然而富贵不能长久，新居落成忽然换了主人的事，我见得多了。唯有谨慎做人才能长久，君侯要引以为戒啊！"说完，他便退席而去，接着就向宣帝弹劾檀长卿在众人面前跳猕猴舞，失礼不敬。宣帝要治檀罪，许伯入朝，罪才得以幸免。

现在常用"酒狂"一词来形容放荡不羁、把酒狂歌的人。

（6）醉翁欧阳修

历史上被称为酒翁者有不少，而宋代的欧阳修很著名。欧阳修，字永叔，号醉翁，晚年号六一居士，吉州庐陵（今江西吉安）人，24岁中进士，任知制诰、翰林学士、枢密副使、参知政事等。北宋著名的文学家、史学家、政治家，著有《新五代史》《欧阳文忠公文集》等。

欧阳修是众人皆知的醉翁，因其经常喝醉，所以自号醉翁。《醉翁亭记》载："峰回路转，有亭翼然临于泉上者，醉翁亭也。作亭者谁？山之僧智仙也。名之者谁？太守自谓也。太守与客来饮于此，饮少辄醉，而年又最高，故自号曰醉翁也。醉翁之意不在酒，在乎山水之间也。山水之乐，得之心而寓之酒也。"欧阳修徜徉山水之间，日子过得月白风清，很惬意，仕途也很顺利。转瞬间十几年的光阴已经过去，老来多病，好友相继过世，政治上受诬陷，遭贬斥，忧患凋零，今非昔比。

据考证，《醉翁亭记》作于宋仁宗庆历六年（1046年），当时欧阳修正任滁州太守，是从庆历五年被贬官到滁州来的。被贬官的原因是由于他一向支持韩琦、范仲淹、富弼等人推行新政，反对保守派。欧阳修在滁州实行宽简政治，发展生产，使当地人过上了一种和平安定的生活，而且当地又有令人陶醉的山水，这使欧阳修感到无比快慰。但是当时的北宋王朝却是政治昏暗、奸邪当道，使他感到忧虑和痛苦。他写作《醉翁亭记》时的心情就表现于其中。欧阳修喜好酒，他的诗文中亦有不少关于酒的描写。晚年的欧阳修自称有藏书一万卷、琴一张、棋一盘、酒一壶，陶醉其间，怡然自乐。可见欧阳修与酒须臾不离。

（7）酒虫

蒲松龄《聊斋志异》载一酒虫的故事，虽属怪异，却有意思。

长山刘氏，体肥嗜饮，每独酌，辄尽一瓮。负郭田三百亩，辄半种黍；而家豪富，不以饮为累也。一番僧见之，谓其身有异疾。刘答言："无。"僧曰："君饮尝不醉否？"曰："有之。"曰："此酒虫也。"刘愕然，便求医疗。曰："易耳。"问："需何药？"俱言不需。但令于日中俯卧，絷手足，去首半尺许，置良酝一器。移时，燥渴，思饮为极。酒香入鼻，馋火上炽，而苦不得饮。忽觉咽中暴痒，哇有物出，直堕酒中。解缚视之，赤肉长三寸许，蠕动如游鱼，口眼悉备。刘惊谢。酬以金，不受，但乞其虫。问："将何用？"曰："此酒之精，瓮中贮水，入虫搅之，即成佳酿。"刘使试之，果然。刘自是恶酒如仇。体渐瘦，家亦日贫，后饮食至不能给。

异史氏曰："日尽一石，无损其富；不饮一斗，适以益贫。岂饮啄固有数乎？或言：'虫是刘之福，非刘之病，僧愚之以成其术。'然欤否欤？"

这是说长山有位姓刘的人，喜欢喝酒，家里有钱，几乎每天都要喝一点，但喝不醉。一天遇见一个和尚，和尚说姓刘的有疾病，肚子里有酒虫，并且想办法把酒虫弄了出来。结果刘氏就再也不愿意喝酒了，身体反而越来越消瘦，家里越来越穷，最后竟然连饭都吃不上了，于是有人说："酒虫是刘氏的福，不是祸，他被和尚愚弄了！"

据说喜爱喝酒的人肚子里面生有酒虫，如果一时不喝酒，酒虫就会叮咬他的肠胃，使之难以忍受，不得不喝！其实这是慢性酒精中毒，对酒有依赖性，虫因酒生，不酒何虫？

（8）酒王

这里说的"酒王"指的是酒的品牌。酒王一是指酒的数量稀有，独一无二；

二是指酒的口感极佳，质量顶级；三是涉及酒的渊源和历史背景珍贵。就目前在人们的潜意识里，国产茅台酒应该是最著名的酒，人们常以饮茅台酒而感到高兴和自豪，可以说是酒中之王。

据说，1915 年在美国旧金山巴拿马举行国际品酒会上，很多国家都送酒参展，品酒会上酒中珍品琳琅满目、美不胜收。当时的中国政府也派代表携国酒茅台参展，虽然茅台酒质量上乘，但由于首次参展且装潢简朴，知名度低，起初无人问津，虽经参展人员努力推销，但成交量仍甚少，因此在参展会上遭到冷落。西方评酒专家对中国美酒不屑一顾。

就在评酒会的最后一天，博览会就要落下帷幕了，中国代表眼看茅台酒在评奖方面无望，心中很不服气，不甘空手而归，便急中生智。一位中国参展人员提着酒走到展厅最热闹的地方，装作失手，故意打翻了一瓶茅台酒，顿时整个展厅酒香四溢，沁人心扉。人们寻味而来，发现原来是中国茅台酒。中国代表乘机让人们品尝美酒。之后人人都争着到茅台酒陈列处抢购，认为中国酒比起其他国家的酒更具特色。这一招不仅使茅台酒在这次博览会上夺得了金奖，而且由此一举成功走向世界。茅台酒的香气也惊动了评酒专家，他们不得不对中国名酒刮目相看。中国代表捧着名酒奖牌胜利而归。茅台酒就这么一摔，就摔出了中国名酒的风采，让世人瞩目。中国茅台酒由此饮誉海内外。有人赞誉茅台酒“酒味冲天鸟闻成凤，酒糟抛河鱼食化龙”“风来隔壁三家醉，雨过开瓶十里芳”。茅台酒独有的香味称为“茅香”，是我国酱香型风格最完美的典型。

1912 年年初，美国派出旧金山大商人罗伯特·大赉来游说中国新政府派员参加巴拿马太平洋万国博览会。他到了南京，先后拜访了临时大总统孙中山和副总统黎元洪等，邀请中国政府届时派员参加。中国政府于 1914 年 5 月做出参展决定，派出了以陈琪为首的 40 余人赴美参赛代表团。代表团于 12 月 6 日由上海出发，12 月 29 日安全抵达美国旧金山。贵州省以“茅台造酒公司”的名义，推荐了“成义”“荣和”两家作坊的茅台酒样酒参展。

中国政府馆正式开幕后，以农业产品为主力的中国展品一开始没有多少吸引力。茅台酒装在一种深褐色的陶罐中，包装较为简陋，因茅台酒有在南洋劝业会获奖的历史，很受中国代表团推重，于是有代表提出将茅台酒移入食品加工馆陈列，以突出其位置。搬动时，一位代表不慎失手，一瓶茅台酒从展架上掉下来摔碎了。陶罐一破，茅台酒酒香四溢。据此，陈琪等人灵机一动，取茅台酒，敞开酒瓶口，旁边再放上几只酒杯，任茅台酒挥洒香气，博览会会场里的参观者们纷纷寻香而来，人们争相倒酒品尝，很快产生了轰动效应。由于茅台酒的轰动效应，故直接由高级评审委员会授予荣誉勋章金奖，享有“世界名酒”的美誉。

（9）酒囊

酒囊指的是只会吃喝，不会做事的人，现用来讥讽无能的人。宋代陶岳《荆湖近事》曰：“马氏奢僭；渚院王子……时人谓之酒囊饭袋。”马殷，生于唐末，年轻时是一个木匠，后应募从军，太祖朱温封马殷为楚王。马殷在楚地建立了自己的势力后，对内采取措施发展农业生产，减轻百姓的赋税，不征商旅，减少了官吏加重赋税的机会，并且促进了楚地的经济繁荣。但也有云马殷极尽奢华，他的子弟、仆从都有很大的势力和名声，贪婪昏庸，仰赖近侧谋臣出谋献计，故人称“酒囊饭袋”。

帝王将相与酒的不解之缘

历史上有许多关于酒的故事，帝王将相、文人墨客与酒之间的不解之缘，一直为人们所津津乐道。

（1）鲁酒薄而邯郸围

《庄子》载：传说战国时，楚宣王一时强盛，令诸侯朝见，各路诸侯皆到，唯独鲁国恭公姗姗来迟，并且送的酒味道很淡薄，楚宣王甚怒。恭公说：“我是周公之后，勋在王室，给你送酒已经是有失礼节和身份的事了，你还指责酒薄，不要太过分了。”于是不辞而归。楚宣王大怒，于是联合齐国攻鲁国。魏国的梁惠王一直想进攻赵国，但却畏惧楚国会帮助赵国，这次便不必再担心楚国来找麻烦了，于是赵国的邯郸因为鲁国的酒薄不明不白地做了牺牲品。后来借指因其他事的牵连而跟着遭殃的意思。

（2）赐酒施恩惠

秦穆公曾以五张羊皮换得百里奚为相，是春秋战国时期一位有伟大抱负的政治家，他的胸怀与谋略自然不同寻常。一次，穆公的两匹爱驹被岐山的野人（其实就是岐山下务农的奴隶）盗去后宰杀。当他率人赶去岐山时，三百多名野人正热热闹闹地围坐在一起煮食马肉。随同前来的将士见状要将野人们抓走治罪，被秦穆公拦住，说：“君子不能因为爱惜自己的财产而去伤害别人，我听说吃马肉不喝酒会伤身体，所以很为他们担心。”于是让人赐酒给盗马的野人，直到他们吃饱喝足后才率人离开。盗马的野人大为感动，随行之人却都大惑不解。后来，秦穆公率军在韩原（即今陕西韩城县西南）与晋军大战，被晋军围困。在此危急时刻，岐山野人组成的队伍忽然赶到，拼死将秦穆公救出，报答了他的恩德。

（3）绝缨之事

《韩诗外传》载：楚庄王赐其群臣酒。日暮酒酣，左右皆醉。殿上烛灭，有牵王后衣者，后扢（猛然揪住）冠缨而绝之，言于王曰："今烛灭，有牵妾衣者，妾扢其缨而绝之。愿趣火视绝缨者。"王曰："止！"立出令曰："与寡人饮，不绝缨者，不为乐也。"于是冠缨无完者，不知王后所绝冠缨者谁。于是，王遂与群臣欢饮，乃罢。后吴兴师攻楚，有人常为应行合战者，五陷阵却敌，遂取大军之首而献之。王怪而问之曰："寡人未尝有异于子，子何为于寡人厚也？"对曰："臣，先殿上绝缨者也。当时宜以肝胆涂地；负日久矣，未有所效。今幸得用于臣之义，尚可为王破吴而强楚。"

这是说因"不鸣则已，一鸣惊人"的楚庄王宴请群臣，并令嫔妃席前助兴。酒酣之际，忽然一阵大风刮来，将殿上的蜡烛吹灭。混乱中，王后的衣服被人拉扯，对方似有调戏之意。王后发现有人轻薄，便随手扯下了对方的帽缨，走到楚庄王跟前说："有人趁乱对臣妾无礼，臣妾扯下了他的帽缨，请大王点灯后明察。"楚庄王听后虽有些生气，但想到席间皆是随自己出生入死的有功之臣，如果为此事动了杀机，难免影响大局。于是他大声说道："今天饮酒，大家须尽情畅饮，谁的帽缨不扯下，说明他还饮得不够痛快。"一时之间，众人纷纷扯下帽缨。这时，烛光重燃，谁也不清楚是哪位大臣对王后无礼。在以后的多次战争中，楚军中总有一位大将身先士卒，英勇无比，使敌军闻风丧胆，这位大将就是那位被王后扯去帽缨的无礼之人。

（4）汉高祖醉斩白蛇

《史记·高祖本纪》记载：高祖以亭长，为县送徒骊山，徒多道亡，自度比至，皆亡之。到丰西泽中止饮，夜乃解纵所送徒，曰："公等皆去！吾亦从此逝矣。"徒中壮士愿从者十馀人。高祖被酒夜径泽中。令一人行前，行前者还报曰："前有大蛇当径，愿还。"高祖醉，曰："壮士行何畏！"乃前拔剑击斩蛇，蛇遂分为两，径开。行数里，醉因卧。后人来至蛇所，有一老妪夜哭。人问何哭？妪曰："人杀吾子，故哭之。"人曰："妪子何为见杀？"妪曰："吾子白帝子也，化为蛇，当道，今为赤帝子斩之，故哭。”人乃以妪为不诚，欲笞之，妪因忽不见。后人至，高祖觉，后人告高祖，高祖乃心独喜，自负，诸从者日益畏之。

这是说秦始皇末期刘邦做亭长时，往骊山押送劳工，但在路上，劳工大多在路上死亡，到了丰西泽中，刘邦将劳工放走，结果只有十来个壮士愿意跟随刘邦。夜中，刘邦喝醉了酒，令一人前行，前行者回报道：“前面有一条大蛇阻挡在路上，请求让我们回来。”刘邦正在酒意朦胧之中，似乎什么也不怕，说：“是壮士的跟我来，怕什么！”于是勇往直前，刘邦挥剑将挡路的大白蛇斩为两段，路开通了，走了数里路，刘邦困了，倒头就睡着了。有一老妇人在蛇被杀死的地方哭，有人问哭的原因，老妇人说：“有人将我儿子杀死了。”有人又问：“何以见得你儿子被杀？”老妇人说：“我的儿子就是化成为蛇的白帝子，因挡在路上被赤帝子所斩，故痛哭。”后来有人将此事告诉刘邦，刘邦听后暗自高兴，颇为自负。

（5）鸿门宴

鸿门宴就是一场酒桌上的政治决战。据《史记·项羽本纪》载：沛公旦日从百余骑来见项王，至鸿门，谢曰：“臣与将军戮力而攻秦，将军战河北，臣战河南，然不自意能先入关破秦，得复见将军于此。今者有小人之言，令将军与臣有郤……”项王曰：“此沛公左司马曹无伤言之；不然，籍何以至此？”项王即日因留沛公与饮。项王、项伯东向坐，亚父南向坐。亚父者，范增也。沛公北向坐，张良西向侍。范增数目项王，举所佩玉玦以示之者三，项王默然不应。范增起，出召项庄，谓曰：“君王为人不忍。若入前为寿，寿毕，请以剑舞，因击沛公于坐，杀之。不者，若属皆且为所虏。”庄则入为寿。寿毕，曰：“君王与沛公饮，军中无以为乐，请以剑舞。”项王曰：“诺。”项庄拔剑起舞，项伯亦拔剑起舞，常以身翼蔽沛公，庄不得击。于是张良至军门见樊哙。樊哙曰：“今日之事何如？”良曰：“甚急！今者项庄拔剑舞，其意常在沛公也。”哙曰：“此迫矣！臣请入，与之同命。”哙即带剑拥盾入军门。交戟之卫士欲止不内，樊哙侧其盾以撞，卫士仆地，哙遂入，披帷西向立，瞋目视项王，头发上指，目眦尽裂。项王按剑而跽曰：“客何为者？”张良曰：“沛公之参乘樊哙者也。”项王曰：“壮士！赐之卮酒。”则与斗卮酒。哙拜谢，起，立而饮之。项王曰：“赐之彘肩。”则与一生彘肩。樊哙覆其盾于地，加彘肩上，拔剑切而啖之。项王曰：“壮士，能复饮乎？”樊哙曰：“臣死且不避，卮酒安足辞！夫秦王有虎狼之心，杀人如不能举，刑人如不恐胜，天下皆叛之。怀王与诸将约曰：‘先破秦入咸阳者王之。’今沛公先破秦入咸阳，毫毛不敢有所近，封闭宫室，还军霸上，以待大王来。故遣将守关者，备他盗出入与非常也。劳苦而功高如此，未有封侯之赏，而听细说，欲诛有功之人。此亡秦之续耳，窃为大王不取也。”项王未有以应，曰：“坐。”樊哙从良坐。

坐须臾，沛公起如厕，因招樊哙出。沛公已出，项王使都尉陈平召沛公。沛公曰：“今者出，未辞也，为之奈何？”樊哙曰：“大行不顾细谨，大礼不辞小让。如今人方为刀俎，我为鱼肉，何辞为！”于是遂去。乃令张良留谢。良问曰：“大王来何操？”曰：“我持白璧一双，欲献项王，玉斗一双，欲与亚父。会其怒，不敢献。公为我献之。”张良曰:“谨诺。”当是时，项王军在鸿门下，沛公军在霸上，相去四十里。沛公则置车骑，脱身独骑，与樊哙、夏侯婴、靳强、纪信等四人持剑盾步走。从郦山下，道芷阳间行。沛公谓张良曰：“从此道至吾军，不过二十里耳。度我至军中，公乃入。”沛公已去，间至军中。张良入谢，曰：“沛公不胜杯杓，不能辞。谨使臣良奉白璧一双，再拜献大王足下，玉斗一双，再拜奉大将军足下。”项王曰：“沛公安在？”良曰：“闻大王有意督过之，脱身独去，已至军矣。”项王则受璧，置之坐上。亚父受玉斗，置之地，拔剑撞而破之，曰:“唉！竖子不足与谋。夺项王天下者，必沛公也。吾属今为之虏矣！”沛公至军，立诛杀曹无伤。

后人将鸿门宴喻指暗藏杀机。最后项羽不是败在战场上，而是败在酒桌上，其优柔寡断最终成就了刘邦的千秋伟业。

（6）杯酒释兵权

宋太祖赵匡胤奉命出征，在陈桥发动兵变，一举夺得政权之后，轻而易举地登上了皇帝宝座。可当了皇帝以后，他却担心从此之后他的部下也效仿之，想解除手下一些大将的兵权。于是在961年，赵匡胤采取了谋士的建议，安排酒宴，召集禁军将领石守信、高怀德等握有兵权的高级将领饮酒，向他们陈说了自己的担忧，这些人第二天便称病解职，从此解除了他们的兵权。在969年，他又召集节度使王彦超待宴饮，解除了他们的藩镇兵权。宋太祖“杯酒释兵权”使用和平手段，不伤君臣和气就解除了大臣的军权威胁，成功地防止了军队的政变。宋太祖专力巩固中央政权，但也直接造成内政腐朽。在外患强烈的背景下，削夺大将兵权也削弱了部队的作战能力。宋太祖的做法后来一直为其后辈沿用，但这样一来，兵不知将，将不知兵，能调动军队的不能直接带兵，能直接带兵的又不能调动军队，虽然成功地防止了军队的政变，但削弱了部队的作战能力。以至宋朝在与辽、金、西夏的战争中，连连败北，致使宋朝无力解决边患。

自古文人爱美酒，盘点古今各成语

成语是语言词汇中一部分定型的词组或短句，有固定的结构形式和固定的说法，表示一定的意义，很大一部分是从古代相承沿用下来的。其生动简洁、形象鲜明，而涉及酒的成语也有很多。酒成语也是语言中经过长期使用、锤炼而形成的，富有深刻的内涵，简短精辟。成语一般都是四字格式，但也有不是四个字的，如“醉翁之意不在酒”。

（1）文君当垆

据《史记·司马相如列传》载：卓王孙有个女儿叫文君，刚守寡不久，很喜欢音乐，所以司马相如佯装与县令相互敬重，而用琴声暗自诱发她的爱慕之情。相如来临邛时，车马跟随其后，仪表堂堂，文静典雅。待到卓王孙家喝酒、弹奏琴曲时，卓文君从门缝里偷偷看他，特别喜欢他，又怕他不了解自己的心情。宴会完毕，相如托人以重金赏赐文君的侍者，以此向她转达倾慕之情。于是，卓文君乘夜逃出家门，私奔相如，相如便同文君急忙赶回成都。进家所见，空无一物，只有四面墙壁立在那里。卓王孙得知女儿私奔之事，非常愤怒。过了一段时间，卓文君感到不快乐，对司马相如说：“只要你同我一起去临邛，向兄弟们借贷也完全可以维持生活，何至于让自己困苦到这个样子！”

相如就同文君来到临邛，把自己的车马全部卖掉，买下一家酒店，做卖酒生意。而令文君当垆（垆，黑色坚硬的土，旧时酒店里安放酒瓮的土台子，亦指酒店），亲自主持垆前酌酒应对顾客之事，而自己穿起围裙，与雇工们一起操作忙活，在闹市中洗涤酒器。卓王孙听到这件事后，感到很耻辱，因此闭门不出。有些兄弟和长辈交相劝说卓王孙，说:“你有一个儿子两个女儿，家中所缺少的不是钱财。如今，文君已经成了司马长卿的妻子，长卿本来也已厌倦了离家奔波的生涯，虽然贫穷，但他确实是个人才，完全可以依靠。况且他又是县令的贵客，为什么偏偏这样轻视他呢！”卓王孙不得已，只好分给文君家奴一百人、钱一百万以及她出嫁时的衣服、被褥和各种财物。文君就同相如回到成都，买了田地房屋，成为富有的人家。

这个故事后来成为夫妇爱情坚贞不渝的佳话，人们常以此比喻美女卖酒，或表示饮酒和爱情。

（2）清圣浊贤

汉末曹操主政，其善饮酒，且“何以解忧，唯有杜康”的名句流传千古，但碍于时政，因饥荒、战事禁酒甚严，主要是因为酿酒耗粮食。所以人们只好私下偷着酿酒、饮酒，因此颇讳“酒”字，于是称清酒为圣人，浊酒为贤人，饮酒而醉称为中圣人，或称中圣，“清圣浊贤”便自此为酒之雅称。酒有清浊，味有薄厚，民间私酿只能自饮，酒楼所售是官府所酿。民间之酒多为浊酒，村野浊醪、饮酒食糟自是一番情趣。凡饥荒、战争，政府便下令禁酒。不过现在则少见用“清圣浊贤”来指代酒。

（3）灯红酒绿

灯红酒绿指灯光酒色，红绿相映，令人目眩神迷。其中“绿”就是绿色的意思。古代有的酒的颜色如翡翠一般，清凉透明，相当漂亮。此成语多用来形容都市或娱乐场所夜晚的繁华景象，后多用来形容寻欢作乐、奢靡的生活。

（4）狗猛酒酸

《韩非子》载：宋人有酤酒者，升概甚平，遇客甚谨，为酒甚美，县帜甚高，著然不售，酒酸。怪其故，问其所知闾长者杨倩，倩曰：“汝狗猛耶？”曰：“狗猛则何故而不售？”曰：“人畏焉。或令孺子怀钱挈壶瓮而往酤，而狗迓而龁（咬）之，此酒所以酸而不售也。”

春秋战国时代，宋国有一个卖酒的人，他每次量酒很公平，对顾客很恭敬，酿的酒很醇美，店外酒旗迎风招展，高高飘扬。然而却没有什么人买他的酒。酒卖不出去，积存的时间太久，都变质发酸了。这个人感到很奇怪，就向杨倩请教，询问酒卖不出去的原因。杨倩问：“你家的狗是不是很凶猛？”卖酒的人回答：“我家的狗确实很凶猛，可是这和酒卖不出去有什么关系呢？”杨倩告诉他：“人们害怕你家的狗啊。大人让孩子揣着钱、提着壶来买酒，而狗迎面扑上来就咬，谁还敢再去你家买酒？这就是你的酒卖不出去而变酸了的原因。”这个故事是借此比喻奸臣当权，而贤人不得任用。国家也有恶狗，身怀治国之术的贤人，想让统治万人的大国君主了解他们的高技良策，而奸邪的大臣却像恶狗一样扑上去咬他们，这就是君王被蒙蔽挟持，而有治国之术的贤人不被任用的原因。

（5）青州从事、平原督邮

据《世说新语》中记载，桓温手下的一个主簿善于辨别酒的好坏，他把好酒叫作“青州从事”（青州，古代州名，在今山东东部；从事，古代官名，好酒的代称），因为青州的辖境内有个地方叫齐郡，“齐”喻“肚脐”，是因为好酒喝下去后，酒气可以通到脐部。他把次酒称作“平原督邮”（平原，古代地名；督邮，古代官名，劣酒、浊酒的隐语），因为平原的辖境内有个地方叫鬲县，“鬲”喻“膈”，意思是说次酒喝下去，酒气只能通到膈部。不过现在已经很少有用“青州从事、平原督邮”来指代酒的。

（6）酒池肉林

历代晚期的帝王多是淫暴之主，一味追求享受安乐。《史记・殷本纪》载：殷代的亡国之君纣王暴虐无道，沉溺于女色，宠爱苏氏美女妲己，唯妲己之言是从。宫廷乐师给他创作各种淫靡的乐曲歌舞，并经常在沙丘开盛大的晚会，以酒为池，悬肉为林，叫男男女女光着身子相互追逐嬉戏，自己通宵饮酒作乐，过着荒淫糜烂的生活。商代的贵族也多酗酒，据现代人分析推测，由于当时的盛酒器具和饮酒器具多为青铜器，其中含有锡，溶于酒中使饮酒的人饮后中毒，身体状况日益下降。后人常用“酒池肉林”形容生活奢侈，纵欲无度。

（7）酒瓮饭囊

祢衡是东汉末年的文学家，性格极为刚强傲物。曹操曾企图当众羞辱他，反被他尽情嘲笑了一番。曹操大怒，又不愿落下杀害贤士的名声，就把他遣送给荆州的刘表，想借刘表之手杀掉他。刘表看穿了曹操的用心，又把祢衡转给江夏太守黄祖。祢衡到江夏以后，又得罪了黄祖，终于被黄祖杀害。

《三国演义・第二十三回》载：操曰：“吾手下有数十人，皆当时英雄，何谓无人？”衡曰：“愿闻。”操曰：“荀彧、荀攸、郭嘉、程昱，机深智远，虽萧何、陈平不及也。张辽、许褚、李典、乐进，勇不可当，虽岑彭、马武不及也。吕虔、满宠为从事，于禁、徐晃为先锋；夏侯惇天下奇才，曹子孝世间福将。安得无人？”衡笑曰：“公言差矣！此等人物，吾尽识之：荀彧可使吊丧问疾，荀攸可使看坟守墓，程昱可使关门闭户，郭嘉可使白词念赋，张辽可使击鼓鸣金，许褚可使牧牛放马，乐进可使取状读诏，李典可使传书送檄，吕虔可使磨刀铸剑，满宠可使饮酒食糟，于禁可使负版筑墙，徐晃可使屠猪杀狗；夏侯惇称为完体将军，曹子孝呼为要钱太守。其余皆是衣架、饭囊、酒桶、肉袋耳！”操怒曰:“汝有何能？”衡曰:“天文地理，无一不通；三教九流，无所不晓；上可以致君为尧、舜，下可以配德于孔、颜。岂与俗子共论乎！”

上文中祢衡将曹操的文臣武将比作酒桶饭囊。《抱朴子·弹祢》中记载：祢衡曾在曹操面前狂傲地宣称自己呼孔融为大儿，呼杨修为小儿，荀彧犹强可与语。过此以往，皆木梗泥偶，似人而无人气，皆酒瓮饭囊耳。孔融是与祢衡同时代的文学家，曾出任北海相，时称“孔北海”，能诗能文，是著名的“建安七子”之一；杨修也是与祢衡同时代的文学家，好学能文，以才思敏捷著称；荀彧是曹操的谋士，曾帮助曹操取得有利的政治形势，官至尚书令。祢衡说自己把孔融叫作大儿子，把杨修叫作小儿子，与荀彧还可以勉强交谈几句。除了这三个人，魏国只有木头人和泥人，虽然有人的样子却没有人的气质，都是些盛酒的瓮、盛饭的口袋罢了。

（8）箪醪劳师

箪指盛酒的圆形竹器。醪是一种带糟的浊酒。“箪醪劳师”就是用一桶带糟的米酒来犒师劳军。东周春秋时代，越王勾践被吴王夫差战败后，带着妻子到吴国去当奴仆，服了三年劳役。勾践回到越国，为了实现“十年生聚，十年教训”的复国大略，发愤图强，卧薪尝胆，只为报仇雪耻、兴国灭敌，非后手织不衣，非王手种不食，下令鼓励生育，并用酒作为生育的奖品:生丈夫，二壶酒，一犬；生女子，二壶酒，一豚。把酒作为生育子女的奖品史无前例，开天辟地“壶酒兴国”的典故就来于此。越王勾践率兵伐吴，出师前，越中父老献美酒于勾践，勾践将酒倒在河的上游，与将士一起迎流共饮，士卒士气大振，最终取得胜利。

（9）其他酒成语

酒在人们的生活中占有重要的地位，其已形成了一种文化，所以有关酒的成语在历史长河中积累了不少。

一醉方休　乞浆得酒　大酒大肉　今朝有酒今朝醉　双柑斗酒　文期酒会

斗酒双柑　斗酒只鸡　斗酒百篇　斗酒学士　仗气使酒　以酒解酲

只鸡斗酒　只鸡絮酒　只鸡樽酒　对酒当歌　旧瓶装新酒　玄酒瓠脯

玉液琼浆　众醉独醒　好酒贪杯　如醉方醒　妇人醇酒　池酒林胾

朱门酒肉臭，路有冻死骨　羊羔美酒　肉山酒海　张公吃酒李公醉

仗气使酒　把酒持螯　村酒野蔬　求浆得酒　沉湎酒色　花天酒地

饭坑酒囊　饭囊酒瓮　使酒骂座　放歌纵酒　杯酒戈矛　杯酒言欢
杯酒解怨　浅斟低唱　炙鸡渍酒　诗朋酒友　诗酒风流　诗酒朋侪
金谷酒数　金龟换酒　金钗换酒　金貂取酒　金貂换酒　持螯把酒
牵羊担酒　茶余酒后　借酒浇愁　恋酒贪花　恋酒迷花　恶醉强酒
桂酒椒浆　浆酒霍肉　浪酒闲茶　载酒问字　酒入舌出　酒龙诗虎
酒后无德　酒后失言　酒后茶余　酒地花天　酒有别肠　酒肉朋友
酒色之徒　酒色财气　酒余茶后　酒足饭饱　酒虎诗龙　酒食地狱
酒食征逐　酒病花愁　酒逢知己千杯少　酒绿灯红　酒酣耳热
酒阑人散　酒酸不售　酒醉饭饱　酒囊饭袋　高阳酒徒　绿酒红灯
酗酒滋事　黄公酒垆　彘肩斗酒　敬酒不吃吃罚酒　琴歌酒赋
觞酒豆肉　貂裘换酒　愁长殢酒　椎牛酾酒　觥筹交错　酩酊大醉
榷酒征茶　箪食壶酒　醇酒妇人　醇酒美人　醉生梦死　醉翁之意不在酒
醉酒饱德　樽酒论文　醴酒不设

民间酒趣

笑话常常是指以一句短语或一个小故事让说话者和听者之间觉得好笑，或是产生幽默感，也可以是一个行动、动作，影响人的视觉及观感而感到好笑。在生活中，有关酒的笑话有很多，其接近生活，给人以乐趣。在民间有关酒的笑话很多。

（1）无酒伤心

几个朋友在一起饮酒，热闹非凡，个个酒话，有人还要喝，旁边有人劝说不要再喝了，否则会醉的。甲劝说："酒喝多了会伤肝的"。乙说："是的，喝多了冷酒会伤胃的。"丙说："喝多了热酒会伤肺的。"而这个人说："今天不将酒喝好我会伤心的。"朋友没有办法，几个人继续喝，最后酒席上的人全部倒在了桌子下面。

（2）闹鬼

夜晚，有个喝醉酒的丈夫，回到家后爬到床上，跟他的老婆说，"老婆，家里有鬼，好恐怖。我刚才上厕所时，刚把门打开，灯就自动亮了！吓死我了。"老婆说："你是不是感到有股阴风突然吹来？"丈夫说："对！对！你怎么知道，是不是你也见到过？"老婆突然给他两个巴掌，说："死鬼，这是你又一次喝醉酒回家，在冰箱里尿尿了！"

（3）裤子打不开

有一个人喝醉了酒去泡温泉，结果把放裤子的柜子钥匙弄丢了。于是他穿着一条游泳裤醉醺醺地走到吧台，对服务小姐说："小姐，对不起，我的裤子打不开了，怎么办呢？"

（4）夜归

酒男夜归，因惧内而不敢上楼，遂推开楼下一门，择地而卧。朦胧中，忽觉脸面有股热流淌过，继而觉得有舌在唇边舔舐。酒醉男不禁心头一热，说："平日里悍妻必恶语相加，今夜我酒喝多了，怎么如此温存？"纳闷之际，手却向其妻伸去，周身抚摸起来。俄顷，酒醉男觉手有皮质感，再摸，不觉酣然入睡。及至次日，酒醉男被一阵叫骂声惊醒，原来是其妻撒泼，诅咒其夫："何不醉死村头！"酒醉男惊起，抬头一望，昨夜竟是睡在自家猪圈。相伴而卧的不是自己的老婆，而是自家养的那头老母猪。

（5）县太爷审案

县太爷好酒，只要一天不喝酒就不舒服。一日，县太爷正在饮酒，突然有人击鼓告状，打扰了县太爷的酒兴。他怒气冲冲地升堂问案，坐在台上，拍着惊堂木指着前来告状者直喊："给我打！给我打！"衙役一把把告状人按在地上，问："老爷，要打多少？"县太爷眯着眼，伸出指头说："不多不少，给我打三斤！"

（6）同归于尽

单位聚餐时，大家都喝得差不多了，只有老板最后讲话："各位，为了我们的工作、我们的公司，同归于尽吧！"其实他要说的是一饮而尽。

饮酒作乐，少不了酒怪话

怪话是指怪诞的话，也指无原则的议论。酒席上人们为了活跃气氛，有时是为了让对方多喝酒，常常说些带有刺激性的话，也就是所谓地使用激将法时说的话。

（1）一两二两漱漱口，三两四两不算酒，五两六两扶墙走，七两八两还在吼。

（2）一条大河波浪宽，端起这杯咱就干。

（3）一喝九两，重点培养；只喝饮料，领导不要；能喝不输，领导秘书；一喝就倒，官位难保；长喝嫌少，人才难找；一半就跑，升官还早；全程领跑，未来领导。

（4）人在江湖走，哪能不喝酒。

（5）人要老格好，酒要陈格好。

（6）人逢喜庆喝老酒。

（7）儿子要亲生，老酒要冬酿。

（8）万水千山总是“情”，少喝一杯行不行。

（9）三杯酒下肚，唤你为朋友。

（10）千里有缘来相会，能喝不喝也不对。

（11）女有貌，朗有才，杯对杯，一起来。

（12）小快活，顺墙摸；大快活，顺地拖。

（13）不会喝酒，前途没有。

（14）今朝有酒今朝醉，人生难得几回醉。

（15）劝君更进一杯酒，走遍天下皆朋友。

（16）天上无云地下旱，刚才那杯不能算。

（17）天蓝蓝，海蓝蓝，一杯一杯往下传。

（18）东风吹，战鼓擂，今天喝酒谁怕谁！

（19）半斤不当酒，一斤扶墙走，斤半墙走我不走。

（20）只要心里有，茶水也当酒。

（21）只要感情有，喝啥都是酒。

（22）宁可胃上开个洞，不可感情裂条缝。

（23）市场经济搞竞争，快将美酒喝一盅。日出江花红胜火，祝君生意更红火。

（24）买得尺布勿遮风，吃得壶酒暖烘烘。

（25）会喝壹斤喝壹桶，回头提拔当副总！

（26）会喝一两喝二两，这样朋友够豪爽！会喝二两喝五两，这样同志该培养！会喝半斤喝一斤，这样哥们最贴心！会喝壹桶喝壹缸，酒厂厂长让你当！

（27）危难之处显身手，兄弟替哥喝杯酒。

（28）吃饭要过口，吃酒要对手。

（29）早上喝酒不能多，今天还有好几桌；中午喝酒不能醉，等到下午还开会；晚上喝酒不能倒，免得家人到处找。

（30）两腿一站，喝了不算。

（31）屁股一动，表示尊重。屁股一抬，喝了重来。

（32）床前明月光，疑是地上霜，举杯约对门，喝酒喝个双。

（33）来时夫人有交代，少喝酒来多吃菜。

（34）沏茶要浅，斟酒要满。

（35）男人不喝酒，交不到好朋友。

（36）男人不喝酒，枉在世上走。

（37）男人不喝酒，活得像条狗。

（38）陈酒味醇，老友情深。

（39）饭是根本肉长膘，酒行皮肤烟通窍。

（40）朋友劝酒不劝色。

（41）若要人不知，除非你干杯。

（42）客人喝酒就得醉，要不主人多惭愧。

（43）相聚都是知心友，放开喝杯舒心酒。

（44）美酒倒进白瓷杯，酒到面前你莫推，酒虽不好人情酿，远来的朋友饮一杯。

（45）要让客人喝好，自家先要喝倒。

（46）壶里有酒好留客。

（47）酒壮英雄胆，不服老婆管。

（48）酒肉穿肠过，朋友心中留。

（49）酒里乾坤大，壶中日月长。

（50）酒是粮食精，越喝越年轻。

（51）酒逢知己千杯少，话不投机大口喝。

（52）酒逢知己千杯少，能喝多少喝多少，喝不了赶紧跑。

（53）酒能乱性，所以佛家戒之。酒能养性，所以仙家饮之。有酒时学佛，没酒时学仙。

（54）酒量不高怕丢丑，自我约束不喝酒。

（55）做酒靠酿，种田靠秧。

（56）商品经济大流通，开放搞活喝两盅。

（57）领导在上我在下，您说来几下来几下。

（58）喝红了眼睛喝坏了胃，喝得手软脚也软，喝得记忆大减退。喝得群众翻白眼，喝得单位缺经费;喝得老婆流眼泪，晚上睡觉背靠背。一状告到纪委会，领导听了手一挥，能喝不喝也不对，我们也是天天醉!

（59）喝酒不喝白，感情上不来。

（60）朝辞白帝彩云间，半斤八两只等闲。

（61）量小非君子，不喝不丈夫。

（62）锄禾日当午，汗滴禾下土，连干三杯酒，你说苦不苦?

（63）感情深，一口焖;感情浅，舔一舔;感情厚，喝不够;感情薄，喝不着;感情铁，喝出血。

（64）感情铁不铁？铁！那就不怕胃出血！感情深不深？深！那就不怕打吊针。

（65）跟着感觉走，这次我喝酒。

（66）路见不平一声吼，你不喝酒谁喝酒?

（67）输了咱不喝，赢了咱倒赖，吃不完了兜回来。

（68）辣酒涮牙，啤酒当茶。

第十章

饮酒多少，各有利弊

酒逢知己千杯少，酒中乾坤大，醉里喜事多。中国人的好客，在酒席上发挥得淋漓尽致。人与人的感情交流往往在敬酒时得到升华。中国人敬酒时，往往都想对方多喝点酒，以表示自己尽到了主人之谊。客人喝得越多，主人就越高兴，说明客人看得起自己；如果客人不喝酒，主人就会觉得有失面子。朋友、熟人、亲戚聚在一起，通过酒来助兴。酒精不燃烧，不算搞社交，喝酒可大俗，亦可大雅；可论国事，亦可谈风月；可攀交情，亦可见性情；可怡情，亦可乱性；可养生，亦可伤身；可豪饮，亦可小酌。无酒不成席。酒是催化剂，桌是能量源。

人们总结在酒席上有三种人不可小看：扎小辫的、吃药片的和戴眼镜的。“扎小辫的”指的是女子，一般来说，女子不胜酒力，这是因为女子胃中含解酒的酶较低，但一旦能饮酒，却不可小觑。“吃药片的”是指那些喝酒前吃药的人，一副病痨相，这种人虽外表不显露，但饮酒却超乎异常。“戴眼镜的”通常是文弱书生的代名词，文文静静，但饮起酒来，却有时超乎常人。

文武敬酒，只为营造气氛

敬酒也就是祝酒。一般在酒宴上，主人向来宾讲一些祝愿、祝福类的吉利话，发表专门的祝酒词，内容以短小为好，以使饮酒气氛融洽。敬酒的形式有多种，人们总结有文敬、武敬、罚敬三种。这些做法有其淳朴民风遗存的一面，也有一定的负作用。

（1）文敬：是传统酒德的一种体现，即有礼有节地劝客人饮酒。酒席开始，主人往往在讲话之后，便开始了第一次敬酒。这时，宾主起立，主人先将杯中的酒一饮而尽，并将空酒杯口朝下，说明自己已经喝完，以示对客人的尊重，主人喝完，客人一般也要喝完。在席间，主人往往还分别到各桌去敬酒，通常是敬酒3次，所谓“酒过三巡”是也。在祝酒、敬酒时进行干杯，需要有人率先提议，可以是主人、主宾，也可以是在场的人。干杯时，同时说着祝福的话。一般情况下，敬酒应按年龄大小、职位高低、宾主身份为序，敬酒前一定要充分考虑好敬酒的顺序，分明主次，避免出现尴尬的情况。

（2）武敬：是指在饮酒过程中，有人会饮酒而不饮酒，或实在不会饮酒，为了使酒席场面气氛活跃，要用武敬的方法促使对方饮酒，如斗狠法、发飙法、激将法、许愿法等。这多是客人与客人之间的敬酒，敬酒者会找出种种必须喝酒的理由使对方就范，但要特别注意的是应该见好就收，防止出现尴尬的场面。

（3）互敬：是相互之间为了加深情谊或在桌面上不至于冷场，采取互相敬酒。在这种情况下，若相互之间原来并不认识，而在一起饮酒采取敬酒，就是逢场作戏而已。互敬一般比较客气，说的也是客套话。也有的人通过敬酒，使人与人的感情交流得到升华，从而结识新朋友。互敬要恰到好处，尤其不要自我看得太高而贬低别人。由于饮酒后可能不能很好地控制自己，尤其不要说过头话，以免影响饮酒氛围。

（4）代饮：是既不失风度，又不会使宾主扫兴的躲避敬酒的方式。本人不会饮酒，或不能饮酒太多，但是主人或客人又非要敬上以表达敬意，这时就可请人代饮。代饮酒的人一般与被敬酒者有特殊的关系。

（5）罚酒：是中国人敬酒的一种独特方式。罚酒的理由也是五花八门，如迟到、漏酒、以水代酒等。大多是带有开玩笑的意思，活跃气氛而为。罚酒一般只限于熟人，若并非很亲近的人，不要采用这种饮酒的方法。

（6）回敬：是客人向主人敬酒，以示对主人的谢意，所谓“借花献佛”是也。回敬要注意说话分寸，把握好双方的关系，点到为止。

饮酒五部曲

朋友聚会，饮酒作乐是很惬意的事。通常人们饮酒，如果不是熟人，刚开始时讲话比较注意，相互之间也比较客气，随着饮酒时间的延长，人们逐渐放开，通常总结为五部曲。

（1）始则轻声细语：在宴席刚开始时，有时人们并不是放得开，比较拘谨，因此饮酒、讲话大多很客气，也比较尊重酒席上的人，所以说的话多是客气话、恭维话、好听的话，这时宴席处于融洽的场合。若主人宴请某人时，有某种目的，多在此时表达。

（2）随之豪言壮语：当饮用几杯酒后，宴席上的人渐渐放松，气氛也宽松，有的人随着饮酒多而表现为亢奋，讲话常常不顾及场合、长幼，所谓的“豪言壮语”也随口而出，饮酒进入高潮，此时要把握好自己，以免因不注意分寸而影响形象。

（3）继则胡言乱语：因饮酒渐多，酒精的作用开始发挥效力，醉酒现象明显表现出来。有的人大脑失去控制，讲话尊卑不顾；有的人甚至不顾及别人的感受，胡言乱语，呈现明显的亢奋现象，这是饮酒中尤其应予注意的，否则影响感情，也影响饮酒氛围，甚至饮酒成仇的也并非少见。

（4）接着默默无语：因饮酒后出现醉酒现象，有的人表现为少言寡语，甚至默默无语，呈现昏睡现象，这是酒精中毒的表现，若身体状况尚好，应停饮以防不测。

（5）最后永远无语：继续饮酒，因饮酒过度，导致最严重的后果就是醉死，所以说“永远无语”。当出现这种情况，就是饮酒过多，酒席上的人均脱不了干系。所以劝人饮酒要注意对象、场合，千万不要喝得不好收场。

以上所述的饮酒过程，人们将其总结为：开始饮酒犹如教书先生，彬彬有礼；酒过三巡，犹如屠夫一样，直来直去；酒过六巡，犹如疯子一样，疯疯癫癫。所以饮酒要切实把握好自己，以防出乱。

饮酒误区需警惕

（1）以酒解乏：适当饮酒，尤其是饮药酒，可促进血液循环、防治疾病、改善体质，而饮用适量葡萄酒，尚有降低血脂的作用，防止心脏病发作。运动后喝点酒能够缓解疲劳，可以振奋精神。但用酒来解乏，是饮酒的一大误区。当酒精对人的中枢神经发生作用时，把疲劳的感觉给抑制住了，这时，人的疲劳依然存在，而且疲劳感还在不断积累，人体又不能及时得到休息。因此，饮酒之后不但不会减轻疲劳，相反会使疲劳程度加重，在某些特定情况下，甚至会使身体陷入完全崩溃状态。所以“以酒解乏”的说法并不正确。要说明的是，适量饮用药酒并无不妥。

（2）以酒开胃：饮酒可以促进消化。适量的酒能刺激胃酸分泌，增进食欲，提高消化能力。有些葡萄酒和开胃酒可以刺激胃的收缩，增加胃液的分泌，从而给人一种饥饿的感觉。但要注意的是，酒精对胃本身的扩大没有任何刺激作用，相反只有收缩作用，所以不能过量饮酒，尤其是用酒来开胃的方法不可取。

（3）以酒解忧：人在忧愁时用酒消愁，不但不能减轻愁闷，反而会损伤身体。

因为中医认为肝主疏泄，忧愁主要是肝的疏泄功能失常，而酒中所含的酒精又主要靠肝脏来解毒，由此一来，忧愁时饮酒则加重肝的负担，愈饮酒则忧愁愈加重，所以酒不能解忧愁。忧愁是一直存在的，而饮酒只是麻醉自己，是一种强制的遗忘和逃避，所谓"一醉解千愁"，只是一时的忽略，醒来以后该面对的还是要面对的。所以与其去喝醉酒，不如积极地去面对。另外，酒精非但不能使人忘记过去的事情，酒醉之后烦恼的事情更加集中，以至于大喊大叫，甚至做出过火的事情，造成更大的烦恼，此即为"借酒消愁愁更愁"。

（4）以酒壮胆：很多人平时做事谨小慎微，而当饮酒后就无所顾忌，不爱说的话也敢说，不敢做的事也敢做，可谓醉态百出。有的人想哭就哭、想笑就笑、想唱就唱、想跳就跳，酒后无德，好打好闹。中医讲胆气虚，便容易害怕、优柔寡断。而有的人因喝酒后就讲话不分场合，说是酒壮胆之故，其实胆气虚的人饮酒后不顾忌后果，实际上是酒的一种麻痹作用，酒醒后会后悔不已。

（5）饮酒御寒：饮酒可使皮肤血管扩张，血流增多，从而产生温暖的感觉。但这种感觉只是暂时的，因为饮酒后由于血管不能及时收缩，反而促使热量大量散发，体温下降，轻者会迎风受寒，导致感冒，若醉酒后就会有被冻死的危险。

饮酒成瘾，唯有伤身败体

酒作为一种交际媒介，在迎宾送客、聚朋会友、沟通彼此、传递友情中发挥了独到的作用。可是，如饮酒不当，对人身体的危害也是极大的。一个健康的人，少量饮酒是有益处的。如适量饮用红葡萄酒，可以抗衰老、美容养颜，对健康有益，而超量饮酒有害。

（1）伤胃：高浓度的乙醇对胃黏膜有强烈的刺激作用，酒先入胃，最多见的是对胃黏膜的损伤，破坏黏膜的防御系统，使胃肠黏膜极易遭受胃酸、各类消化酶、胆汁等的侵袭，进而引起黏膜组织发生水肿、糜烂，甚至出血、坏死。喝酒时经常感到胃部烧灼样痛，若饮酒过量，则几天内还会感觉胃部不适，甚至出现呕吐、呕血、便血，这就是酒伤了胃。

（2）伤肝：肝脏是身体的解毒中心，任何外来的化学物质，都会在肝脏里面代谢。酒精在肝脏内代谢，过量饮酒可造成肝硬化、营养不良等。酗酒成瘾危害极大，古人讲"酒入愁肠，化作相思泪"，现在的认识是"酒入愁肠，化作肝硬化"。酒精代谢会产生乙醛，乙醛再代谢成醋酸，再接着代谢成脂肪，以热量的方式储存起来，或者消耗掉。乙醛是有毒的，就可能对肝脏造成直接的伤害，长此以往会导致肝硬化。如果喝酒后发生恶心、呕吐、发烧、急性腹痛、肠胃出血、黄疸等症状，则可能是酒精性肝炎。

（3）伤脑：酗酒时气血涌向大脑，脑际膨胀，情绪激动，易促使脑血管疾病的发生。长期慢性酒精中毒，可致大脑、神经系统损害，严重时可出现幻觉、幻视、幻听、幻触、幻嗅、幻味等精神障碍。酒精对于脑部会产生抑制作用，喝酒会让人兴奋、抛掉束缚、快乐无比，其实这只是短暂的快乐。酒精能伤害大脑细胞，使大脑混乱。据认为，饮酒过多是患老年痴呆症的重要原因之一。

（4）伤心脏：超量饮酒直接损害心肌，造成心肌能量代谢障碍，心肌耗氧量增加。对患有冠状动脉粥样硬化性心脏病的人容易促使其心绞痛和心肌梗死的发生，并有激发心肌炎的可能。酗酒还能引起外周血管扩张，血压下降，使冠状动脉供血不足。

（5）伤胰脏：超量饮酒对胰腺的损害主要是导致胰腺炎，而急性胰腺炎的死亡率极高。胰脏分泌很多酵素，若胰脏发炎，代谢功能也会受到影响，甚至引起糖尿病。

（6）伤记忆力：饮酒 10 年以上的人，会出现记忆力、判断力明显下降，酒后不想吃东西，造成维生素族缺乏。超量饮酒可导致人体血液里维生素 B_{12} 含量降低，损害记忆力。

（7）情绪失调：饮酒过量，易造成精神障碍，会使人的知觉、思维、情感、智能、行为等方面失去控制，飘飘然忘乎所以。轻者出现乏力、睡眠障碍，重者出现幻觉、妄想、意识障碍等。还容易出现抑郁、焦虑、易激怒、心慌、胸闷、多汗等症状，重者可有抽搐、震颤、癫痫样发作。

（8）导致营养障碍：长期饮酒过量、饮酒不分早晚、以酒当饭者，易患胃炎、维生素缺乏、营养不良、失眠、性功能丧失，并最终导致内脏器官的功能代谢障碍，甚至衰竭、营养不足。

（9）饮酒又吸烟更有害：酒精会使血管扩张，吸烟又会使血管收缩，而且酒精是化合物的强效有机溶剂，烟里的焦油和有毒化合物溶于酒精中更容易吸附在消化器官黏膜上被人体吸收，成为诱发癌症发生的主要因素之一。《随息居饮食谱·水饮类·烧酒》云："凡烧酒醉后吸烟，则酒焰内燃而死。"

（10）超量饮酒可致癌：过量饮酒与口腔癌、咽喉癌、食管癌、肝癌、直肠癌、乳腺癌的发病有密切的关系。

饮酒误事，影响全局

酒除了对自身的身体造成损害外，有时也会造成难以估量的损失。

（1）酒误国

酒可亡国。相传仪狄发明酒后，大禹喝了此酒后感叹："如此之美物，后世必有以酒亡其国者。"果不其然，其后世子孙夏桀就"作瑶台，罢民力，殚民财，为酒池糟纵靡靡之乐。"于是，夏亡，桀为商汤所放逐，商朝建立。而商朝仍未吸取教训，到了殷纣王，更是变本加厉，以酒为池，烂醉时集三千男女而裸舞，最终，国也为之而亡。李时珍云："大禹所以疏仪狄，周公所以著酒诰，为世范戒也。"（《本草纲目·谷部卷二十五·酒》）

（2）酒误事

春秋中叶，晋楚争霸，楚恭王与晋国的军队战于鄢陵，楚国打了败仗，楚恭王的眼睛也中了一箭，为准备下一次战斗，召大司马子反前来商量，子反醉而不能见。楚恭王只得对天长叹，说"天败我也"。将因酒误了战事的子反杀了，只得班师回朝。

《三国演义》第三十回"战官渡本初败绩，劫乌巢孟德烧粮"载：袁绍与曹操战于官渡。淳于琼奉袁绍之命看守粮草，因不用正面御敌，他便放松了警惕，每天喝酒，而且每次都喝得酩酊大醉。曹操命人假扮成袁军，趁淳于琼醉酒熟睡之际发起进攻，"时淳于琼方与众将饮了酒，醉卧帐中，闻鼓噪之声，连忙跳起问：'何故喧闹？'言未已，早被挠钩拖翻。"曹军将袁绍粮草全部烧毁，淳于琼也被曹军抓获，后被袁绍处死。随后曹操乘胜发起攻击，一举击败了袁绍。粮草问题是官渡之战的转折点，也正是官渡之战，使曹操的实力超过了袁绍，成为当时北方最大的一股势力。由此可见，淳于琼醉酒引发的后果相当严重，这就是淳于琼贪酒失粮草的典故。

（3）酒丢命

《三国演义》第八十一回载：张飞欲与刘备伐吴，以雪兄仇，乃下令：限三日内制办白旗白甲，三军挂孝伐吴。手下范疆、张达二人央告时间紧，却被张飞打得皮开肉绽，并下死令：如若完不成，斩首示众！张飞一生好酒，"令人将酒来，与部将同饮，不觉大醉，卧于帐中。"范疆、张达二人被逼反叛，趁张飞酒醉将其杀死。一代名人，竟死于酒。

（4）酒害歌

喝酒千万别喝醉，喝得太多会受罪。一次多喝坏肠胃，多次多喝坏身体。
伤了大脑与心肾，坏了情绪及肝肺。喝出疾病才后悔，喝没道德成酒鬼。
喝跑亲情成乌龟，喝跑良知无和美。喝得没有人民币，喝得整天只萎靡。
司机饮酒成杀手，害了无辜只哀叹。喝死自己是活该，毁了家庭酿伤悲。
劝君饮酒莫过量，少饮方能保健康。

古人巧借饮酒，避祸造福利民

饮酒过多是有害的，但有时出于某种需要，酒却能避祸。

阮籍生在魏晋乱世，在政治上本有济世之志，曹爽曾召阮籍为参军，他托病辞官归里。后来曹爽被司马懿所杀，司马氏独专朝政。司马氏杀戮异己，被株连者很多。阮籍本来在政治上倾向于曹魏皇室，对司马氏集团怀有不满，但同时又感到世事已不可为，于是采取不涉是非、明哲保身的态度，或者闭门读书，或者登山临水，或者酣醉不醒，或者缄口不言。不过在有些情况下，阮籍迫于司马氏的淫威，也不得不应酬敷衍。此时，酒便成为阮籍发泄胸中苦闷、躲避政治纠缠、逃离政治漩涡的盾牌和法宝。他接受司马氏授予的官职，先后做过司马氏父子三人的从事中郎，当过散骑常侍，步兵校尉等，因此后人称之为“阮步兵”。司马氏对他采取容忍态度，对他放浪佯狂、违背礼法的各种行为不加追究。《晋书·阮籍传》载“文帝初欲为武帝求婚于籍，籍醉六十日，不得言而止。钟会数以时事问之，欲因其可否而致之罪，皆以酣醉获免。”晋文帝司马昭想为其子司马炎向阮籍之女求婚，阮籍既不想与司马氏结亲，也不愿得罪司马氏，只得以酒避祸。整整两个月，阮籍喝得烂醉如泥，司马昭派去说媒的人竟然没有机会开口。司马昭虽心知肚明，却又不好发作，这桩婚事只好告吹。酒保全了阮籍的女儿，保全了阮氏家族，也保全了自己的名节和明月之心。钟会多次想治他的罪，也以酣醉而免，魏晋间名士多遭谗害，而阮籍却因整日纵酒得以保全，最后得以终其天年，这也是酒发挥的作用。

齐桓公因为醉酒，将帽子丢了，齐桓公为此事感到羞耻，于是三天都不上朝，恰逢粮荒，管仲只好自作主张，打开公家的粮仓，救济灾民，灾民欣喜若狂。因酒醉而使坏事变成了好事，当时流传的民谣说：“齐桓公为什么不再丢一次帽子啊！”

第十一章

四大名著，无不飘逸酒的气息

中国古典四大名著将酒文化写得异常精彩，把关于饮酒、饮宴、酒俗、酒仪、酒歌、酒令、酒礼、酒德甚至醉酒的场面刻画得淋漓尽致。这对于弘扬酒文化有不可磨灭的影响。

《三国演义》与酒

《三国演义》是我国古代长篇章回小说的开山之作。作者以蜀汉矛盾为全书的主导方面，描写了蜀、魏、吴三国统治集团之间在军事、政治、外交等方面的种种斗争。采取历史与文学结合的方式，经常以酒为道具，有简有详，错落有致，用酒来渲染故事，并恰到好处地表现了人物的性格、身份，给读者留下真实深刻的印象。以酒谋事，是酒在社会生活中的一大功能，尤其在严酷的政治斗争和军事斗争中，往往收到奇效。《三国演义》开张就云："白发渔樵江渚上，惯看秋月春风。一壶浊酒喜相逢，古今多少事，都付笑谈中。"全书不少政治、军事指挥者借酒相助，达到摧毁、消灭敌人的目的，收到兵力难以解决和以少胜多、以弱胜强的效果。"醉翁之意不在酒"，往往能收到奇效。

据统计，全书一百二十回，发生饮酒场面 319 次，包括联谊类 93 次，其中联谊聚饮 27 次，宴宾待客 66 次；闲饮类 51 次，其中闲饮解闷 45 次，饮酒误事 6 次；以酒谋事 29 次，占饮酒总次数的 9%；鼓励安慰类 61 次，其中赏赐犒劳 37 次，压惊慰劳 21 次，壮行 3 次；礼节礼仪常例类 47 次，其中接风送行 17 次，年节习俗 3 次，祭奠 22 次，结盟起誓 7 次；庆贺类 16 次；疏通关系类 15 次，其中疏通笼络 9 次，酬谢 6 次；鸩酒杀人类 5 次；其他，如酿酒 2 次。酒作为一种文化现象，在各个历史时期都扮演着很重要的角色。三国时期的酒文化，其作用与地位是不言而喻的。

1.《三国演义》论酒

（1）酒具

饮酒要用酒具，《三国演义》中所使用的酒器各式各样，酒具有壶、樽、盏、杯、爵，瓮等。

（2）饮酒理由

三国时期的酒风极盛，其酒风剽悍、嗜酒如命，劝酒之风颇盛。《三国演义》书中载有敬贤酒、浇愁酒、智慧酒、压惊酒、劝降酒、攻心酒等。饮酒有多种理由。招待客人饮酒：如第四回载吕伯奢招待陈宫，说："老夫家无好酒，容往西村沽一樽来相待。"送别饯行酒：如第三十六回，刘备送徐庶出城，在城外长亭安排筵席饯行，"玄德与徐庶并马出城，至长亭，下马相辞。玄德举杯谓徐庶曰：'备分浅缘薄，不能与先生相聚，望先生善事新主，以成功名。'"刘备举杯与徐庶依依惜别。壮行壮胆酒：如关羽斩华雄之前，曹操叫人为关羽温酒一杯，让关羽饮了以后出门迎战。礼仪庆典酒：如十七路诸侯歃血为盟讨伐董卓时，倡议者曹操就"行酒数巡"。结义盟誓酒：如桃园三结义时，刘、关、张三人在张飞庄上欢宴痛饮一番。以酒谋命酒：如董卓命李儒带武士十人入宫以毒酒灌杀少帝。又如内宫争宠，何皇后嫉妒王美人，也是用了"鸩杀"这一招。议事设计酒：如曹操和刘备"青梅煮酒论英雄"，其实就是曹操想看看整天种菜浇花的皇叔有无枭雄野心。再如周瑜宴请蒋干，假装大醉，其实是要实施离间之计。

（3）曹操《短歌行》

《三国演义》记载了用酒举行大型宴会，如书中第四十八回"宴长江曹操赋诗，锁战船北军用武"中载有曹操的《短歌行》：

对酒当歌，人生几何！譬如朝露，去日苦多。慨当以慷，忧思难忘。何以解忧？唯有杜康。青青子衿，悠悠我心。但为君故，沉吟至今。呦呦鹿鸣，食野之苹。我有嘉宾，鼓瑟吹笙。明明如月，何时可掇？忧从中来，不可断绝。越陌度阡，枉用相存。契阔谈宴，心念旧恩。月明星稀，乌鹊南飞。绕树三匝，何枝可依？山不厌高，海不厌深。周公吐哺，天下归心。

2.《三国演义》中的精彩酒故事

（1）桃园置酒三结义

结义从古到今都有，但能结到真正的手足兄弟，恐怕刘、关、张三人算是古往今来的第一典范、真正的手足情深。

《三国演义》第一回“宴桃园豪杰三结义，斩黄巾英雄首立功”载：玄德年已二十八岁矣。当日见了榜文，慨然长叹。随后一人厉声言曰：“大丈夫不与国家出力，何故长叹？”玄德回视其人，身长八尺，豹头环眼，燕颔虎须，声若巨雷，势如奔马。玄德见他形貌异常，问其姓名。其人曰：“某姓张名飞，字翼德。世居涿郡，颇有庄田，卖酒屠猪，专好结交天下豪杰。恰才见公看榜而叹，故此相问。”玄德曰：“我本汉室宗亲，姓刘，名备。今闻黄巾倡乱，有志欲破贼安民，恨力不能，故长叹耳。”飞曰：“吾颇有资财，当招募乡勇，与公同举大事，如何。”玄德甚喜，遂与同入村店中饮酒。

正饮间，见一大汉，推着一辆车子，到店门首歇了，入店坐下，便唤酒保：“快斟酒来吃，我待赶入城去投军。”玄德看其人：身长九尺，髯长二尺；面如重枣，唇若涂脂；丹凤眼，卧蚕眉，相貌堂堂，威风凛凛。玄德就邀他同坐，叩其姓名。其人曰：“吾姓关名羽，字长生，后改云长，河东解良人也。因本处势豪倚势凌人，被吾杀了，逃难江湖，五六年矣。今闻此处招军破贼，特来应募。”玄德遂以己志告之，云长大喜。同到张飞庄上，共议大事。飞曰：“吾庄后有一桃园，花开正盛，明日当于园中祭告天地，我三人结为兄弟，协力同心，然后可图大事。”玄德、云长齐声应曰：“如此甚好。”

次日，于桃园中，备下乌牛白马祭礼等项，三人焚香再拜而说誓曰：“念刘备、关羽、张飞，虽然异姓，既结为兄弟，则同心协力，救困扶危；上报国家，下安黎庶。不求同年同月同日生，只愿同年同月同日死。皇天后土，实鉴此心，背义忘恩，天人共戮！”誓毕，拜玄德为兄，关羽次之，张飞为弟。祭罢天地，复宰牛设酒，聚乡中勇士，得三百余人，就桃园中痛饮一醉。

（2）关羽温酒斩华雄

董卓残暴不仁、擅权于朝堂。以袁绍、曹操等人组成的关东十八路诸侯共同讨伐董卓，然而前锋孙坚在进军汜水关时被华雄击败，华雄耀武扬威、不可一世，在潘凤等大将接连被华雄斩杀之时，关羽主动请缨前去战华雄，并在温酒未冷却的极短时间内斩杀华雄，关羽从此名震诸侯。

《三国演义》第五回“发矫诏诸镇应曹公，破关兵三英战吕布”载：忽探子来报：“华雄引铁骑下关，用长竿挑着孙太守赤帻，来寨前大骂搦战。”绍曰：“谁敢去战？”

袁术背后转出骁将俞涉曰："小将愿往。"绍喜，便著俞涉出马。即时报来："俞涉与华雄战不三合，被华雄斩了。"众大惊。太守韩馥曰："吾有上将潘凤，可斩华雄。"绍急令出战。潘凤手提大斧上马。去不多时，飞马来报："潘凤又被华雄斩了。众皆失色。绍曰："可惜吾上将颜良、文丑未至！得一人在此，何惧华雄！"言未毕，阶下一人大呼出曰："小将愿往斩华雄头，献于帐下！"众视之，见其人身长九尺，髯长二尺，丹凤眼、卧蚕眉，面如重枣，声如巨钟，立于帐前。绍问何人。公孙瓒曰："此刘玄德之弟关羽也。"绍问现居何职。瓒曰："跟随刘玄德充马弓手。"帐上袁术大喝曰："汝欺吾众诸侯无大将耶？量一弓手，安敢乱言！与我打出！"曹操急止之曰："公路息怒。此人既出大言，必有勇略；试教出马，如其不胜，责之未迟。"袁绍曰："使一弓手出战，必被华雄所笑。"操曰："此人仪表不俗，华雄安知他是弓手？"关公曰："如不胜，请斩某头。"操教酾热酒一杯，与关公饮了上马。关公曰："酒且斟下，某去便来。"出帐提刀，飞身上马。众诸侯听得关外鼓声大振，喊声大举，如天摧地塌，岳撼山崩，众皆失惊。正欲探听，鸾铃响处，马到中军，云长提华雄之头，掷于地上。其酒尚温。后人有诗赞之曰：威镇乾坤第一功，辕门画鼓响咚咚。云长停盏施英勇，酒尚温时斩华雄。

（3）张飞醉酒失徐州

张飞就是一个典型醉酒误事的例子。《三国演义》第十四回"曹孟德移驾幸许都，吕奉先乘夜袭徐郡"载：却说张飞自送玄德起身后，一应杂事，俱付陈元龙管理；军机大务，自家参酌，一日，设宴请各官赴席。众人坐定，张飞开言曰："我兄临去时，分付我少饮酒，恐致失事。众官今日尽此一醉，明日都各戒酒，帮我守城。今日却都要满饮。"言罢，起身与众官把盏。酒至曹豹面前，豹曰："我从天戒，不饮酒。"飞曰："厮杀汉如何不饮酒？我要你吃一盏。"豹惧怕，只得饮了一杯。张飞把遍各官，自斟巨觥，连饮了几十杯，不觉大醉，却又起身与众官把盏。酒至曹豹，豹曰："某实不能饮矣。"飞曰："你恰才吃了，如今为何推却？"豹再三不饮。飞醉后使酒，便发怒曰："你违我将令该打一百！"便喝军士拿下。陈元龙曰："玄德公临去时，分付你甚来？"飞曰："你文官，只管文官事，休来管我！"曹豹无奈，只得告求曰："翼德公，看我女婿之面，且恕我罢。"飞曰："你女婿是谁？"豹曰："吕布是也。"飞大怒曰："我本不欲打你；你把吕布来唬我，我偏要打你！我打你，便是打吕布！"诸人劝不住。将曹豹鞭至五十，众人苦苦告饶，方止。

席散，曹豹回去，深恨张飞，连夜差人赍书一封，径投小沛见吕布，备说张飞无礼；且云：玄德已往淮南，今夜可乘飞醉，引兵来袭徐州，不可错此机会。吕布见书，便请陈宫来议。宫曰："小沛原非久居之地。今徐州既有可乘之隙，失此不取，悔之晚矣。"布从之，随即披挂上马，领五百骑先行；使陈宫引大军继进，高顺亦随后进发。

小沛离徐州只四五十里，上马便到。吕布到城下时，恰才四更，月色澄清，城上更不知觉。布到城门边叫曰："刘使君有机密使人至。"城上有曹豹军报知曹豹，豹上城看之，便令军士开门。吕布一声暗号。众军齐入，喊声大举。张飞正醉卧府中，左右急忙摇醒，报说："吕布赚开城门，杀将进来了！"张飞大怒，慌忙披挂，绰了丈八蛇矛；才出府门上得马时，吕布军马已到，正与相迎。张飞此时酒犹未醒，不能力战。吕布素知飞勇，亦不敢相逼。十八骑燕将，保着张飞，杀出东门，玄德家眷在府中，都不及顾了。

（4）青梅煮酒论英雄

三国时，曹操挟天子以令诸侯，势力强大。刘备虽为皇叔，却势单力薄，为防曹操识破其有远大志向，不得不在住处后园种菜，亲自浇灌，以为韬晦之计，装作胸无大志、与世无争的样子。关羽和张飞被蒙在鼓里，认为刘备不留心天下大事。

《三国演义》第二十一回"曹操煮酒论英雄　关公赚城斩车胄"载：一日，关、张不在，玄德正在后园浇菜，许褚、张辽引数十人入园中曰："丞相有命，请使君便行。"玄德惊问曰："有甚紧事？"许褚曰："不知。只教我来相请。"玄德只得随二人入府见操。操笑曰："在家做得好大事！"諕得玄德面如土色。操执玄德手，直至后园，曰："玄德学圃不易！"玄德方才放心，答曰："无事消遣耳。"操曰："适见枝头梅子青青，忽感去年征张绣时，道上缺水，将士皆渴；吾心生一计，以鞭虚指曰：'前面有梅林。'军士闻之，口皆生唾，由是不渴。今见此梅，不可不赏。又值煮酒正熟，故邀使君小亭一会。"玄德心神方定。随至小亭，已设樽俎：盘置青梅，一樽煮酒。二人对坐，开怀畅饮。酒至半酣，忽阴云漠漠，聚雨将至。从人遥指天外龙挂，操与玄德凭栏观之。操曰："使君知龙之变化否？"玄德曰："未知其详。"操曰："龙能大能小，能升能隐；大则兴云吐雾，小则隐介藏形；升则飞腾于宇宙之间，隐则潜伏于波涛之内。方今春深，龙乘时变化，犹人得志而纵横四海。龙之为物，可比世之英雄。玄德久历四方，必知当世英雄。请试指言之。”玄德曰：“备肉眼安识英雄？”操曰：“休得过谦。”玄德曰：“备叨恩庇，得仕于朝。天下英雄，实有未知。”操曰：“既不识其面，亦闻其名。”玄德曰：“淮南袁术，兵粮足备，可为英雄？”操笑曰：“冢中枯骨，吾早晚必擒之！”玄德曰：“河北袁绍，四世三公，门多故吏；今虎踞冀州之地，部下能事者极多，可为英雄？”操笑曰：“袁绍色厉胆薄，好谋无断；干大事而惜身，见小利而忘命：非英雄也。玄德曰：“有一人名称八俊，威镇九州：刘景升可为英雄？”操曰：“刘表虚名无实，非英雄也。”玄德曰：“有一人血气方刚，江东领袖——孙伯符乃英雄也？”操曰：“孙策藉父之名，非英雄也。”玄德曰：“益州刘季玉，可为英雄乎？”操曰：“刘璋虽系宗室，乃守户之犬耳，何足为英雄！”玄德曰：“如张绣、张鲁、韩遂等辈皆何如？”操鼓掌大笑曰：“此等碌碌小人，何足挂齿！”玄德曰：“舍此之外，备实不知。”操曰：“夫英雄者，胸怀大志，腹有良谋，有包藏宇宙之机，吞吐天地之志者也。”玄德曰：“谁能当之？”操以手指玄德，后自指，曰：“今天下英雄，唯使君与操耳！”玄德闻言，吃了一惊，手中所执匙箸，不觉落于地下。时正值天雨将至，雷声大作。玄德乃从容俯首拾箸曰：“一震之威，乃至于此。”操笑曰：“丈夫亦畏雷乎？”玄德曰：“圣人迅雷风烈必变，安得不畏？”将闻言失箸缘故，轻轻掩饰过了。操遂不疑玄德。后人有诗赞曰：“勉从虎穴暂栖身，说破英雄惊煞人。巧借闻雷来掩饰，随机应变信如神。”

这是说曹操在取得“挟天子而令诸侯”后，环视当今，忧刘备将与他争雄天下，于是在自家小亭子里请刘备喝其自制的青梅酒。酒过三巡，曹操挑起“何为英雄”的话题，刘备装作胸无大志的样子随口说了几个不成器的人，曹操见他不上套，索性直截了当地指出：“当今天下英雄，只有你和我两个！”刘备一听，吓得手里的筷子都掉在地上。这时恰逢天上打雷，刘备灵机一动，从容地捡起筷子说：“因为害怕打雷，才掉了筷子。”曹操见状嘲笑：“大丈夫也怕雷？”。刘备回答说：“连圣人对迅雷烈风也会变脸色，我能不怕吗？”曹操乃认定刘备是个胸无大志、胆小如鼠的庸人，从此解了忧。其实他们饮的青梅酒，心情舒畅者饮之则神清气爽；愁怀满肠者饮之则更添忧愁，这大概也是曹操的用意吧。不过梅子受到人们的青睐倒可见一斑。青梅酒的制作方法其实很简单，用未成熟的青梅浸酒即制成青梅酒。取肥大青梅若干，放瓶内加高粱酒浸泡，酒以浸没青梅 3 ~ 6 厘米为度，密封1个月后即可用，此酒以越陈越好。服用青梅酒或酒浸的青梅，有止呕、止痛、止泻、止痢的作用，对夏季痧证、腹痛、呕吐、腹泻、痢疾有治疗作用，是家庭夏季防治急、慢性胃肠炎理想的食品和药品。

（5）张飞酒计擒刘岱

张飞粗鲁莽撞，但粗中有细，善用酒施计败敌。《三国演义》第二十二回“袁曹各起马步三军 关张共擒王刘二将”载：却说刘岱知王忠被擒，坚守不出。张飞每日在寨前叫骂，岱听知是张飞，越不敢出。飞守了数日，见岱不出，心生一计：传令今夜二更去劫寨；日间却在帐中饮酒诈醉，寻军士罪过，打了一顿，缚在营中，曰：“待我今夜出兵时，将来祭旗！”却暗使左右纵之去。军士得脱，偷走出营，径往刘岱营中来报劫寨之事。刘岱见降卒身受重伤，遂听其说，虚扎空寨，伏兵在外。是夜张飞却兵分三路，中间使三十余人，劫寨放火；却教两路军抄出他寨后，看火起为号，夹击之。三更时分，张飞自引精兵，先断刘岱后路；中路三十余人，抢入寨中放火。刘岱伏兵恰待杀入，张飞两路兵齐出。岱军自乱，正不知飞兵多少，各自溃散。刘岱引一队残军，夺路而走，正撞见张飞，狭路相逢，急难回避，交马只一合，早被张飞生擒过去。余众皆降。飞使人先报入徐州。玄德闻之，谓云长曰：“翼德自来粗莽，今亦用智，吾无忧矣！”乃亲出郭迎之。飞曰：“哥哥道我躁暴，今日如何？”玄德曰：“不用言语相激，如何肯使机谋？”飞大笑。

（6）周瑜假醉诈蒋干

大都督周瑜是东吴孙权的“挑梁”大元帅，凡“内事不决问张昭，外事不决问周瑜”。在赤壁大战即将决战之际，周瑜用酒计步步深入、环环相扣，严丝合缝，赚蒋干上钩。蒋干到周瑜寨中，大张筵席，奏军中得胜之乐，轮换行酒，做出“骄兵”之态，为“大醉”的真实性铺垫基础。

《三国演义》第四十五回“三江口曹操折兵 群英会蒋干中计”载：叙礼毕，坐定，即传令悉召江左英杰与子翼相见。须臾，文官武将，各穿锦衣；帐下偏裨将校，都披银铠：分两行而入。瑜都教相见毕，就列于两傍而坐。大张筵席，奏军中得胜之乐，轮换行酒。瑜告众官曰：“此吾同窗契友也。虽从江北到此，却不是曹家说客。公等勿疑。”遂解佩剑付太史慈曰：“公可佩我剑作监酒：今日宴饮，但叙朋友交情；如有提起曹操与东吴军旅之事者，即斩之！”太史慈应诺，按剑坐于席上。蒋干惊愕，不敢多言。周瑜曰：“吾自领军以来，滴酒不饮；今日见了故人，又无疑忌，当饮一醉。”说罢，大笑畅饮。座上觥筹交错。饮至半酣，瑜携干手，同步出帐外。左右军士，皆全装惯带，持戈执戟而立。瑜曰：“吾之军士，颇雄壮否？”干曰：“真熊虎之士也。”瑜又引干到帐后一望，粮草堆如山积。瑜曰：“吾之粮草，颇足备否？”干曰：“兵精粮足，名不虚传。”瑜佯醉大笑曰：“想周瑜与子翼同学业时，不曾望有今日。”干曰：“以吾兄高才，实不为过。”瑜执干手曰：“大丈夫处世，遇知己之主，外托君臣之义，内结骨肉之恩，言必行，计必从，祸福共之。假使苏秦、张仪、陆贾、郦生复出，口似悬河，舌如利刃，安能动我心哉！”言罢大笑。蒋干面如土色。

瑜复携干入帐，会诸将再饮；因指诸将曰：“此皆江东之英杰。今日此会，可名群英会。”饮至天晚，点上灯烛，瑜自起舞剑作歌。歌曰：“丈夫处世兮立功名；立功名兮慰平生。慰平生兮吾将醉；吾将醉兮发狂吟！”歇罢，满座欢笑。

至夜深，干辞曰：“不胜酒力矣。”瑜命撤席，诸将辞出。瑜曰：“久不与子翼同榻，今宵抵足而眠。”于是佯作大醉之状，携干入帐共寝。瑜和衣卧倒，呕吐狼藉。蒋干如何睡得着？伏枕听时，军中鼓打二更，起视残灯尚明。看周瑜时，鼻息如雷。干见帐内桌上，堆着一卷文书，乃起床偷视之，却都是往来书信。内有一封，上写“蔡瑁张允谨封。”干大惊，暗读之。书略曰：“某等降曹，非图仕禄，迫于势耳。今已赚北军困于寨中，但得其便，即将操贼之首，献于麾下。早晚人到，便有关报。幸勿见疑。先此敬覆。”干思曰：“原来蔡瑁、张允结连东吴！”遂将书暗藏于衣内。再欲检看他书时，床上周瑜翻身，干急灭灯就寝。瑜口内含糊曰：“子翼，我数日之内，教你看操贼之首！”干勉强应之。瑜又曰：“子翼，且住！……教你看操贼之首！……”及干问之，瑜又睡着。干伏于床上，将近四更，只听得有人入帐唤曰：“都督醒否？”周瑜梦中做忽觉之状，故问那人曰：“床上睡着何人？”答曰：“都督请子翼同寝，何故忘却？”瑜懊悔曰：“吾平日未尝饮醉；昨日醉后失事，不知可曾说甚言语？”那人曰：“江北有人到此。”瑜喝：“低声！”便唤：“子翼。”蒋干只妆睡着。瑜潜出帐。干窃听之，只闻有人在外曰：“张、蔡二都督道：急切不得下手，……”后面言语颇低，听不真实。少顷，瑜入帐，又唤：“子翼。”蒋干只是不应，蒙头假睡。瑜亦解衣就寝。

干寻思：“周瑜是个精细人，天明寻书不见，必然害我。”睡至五更，干起唤周瑜；瑜却睡着。干戴上巾帻，潜步出帐，唤了小童，径出辕门。军士问：“先生那里去？”

干曰："吾在此恐误都督事，权且告别。"军士亦不阻当。干下船，飞棹回见曹操。操问："子翼干事若何？"干曰："周瑜雅量高致，非言词所能动也。"操怒曰："事又不济，反为所笑！"干曰："虽不能说周瑜，却与丞相打听得一件事。乞退左右。"

干取出书信，将上项事逐一说与曹操。操大怒曰："二贼如此无礼耶！"即便唤蔡瑁、张允到帐下。操曰："我欲使汝二人进兵。"瑁曰："军尚未曾练熟，不可轻进。"操怒曰："军若练熟，吾首级献于周郎矣！"蔡、张二人不知其意，惊慌不能回答。操喝武士推出斩之。须臾，献头帐下，操方省悟曰："吾中计矣！"后人有诗叹曰："曹操奸雄不可当，一时诡计中周郎。蔡张卖主求生计，谁料今朝剑下亡！"众将见杀了张、蔡二人，入问其故。操虽心知中计，却不肯认错，乃谓众将曰："二人怠慢军法，吾故斩之。"众皆嗟呀不已。

操于众将内选毛玠、于禁为水军都督，以代蔡、张二人之职。细作探知，报过江东。周瑜大喜曰："吾所患者，此二人耳。今既剿除，吾无忧矣。"肃曰："都督用兵如此，何愁曹贼不破乎！"瑜曰："吾料诸将不知此计，独有诸葛亮识见胜我，想此谋亦不能瞒也。子敬试以言挑之，看他知也不知，便当回报。"

周瑜是一位有卓越的独立谋划指挥才能的大都督，他用酒计最后大败曹操。

（7）关羽单刀赴酒宴

公元215年，刘备取益州，孙权令诸葛瑾找刘备索要荆州。刘备不答应，孙权极为恼恨，便派吕蒙率军取长沙、零陵、桂阳三郡。后刘备派关羽争夺三郡。孙权也随即派鲁肃屯兵益阳，抵挡关羽。双方剑拔弩张，孙刘联盟面临破裂，鲁肃为了维护孙刘联盟，不给曹操可乘之机，决定当面和关羽商谈。

《三国演义》第六十六回"关云长单刀赴会，伏皇后为国捐生"载：肃乃辞孙权，至陆口，召吕蒙、甘宁商议，设宴于陆口寨外临江亭上，修下请书，选帐下能言快语一人为使，登舟渡江。江口关平问了，遂引使人入荆州，叩见云长，具道鲁肃相邀赴会之意，呈上请书。云长看书毕，谓来人曰："既子敬相请，我明日便来赴宴。汝可先回。"

使者辞去。关平曰："鲁肃相邀，必无好意；父亲何故许之？"云长笑曰："吾岂不知耶？此是诸葛瑾回报孙权，说吾不肯还三郡，故令鲁肃屯兵陆口，邀我赴会，便索荆州。吾若不往，道吾怯矣。吾来日独驾小舟，只用亲随十余人，单刀赴会，看鲁肃如何近我！"平谏曰："父亲奈何以万金之躯，亲蹈虎狼之穴？恐非所以重伯父之寄托也。”云长曰：“吾于千枪万刃之中，矢石交攻之际，匹马纵横，如入无人之境；岂忧江东群鼠乎！”马良亦谏曰：“鲁肃虽有长者之风，但今事急，不容不生异心。将军不可轻往。”云长曰：“昔战国时赵人蔺相如，无缚鸡之力，于渑池会上，觑秦国君臣如无物；况吾曾学万人敌者乎！既已许诺，不可失信。”良曰：“纵将军去，亦当有准备。”云长曰：“只教吾儿选快船十只，藏善水军五百，于江上等候。看吾认旗起处，便过江来。”平领命自去准备。却说使者回报鲁肃，说云长慨然应允，来日准到。肃与吕蒙商议：“此来若何？”蒙曰：“彼带军马来，某与甘宁各人领一军伏于岸侧，放炮为号，准备厮杀；如无军来，只于庭后伏刀斧手五十人，就筵间杀之。”计会已定。次日，肃令人于岸口遥望。辰时后，见江面上一只船来，艄公水手只数人，一面红旗，风中招飐，显出一个大“关”字来。船渐近岸，见云长青巾绿袍，坐于船上；傍边周仓捧着大刀；八九个关西大汉，各跨腰刀一口。鲁肃惊疑，接入庭内。叙礼毕，入席饮酒，举杯相劝，不敢仰视。云长谈笑自若。

酒至半酣，肃曰：“有一言诉与君侯，幸垂听焉：昔日令兄皇叔，使肃于吾主之前，保借荆州暂住，约于取川之后归还。今西川已得，而荆州未还，得毋失信乎？”云长曰：“此国家之事，筵间不必论之。”肃曰：“吾主只区区江东之地，而肯以荆州相借者，为念君侯等兵败远来，无以为资故也。今已得益州，则荆州自应见还；乃皇叔但肯先割三郡，而君侯又不从，恐于理上说不去。”云长曰：“乌林之役，左将军亲冒矢石，戮力破敌，岂得徒劳而无尺土相资？今足下复来索地耶？”肃曰：“不然。君侯始与皇叔同败于长坂，计穷力竭，将欲远窜，吾主矜念皇叔身无处所，不爱土地，使有所托足，以图后功；而皇叔愆德隳好，已得西川，又占荆州，贪而背义，恐为天下所耻笑。唯君侯察之。”云长曰：“此皆吾兄之事，非某所宜与也。”肃曰：“某闻君侯与皇叔桃园结义，誓同生死。皇叔即君侯也，何得推托乎？”云长未及回答，周仓在阶下厉声言曰：“天下土地，唯有德者居之。岂独是汝东吴当有耶！”云长变色而起，夺周仓所捧大刀，立于庭中，目视周仓而叱曰：“此国家之事，汝何敢多言！可速去！”仓会意，先到岸口，把红旗一招。关平船如箭发，奔过江东来。云长右手提刀，左手挽住鲁肃手，佯推醉曰：“公今请吾赴宴，莫提起荆州之事。吾今已醉，恐伤故旧之情。他日令人请公到荆州赴会，另作商议。”鲁肃魂不附体，被云长扯至江边。吕蒙、甘宁各引本部军欲出，见云长手提大刀，亲握鲁肃，恐肃被伤，遂不敢动。云长到船边，却才放手，早立于船首，与鲁肃作别。

肃如痴似呆，看关公船已乘风而去。后人有诗赞关公曰："藐视吴臣若小儿，单刀赴会敢平欺。当年一段英雄气，尤胜相如在渑池。"云长自回荆州。

（8）张飞假酒败张郃

在瓦口关一役中，张飞率军攻打张郃把守的宕渠山宕渠、蒙头、荡石三寨，张飞假饮酒获胜。

《三国演义》第七十回"猛张飞智取瓦口隘 老黄忠计夺天荡山"载：张郃仍旧分兵守住三寨，多置檑木炮石，坚守不战。张飞离宕渠十里下寨，次日引兵搦战。郃在山上大吹大擂饮酒，并不下山。张飞令军士大骂，郃只不出。飞只得还营。次日，雷铜又去山下搦战，郃又不出。雷铜驱军士上山，山上檑木炮石打将下来。雷铜急退。荡石、蒙头两寨兵出，杀败雷铜。次日，张飞又去搦战，张郃又不出。飞使军士百般秽骂，郃在山上亦骂。张飞寻思，无计可施。相拒五十余日，飞就在山前扎住大寨，每日饮酒；饮至大醉，坐于山前辱骂。

玄德差人犒军，见张飞终日饮酒，使者回报玄德。玄德大惊，忙来问孔明。孔明笑曰："原来如此！军前恐无好酒；成都佳酿极多，可将五十瓮作三车装，送到军前与张将军饮。"玄德曰："吾弟自来饮酒误事，军师何故反送酒与他？"孔明笑曰："主公与翼德作了许多年兄弟，还不知其为人耶？翼德自来刚强，然前于收川之时，义释严颜，此非勇夫所为也。今与张郃相据五十余日，酒醉之后，便坐山前辱骂，旁若无人：此非贪杯，乃败张郃之计耳。"玄德曰："虽然如此，未可托大。可使魏延助之。"孔明令魏延解酒赴军前，车上各插黄旗，大书"军前公用美酒"。魏延领命，解酒到寨中，见张飞，传说主公赐酒。飞拜受讫，分付魏延、雷铜各引一支人马，为左右翼；只看军中红旗起，便各进兵。教将酒摆列帐下，令军士大开旗鼓而饮。

有细作报上山。张郃自来山顶观望，见张飞坐于帐下饮酒，令二小卒于前面相扑为戏。郃曰：'张飞欺我太甚！'传令今夜下山劫飞寨，令蒙头、荡石二寨皆出，为左右援。当夜张郃乘着月色微明，引军从山侧而下，径到寨前。遥望张飞大明灯烛，正在帐中饮酒。张郃当先大喊一声，山头擂鼓为助，直杀入中军。但见张飞端坐不动。张郃骤马到面前，一枪刺倒，却是个草人。急勒马回时，帐后连珠炮起。一将当先，拦住去路，睁圆环眼，声如巨雷：乃张飞也。挺矛跃马，直取张郃。两将在火光中，战到三五十合。张郃只盼两寨来救，谁知两寨救兵，已被魏延、雷铜两将杀退，就势夺了二寨。张郃不见救兵至，正没奈何，又见山上火起，已被张飞后军夺了寨栅。张郃三寨俱失，只得奔瓦口关去了。张飞大获胜捷，报入成都。玄德大喜，方知翼德饮酒是计，只要诱张郃下山。

《水浒传》与酒

《水浒传》是一部以描写农民起义为题材的著名长篇古典小说。书中处处有酒香，处处有酒事。这部宏伟的英雄史画卷，以梁山好汉“替天行道”为题材，把英雄们的豪爽侠义性格刻画得淋漓尽致，其中关于酒的描写生动细腻，尤在《三国演义》之上。全书尤以“酒”作为重要“道具”，几乎每一章回都有关于酒事的描写，平均每一章回写到吃酒处有5次之多，且人物形象多姿多彩、特点迥异，因此“酒”对塑造人物起了重要作用。宋江不但分派八位好汉去分管梁山泊周围的四座酒店，还委派胞弟宋清摆设筵席，乡党朱富监制酒水供应，即使平常在山寨中无事时，也要每日轮流一位头领做筵席庆贺。酒为英雄们增添了多少快乐。

根据统计，全书载饮酒场面共600多次，饮酒理由有见面酒、结义酒、聚义酒、接风酒、庆生酒、感恩酒、送行酒、御寒酒、联谊酒、犒赏酒、慰劳酒、压惊酒、壮胆酒、壮行酒、庆功酒、婚庆酒、庆寿酒、贿赂酒、酬谢酒、赔礼酒、答谢酒、闲饮酒、解闷酒、祭奠酒、疏通关系酒、礼节礼仪酒、年节习俗酒、践行酒、送客酒、偷情酒、祭奠酒、永别酒、阴阳酒、寺院用素酒、毒酒、杀人酒以及犯人被行刑前例行饮的永别酒等，其饮酒名称实在是数不胜数。

《水浒传》涉及的酒类品种良多，从皇帝享用的黄封御酒到村野乡民寻乐饮的茅柴白酒都有记载。一般乡野山村偏僻之处多是卖一些味薄的村酒、老酒、黄米酒、素酒、荤酒、浑白酒、社酿等。这些酒多是以谷物为原料加酒曲酿成的，其酒精含量都比较低，都是乡民自己用土法酿的酒。由于是低度酒，所以《水浒传》中的英雄无论哪一位喝个八碗、十碗，甚至十数碗都不会醉。鲁智深是因为喝了一桶这样的酒，才有了“醉打五台山文殊院”的闹事之举。

1.《水浒传》论酒

酒是情感交流最好的工具。英雄们见面首先就是饮酒。酒中显真情，醉里诉衷肠。《水浒传》是古典四部经典著作中对酒描写最为详尽者，除饮酒场面外，还广泛涉及酒店、酒具。

（1）酒店

经统计,《水浒传》描写的酒店共一百三十多家,其中乡村野岭里有三十四家，山野里有六十五家，城镇上有三十一家。全书中酒店林立，如同琳琅满目的商品，有大有小，各式各样，有州府里的、县城里的、乡村里的、山野里的。最有名的酒店是十字坡卖人肉包子的张清酒店,以及“旱地忽律”朱贵在梁山脚下的酒店。这两家酒店做的都不是光明正大的买卖，听之令人毛骨悚然。

一般在州府、县城里的酒店都是规模较大的有名号的酒楼，如东京的樊楼、江州的浔阳楼、阳谷县的狮子楼、孟州的鸳鸯楼。乡村山野的酒店是英雄好汉经常出没的地方，如第二回“史大郎夜走华阴县，鲁提辖拳打镇关西”载：鲁智深、史进、李忠“三个人转弯抹角，来到州桥之下一个潘家有名的酒店，门前挑出望竿，挂着酒旗,漾在空史飘荡。三人来到潘家酒楼上拣个济楚阁儿里坐下。”第三回“赵员外重修文殊院,鲁智深大闹五台山”载:“智深走到那里看时,却是个傍村小酒店。”

（2）酒名

《水浒传》中的酒遍布了大江南北，其酒的种类也纷繁复杂。酒有好酒和劣酒之分,《水浒传》中所提到的酒名有透瓶香酒、茅柴白酒、玉壶春酒、蓝桥风月酒、青花瓷酒、头脑酒等,这些大多是酒楼里的招牌好酒。还有官府里的官酒、黄封御酒、达官贵人喝的葡萄酒也都是上等好酒。那些乡村山野里的家庭小酒店卖的是自酿的老酒、村酒、社酿、茅柴白酒、浑白酒、黄米酒、荤酒、素酒等，这些酒酿造工艺简单易行，是下层普通老百姓和社会下层人们饮用的。

如第二十二回“横海郡柴进留宾，景阳冈武松打虎”中店家对武松说：“我这酒，叫作‘透瓶香’；又唤作‘出门倒’：初入口时，醇浓好吃，少刻时便倒。”第二十八回“施恩重霸孟州道，武松醉打蒋门神”中武松把蒋门神的娘子“隔柜身子提将出来望浑酒缸里只一丢。听得扑嗵的一声响，可怜这妇人正被直丢在大酒缸里。”第三十一回“武行者醉打孔亮，锦毛虎义释宋江”载：武行者过得那土冈子来，迳奔入那村酒店里坐下，便叫道：“店主人家，先打两角酒来，肉便买些来吃。”店主人应道：“实不瞒师父说：酒却有些茅柴白酒，肉却多卖没了。”武行者道:“且把酒来挡寒。”第三十五回“梁山泊吴用举戴宗，揭阳岭宋江逢李俊”中载：宋江道：“我们走得肚饥，你这里有甚么肉卖？”那人道：“只有熟牛肉和浑白酒。”这是说宋江在李立的酒店里喝的是浑白酒。第三十七回“及时雨会神行太保，黑旋风展浪里白条”中，宋江、戴宗、李逵在琵琶亭上喝的就是“玉壶春酒”。其载：“酒保取过两樽‘玉春’酒，此是江州有名的上色好酒，开了泥头。”第三十八回“浔阳楼宋江吟反诗，梁山泊戴宗传假信”中宋江在浔阳楼上喝的就是蓝桥风月酒。其载：“酒保听了，便下楼去。少时，一托盘托上楼来，一樽蓝桥风月美酒，摆下菜蔬时新果品按酒。”这些酒名各有特色。

（3）酒具

《水浒传》中提到的盛酒器具种类多样，大号的有担、桶、瓮，中号的有瓢、角、旋、壶、葫芦，小号的有瓶、杯、盅、镟、盏、碗、瓶、樽等。第二回中鲁智深、史进、李忠三人来到潘家酒楼上，坐下，“酒保唱了喏，认得是鲁提辖便道：‘提辖官人，打多少酒？’鲁达道：‘先打四角酒来。’”第三回“赵员外重修文殊院，鲁智深大闹五台山”中鲁智深第一次大闹五台山时，“智深把那两桶酒都提在亭子上，地下拾起镟子，开了桶盖。只顾舀冷酒吃。无移时，两桶酒吃了一桶酒。”第四回“小霸王醉入销金帐，花和尚大闹桃花村”中鲁智深大闹桃花村时，“大碗将酒斟来，叫智深尽意吃了三二十碗。”第十四回“吴学究说三阮撞筹，公孙胜应七星聚义”中，吴用和阮氏三兄弟相会时，四个人坐定了，叫酒保“打一桶酒”放在桌子上。宋江在浔阳楼醉酒时则是论瓶从店小二手里买的。白胜在黄泥冈卖酒时，押送梁中书生辰纲的军汉问他：“多少钱一桶？”他的回答是“五贯足钱一桶，十贯一担。”这也是论桶卖的例子。施恩请武松吃所谓“无三不过望”的“一路酒”时，施恩唯恐武松多吃致醉，便摆下小盏。武松说：“不要小盏吃，大碗筛来，只斟三碗”，于是仆人便排下大碗，将酒便斟。唯有此等大碗酒，才能表现武松的英雄海量，衬托武松的神威勇武。

上层人物一般用的是金银酒器，像银壶、玛瑙杯、琥珀盅、嵌宝金花盅、玻璃盏等温酒的器具。如号称“歌舞神仙女，风流花月魁”的李师师，因色艺而得宠于皇上，显得十分尊贵，她使用的是“小小金杯”。

（4）饮酒

夏季喝凉酒，冬季喝温酒。第二十三回“王婆贪贿说风情，郓哥不忿闹茶肆”中，武松在阳谷县第一次上武大家做客时，潘金莲备了一席丰盛的酒宴招待他，不时叫武松“请酒一杯”，可武松对嫂子的盛情承受不了，而“武大直顾上下筛酒烫酒”。“烫酒”即是温酒。第二十八回“施恩重霸孟州道，武松醉打蒋门神”中，武松要去替施恩夺回被蒋门神霸占的快活林酒店，他来到这家酒店借喝酒之机寻找事端，“武松道：‘打两角酒。先把些来尝看。’那酒保去柜上叫那妇人舀两角酒下来，倾放桶里，烫一碗过来。……又烫一碗过来。……‘这酒也不好！快换来便饶你！’……酒保把桶儿放在面前，又烫一碗过来。”连烫了三碗酒。

（5）酒量

《水浒传》里的人物天性酒量就很大，书中的好汉们个个都大块吃肉、大碗喝酒，饮量惊人，常常是不醉不休。武松在上景阳冈之前喝的是上等好酒“透瓶香”。一般顾客都是“三碗不过冈”，而武松却一连喝了十八碗，竟然还能赤手空拳打死那凶猛的吊睛白额大虫。“三碗不过冈”应该是古代较早的酒广告。

第二十八回“施恩重霸孟州道 武松醉打蒋门神”中,在武松醉打蒋门神之前，武松便要求“无三不过望”，即见到一个酒店要喝上三碗才能过去。武松此去快活林有十四五里地，大概相隔一里路就有一家酒店，这样算来就有十三四家，每家都喝上三碗的话，就喝了三十多碗。鲁智深嗜酒如命，酒量大，即便出了家也不守清规戒律。他第一次下山便抢吃了酒夫的一桶酒，吃完了还要吃另一桶。像武松、李逵、鲁智深、阮氏三兄弟等英雄好汉在酒店吃酒都是敲着桌子叫道:“将酒来！休问多少，大碗只顾筛来！”这些英雄们酒量都大，个个具有凌云豪气、大度正义的品质。

（6）醉态

饮酒后每个人的醉酒状态千姿百态，几乎没有相同的。第三回“赵员外重修文殊院，鲁智深大闹五台山”中，鲁智深大闹五台山正是因为他吃了一桶酒之后耍起了酒疯，且酒后又打又骂，粗鲁无礼，但又豪爽耿直，疾恶如仇，爱打抱不平。第十一回中，流氓地痞无赖牛二“吃得半醉，一步一颠撞将来。”即使醉了也不会失去其野蛮的个性，借酒耍赖，结果被杨志杀了。第三十八回“浔阳楼宋江吟反诗，梁山泊戴宗传假信”中，宋江“不觉沉醉，猛然蓦上心来……乘着酒兴，磨得墨浓，蘸得笔饱。”耍起笔杆子，结果题下反诗。第四十四回中，裴如海和潘巧云偷情时，“那淫妇一者有心，二来酒入情怀，不觉有些朦朦胧胧上来。”由于只是微醉尚能打情骂俏。杨雄醉骂潘巧云，差点导致与结拜兄弟石秀反目成仇。武松的性格是“粗中有豪气”，酒量甚大，“一分酒便有一分本事，一分酒便有一分胆识。”李逵醉酒粗中带有蛮劲、淳朴天真、莽撞而不讲策略、狭隘报复、憨直爽朗。虽然其憨态可掬，但酒后要起酒疯非同一般，且不分青红皂白，连无辜的酒保和柔弱的女娘都欺负。

（7）酒乱性

酒最大的害处就在于酒能乱性，喝了酒的人大脑神志不清，容易胡作非为。所谓“酒不醉人人自醉，花不迷人人自迷。”“酒做媒人色胆张，贪淫不顾坏纲常。”“须知酒色本相连，饮食能成男女缘。”如阎婆惜与张文远、西门庆与潘金莲、裴如海与潘巧云，皆因酒而春心大动，色胆包天，做出扰乱纲常之事。

（8）酒后吐真言

人在喝多酒的情况下，能吐露出自己的真实想法。醉酒并非真的发疯，也并非失去知觉，而是一种神志朦胧的状态。在这种半醉半醒的状态下，人的潜意识是异常活跃的。第十回“朱贵水亭施号箭，林冲雪夜上梁山”中，林冲在风雪山神庙杀了仇家后逃奔梁山途中，孤身在酒店喝酒，几杯酒水下肚便醉意朦胧起来，思前想后自己被高俅坑害，处于有家难回、有国难投这样凄惨境地。“因感伤怀抱，问酒保借笔砚来，乘着一时酒兴，向那白粉壁上写下八句道：仗义是林冲，为人最朴忠，江湖驰誉望，京国显英雄。身世悲浮梗，功名类转蓬。他年若得志，威震泰山东。”宋江在浔阳楼酒后所题的反诗也是他内心的真实写照。

（9）酒壮胆

饮酒有时可以彰显英雄豪迈爽快的性格。“大块吃肉，大碗喝酒”便是英雄好汉的豪迈。第四回“小霸王醉入销金帐，花和尚大闹桃花村”中，鲁智深曾道：“洒家一分酒只有一分本事，十分酒便有十分气力。”鲁智深大闹五台山，气力当真不小，其多半是借着酒力。更加著名的还有“景阳冈武松打虎”，当真是酒壮了气力，造就了打虎英雄。

（10）酒误事

第三回“赵员外重修文殊院，鲁智深大闹五台山”中载：“只说智深在亭子上坐了半日，酒却上来；下得亭子松树根边又坐了半歇，酒越涌上来。”且痛打满寺僧众，结果把整个寺庙闹得天翻地覆，害得长老无奈，而他自己连和尚也做不成了。第十五回中，青面兽杨志一帮人也因贪酒，落入吴用的圈套，丢了生辰纲，痛尝了贪酒之苦。第三十八回“浔阳楼宋江吟反诗，梁山泊戴宗传假信”中，宋江在浔阳楼因饮酒题反诗而有牢狱之灾。

（11）酒伤心

酒伤英雄心，英雄爱美酒。如第七十五回“活阎罗倒船偷御酒，黑旋风扯诏骂钦差”中，面对被换掉的御酒，众英雄“尽都骇然，一个个都走下堂去。鲁智深提着铁禅杖，高声叫骂：‘入娘撮鸟！忒煞是欺负人！把水酒做御酒来哄俺们吃！’赤发鬼刘唐也挺着朴刀杀上来，行者武松掣出双戒刀，没遮拦穆弘、九纹龙史进，一齐发作。六个水军头领都骂下关去了。”在众人看来，饮下赐予的劣酒，显然如奇耻大辱般，因为酒是他们磊落生命历程的一个组成部分，因此他们反映如此激烈也就不为过了。

（12）酒送命

宋江、卢俊义饮下了朝廷送来的毒酒。宋江“恐坏忠良水浒之名”，又将李逵毒死。

2.《水浒传》中的精彩酒故事

（1）三碗不过冈

“三碗不过冈”讲的是武松醉酒打死老虎的故事。《水浒传》第二十二回“横海郡柴进留宾，景阳冈武松打虎”载：武松在路上行了几日，来到阳谷县地面。此去离县治还远。当日晌午时分，走得肚中饥渴望见前面有一个酒店，挑着一面招旗在门前，上头写着五个字道：“三碗不过冈”。

武松入到里面坐下，把哨棒倚了，叫道：“主人家，快把酒来吃。”只见店主人把三只碗，一双箸，一碟热菜，放在武松面前，满满筛一碗酒来。武松拿起碗一饮而尽，叫道:“这酒好生有气力！主人家，有饱肚的，买些吃酒。”酒家道:“只有熟牛肉。”武松道：“好的切二三斤来吃酒。”

店家去里面切出二斤熟牛肉，做一大盘子，将来放在武松面前；随即再筛一碗酒。武松吃了道：“好酒！”又筛下一碗。

恰好吃了三碗酒，再也不来筛。武松敲着桌子，叫道：“主人家，怎的不来筛酒？”酒家道：“客官，要肉便添来。”武松道：“我也要酒，也再切些肉来。”酒家道：“肉便切来添与客官吃，酒却不添了。”武松道：“却又作怪！”便问主人家道：“你如何不肯卖酒与我吃？”酒家道：“客官，你须见我门前招旗上面明明写道：‘三碗不过冈’。”武松道：“怎地唤作‘三碗不过冈’？”酒家道：“俺家的酒虽是村酒，却比老酒的滋味；但凡客人，来我店中吃了三碗的，便醉了，过不得前面的山冈去：因此唤作'三碗不过冈'。若是过往客人到此，只吃三碗，便不再问。"武松笑道："原来恁地；我却吃了三碗，如何不醉？"酒家道："我这酒，叫作'透瓶香'；又唤作'出门倒'：初入口时，醇浓好吃，少刻时便倒。"武松道："休要胡说！没地不还你钱！再筛三碗来我吃！"

酒家见武松全然不动，又筛三碗。武松吃道："端的好酒！主人家，我吃一碗还你一碗酒钱，只顾筛来。"酒家道："客官，休只管要饮。这酒端的要醉倒人，没药医！"武松道："休得胡鸟说！便是你使蒙汗药在里面，我也有鼻子！"

店家被他发话不过，一连又筛了三碗。武松道："肉便再把二斤来吃。"酒家又切了二斤熟牛肉，再筛了三碗酒。

武松吃得口滑，只顾要吃，去身边取出些碎银子，叫道："主人家，你且来看我银子！还你酒肉钱够么？"酒家看了道："有余，还有些贴钱与你。"武松道："不要你贴钱，只将酒来筛。"酒家道："客官，你要吃酒时，还有五六碗酒哩！只怕你吃不得了。"武松道："就有五六碗多时，你尽数筛将来。"酒家道："你这条长汉，倘或醉倒了时，怎扶得你住！"武松答道："要你扶的，不算好汉！"

酒家那里肯将酒来筛。武松焦躁，道："我又不白吃你的！休要饮老爷性发，通教你屋里粉碎！把你这鸟店子倒翻转来！"酒家道："这厮醉了，休惹他。"再筛了六碗酒与武松吃了。前后共吃了十八碗，绰了哨棒，立起身来，道："我却又不曾醉！"走出门前来，笑道："却不说'三碗不过冈'！"手提哨棒便走。

酒家赶出来叫道："客官，那里去？"武松立住了，问道："叫我做甚么？我又不少你酒钱，唤我怎地？"酒家叫道："我是好意；你且回来我家看抄白官司榜文。"武松道："甚么榜文？"酒家道："如今前面景阳冈上有只吊睛白额大虫，晚了出来伤人，坏了三二十条大汉性命。官司如今杖限猎户擒捉发落。冈子路口都有榜文；可教往来客人结伙成队，于巳、午、未三个时辰过冈；其于寅、卯、申、酉、戌、亥六个时辰不许过冈。更兼单身客人，务要等伴结伙而过。这早晚正是未末申初时分，我见你走都不问人，枉送了自家性命。不如就我此间歇了，等明日慢慢凑得三二十人，一齐好过冈子。"

武松听了，笑道："我是清河县人氏，这条景阳冈上少也走过了一二十遭，几时见说有大虫，你休说这般鸟话来吓我！便有大虫，我也不怕！"酒家道："我是好意救你，你不信时，进来看官司榜文。"武松道："你鸟做声！便真个有虎，老爷也不怕！你留我在家里歇，莫不半夜三更，要谋我财，害我性命，却把鸟大虫唬吓我？”酒家道：“你看么！我是一片好心，反做恶意，倒落得你恁地！你不信我时，请尊便自行！”一面说，一面摇着头，自进店里去了。

这武松提了哨棒，大着步，自过景阳冈来。约行了四五里路，来到冈子下，见一大树，刮去了皮，一片白，上写两行字。武松也颇识几字，抬头看时，上面写道：“近因景阳冈大虫伤人，但有过往客商可于巳午未三个时辰结伙成队过冈，请勿自误。”

武松看了笑道：“这是酒家诡诈，惊吓那等客人，便去那厮家里歇宿。我却怕甚么鸟！”横拖着哨棒，便上冈子来。那时已有申牌时分，这轮红日厌厌地相傍下山。武松乘着酒兴，只管走上冈子来。走不到半里多路，见一个败落的山神庙。行到庙前，见这庙门上贴着一张印信榜文。武松住了脚，读时，上面写道：阳谷县示：为景阳冈上新有一只大虫伤害人命，见今杖限各乡里正并猎户人等行捕未获。如有过往客商人等，可于巳午未三个时辰结伴过冈；其馀时分，及单身客人，不许过冈，恐被伤害性命。各宜知悉。政和……年……月……日。

武松读了印信榜文，方知端的有虎；欲待转身再回酒店里来，寻思道：“我回去时须吃他耻笑不是好汉，难以转去。”存想了一回，说道：“怕甚么鸟！且只顾上去看怎地！”武松正走，看看酒涌上来，便把毡笠儿掀在脊梁上，将哨棒绾在肋下，一步步上那冈子来；回头看这日色时，渐渐地坠下去了。此时正是十月间天气，日短夜长，容易得晚。武松自言自说道：“那得甚么大虫！人自怕了，不敢上山。”

武松走了一直，酒力发作，焦热起来，一只手提哨棒，一只手把胸膛前袒开，踉踉跄跄，直奔过乱树林来；见一块光挞挞大青石，把那哨棒倚在一边，放翻身体，却待要睡，只见发起一阵狂风。那一阵风过了，只听得乱树背后扑地一声响，跳出一只吊睛白额大虫来。武松见了，叫声“阿呀”，从青石上翻将下来，便拿那条哨棒在手里，闪在青石边。那大虫又饿，又渴，把两只爪在地上略按一按，和身望上一扑，从半空里撺将下来。武松被那一惊，酒都作冷汗出了。

说时迟，那时快；武松见大虫扑来，只一闪，闪在大虫背后。那大虫背后看人最难，便把前爪搭在地下，把腰胯一掀，掀将起来。武松只一闪，闪在一边。大虫见掀他不着，吼一声，却似半天里起个霹雳，振得那山冈也动，把这铁棒也似虎尾倒竖起来只一剪。武松却又闪在一边。原来那大虫拿人只是一扑，一掀，一剪；三般捉不着时，气性先自没了一半。那大虫又剪不着，再吼了一声，一兜兜将回来。

武松见那大虫复翻身回来，双手轮起哨棒，尽平生气力，只一棒，从半空劈将下来。只听得一声响，簌簌地，将那树连枝带叶劈脸打将下来。定睛看时，一棒劈不着大虫，原来打急了，正打在枯树上，把那条哨棒折做两截，只拿得一半在手里。那大虫咆哮，性发起来，翻身又只一扑扑将来。武松又只一跳，却退了十步远。那大虫恰好把两只前爪搭在武松面前。武松将半截棒丢在一边，两只手就势把大虫顶花皮胳嗒地揪住，一按按将下来。那只大虫急要挣扎，被武松尽力气捺定，那里肯放半点儿松宽。

武松把只脚望大虫面门上、眼睛里只顾乱踢。那大虫咆哮起来，把身底下爬起两堆黄泥，做了一个土坑。武松把大虫嘴直按下黄泥坑里去。那大虫吃武松奈何得没了些气力。武松把左手紧紧地揪住顶花皮，偷出右手来，提起铁锤般大小拳头，尽平生之力只顾打。打到五七十拳，那大虫眼里，口里，鼻子里，耳朵里，都迸出鲜血来，更动弹不得，只剩口里兀自气喘。

武松放了手来，松树边寻那打折的哨棒，拿在手里；只怕大虫不死，把棒橛又打了一回。眼见气都没了，方才丢了棒，寻思道："我就地拖得这死大虫下冈子去？……"就血泊里双手来提时,哪里提得动。原来使尽了气力,手脚都苏软了。

（2）醉打蒋门神

"醉打蒋门神"是《水浒传》中因饮酒痛打恶人的快事。《水浒传》第二十八回"施恩重霸孟州道，武松醉打蒋门神"载：早饭罢，吃了茶，施恩与武松去营前闲走了一遭；回来到客房里，说些枪法，较量些拳棒。看看晌午，邀武松到家里，只具着数杯酒相待，下饭按酒，不计其数。

武松正要吃酒，见他把按酒添来相劝，心中不在意;吃了晌午饭，起身别了，回到客房里坐地。只见那两个仆人又来服侍武松洗浴。武松问道："你家小管营今日如何只将肉食出来请我,却不多将些酒出来与我吃？是甚意故？"仆人答道："不敢瞒都头说，今早老管营和小管营议论，今日本是要央都头去，怕都头夜来酒多，恐今日中酒，怕误了正事，因此不敢将酒出来。明日正要央都头去干正事。"武松道："恁地时，道我醉了，误了你大事？"仆人道："正是这般计较。"

当夜武松巴不得天明。早起来洗漱罢，头上裹了一顶万字头巾；身上穿了一领土色布衫，腰里系条红绢搭膊；下面腿絣护膝八搭麻鞋；讨了一个小膏药贴了脸上“金印”。施恩早来请去家里吃早饭。

武松吃了茶饭罢，施恩便道：“后槽有马，备来骑去。”武松道：“我又不脚小，骑那马怎地？只要依我一件事。”施恩道：“哥哥但说不妨，小弟如何敢道不依。”武松道：“我和你出得城去，只要还我‘无三不过望’。”施恩道：“兄长，如何‘无三不过望’？小弟不省其意。”武松笑道：“我说与你，你要打蒋门神时，出得城去，但遇着一个酒店便请我吃三碗酒，若无三碗时便不过望子去，这个唤做‘无三不过望’。”

施恩听了，想道：“这快活林离东门去有十四五里田地，算来卖酒的人家也有十二三家，若要每店吃三碗时，恰好有三十五六碗酒，才到得那里。恐哥哥醉了，如何使得？”武松大笑，道：“你怕我醉了没本事？我却是没酒没本事！带一分酒便有一分本事！五分酒五分本事！我若吃了十分酒，这气力不知从何而来！若不是酒醉后了胆大，景阳冈上如何打得这只大虫？那时节，我须烂醉了好下手，又有力，又有势！”施恩道：“却不知哥哥是恁地。家下有的是好酒，只恐哥哥醉了失事，因此，夜来不敢将酒出来请哥哥深饮。既是哥哥酒后愈有本事时，恁地先教两个仆人自将了家里好酒，果品淆馔，去前路等候，却和哥哥慢慢地饮将去。”武松道：“恁么却才中我意；去打蒋门神，教我也有些胆量。没酒时，如何使得手段出来！还你今朝打倒那厮，教众人大笑一场！”

施恩当时打点了，教两个仆人先挑食箩酒担，拿了些铜钱去了。老管营又暗暗地选拣了一二十条壮健大汉慢慢地随后来接应，都分付下了。

且说施恩和武松两个离了平安寨，出得孟州东门外来，行过得三五百步，只见官道傍边，早望见一座酒肆望子挑出在檐前，那两个挑食担的仆人已先在那里等候。施恩邀武松到里面坐下，仆人已先安下淆馔，将酒来筛。武松道：“不要小盏儿吃。大碗筛来。只斟三碗。”

仆人排下大碗，将酒便斟。武松也不谦让，连吃了三碗便起身。仆人慌忙收拾了器皿，奔前去了。武松笑道：“却才去肚里发一发！我们去休！”

两个便离了这座酒肆，出得店来。此时正是七月间天气，炎暑未消，金风乍起。两个解开衣襟，又行不得一里多路，来到一处，不村不郭，却早又望见一个酒旗儿，高挑出在树林里。来到林木丛中看时，却是一座卖村醪小酒店，施恩立住了脚，问道：“此间是个村醪酒店，也算一望么？”武松道：“是酒望。须饮三碗。若是无三，不过去便了。”

两个入来坐下，仆人排了酒碗果品，武松连吃了三碗，便起身走。仆人急急收了家火什物，赶前去了。两个出得店门来，又行不到一二里，路上又见个酒店。武松入来，又吃了三碗便走。

话休絮繁。武松、施恩两个一处走着，但遇酒店便入去吃三碗。约莫也吃过十来处酒肆，施恩看武松时，不十分醉。

武松问施恩道：“此去快活林还有多少路？”施恩道：“没多了，只在前面。远远地望见那个林子便是。”武松道：“既是到了，你且在别处等我，我自去寻他。”施恩道：“这话最好。小弟自有安身去处。望兄长在意，切不可轻敌。”武松道：“这个却不妨，你只要叫仆人送我，前面再有酒店时，我还要吃。”施恩叫仆人仍旧送武松，施恩自去了。

武松又行不到三四里路，再吃过十来碗酒。此时已有午牌时分，天色正热，却有些微风。武松酒却涌上来，把布衫摊开；虽然带着五七分酒，却装作十分醉的，前颠后偃，东倒西歪，来到林子前，仆人用手指道：“只前头丁字路口便是蒋门神酒店。”武松道：“既是到了，你自去躲得远着。等我打倒了，你们却来。”

武松抢过林子背后，见一个金刚来大汉，披着一领白布衫，撒开一把交椅，拿着蝇拂子，坐在绿槐树下乘凉。武松假醉佯颠，斜着眼看了一看，心中自忖道：“这个大汉一定是蒋门神了。”直抢过去。又行不到三五十步，早见丁字路口一个大酒店，檐前立着望竿，上面挂着一个酒望子，写着四个大字，道：“河阳风月”。转过来看时，门前一带绿油栏杆，插着两把销金旗；每把上五个金字，写道：“醉里乾坤大，壶中日月长”。一壁厢肉案、砧头、操刀的家生；一壁厢蒸做馒头烧柴的厨灶；去里面一字儿摆着三只大酒缸，半截埋在地里，缸里面各有大半缸酒；正中间装列着柜身子；里面坐着一个年纪小的妇人，正是蒋门神初来孟州新娶的妾，原是西瓦子里唱说诸般宫调的顶老。

武松看了，瞅着醉眼，迳奔入酒店里来，便去柜身相对一付座头上坐了；把双手按着桌子上，不转眼看那妇人。那妇人瞧见，回转头看了别处。武松看那店里时，也有五七个当撑的酒保。武松却敲着桌子，叫道：“卖酒的主人家在那里？”

一个当头酒保来看着武松道："客人，要打多少酒？"武松道："打两角酒。先把些来尝看。"那酒保去柜上叫那妇人舀两角酒下来，倾放桶里，烫一碗过来，道："客人，尝酒。"

武松拿起来闻一闻，摇着头道："不好！不好！换将来！"酒保见他醉了，将来柜上，道："娘子，胡乱换些与他。"那妇人接来，倾了那酒，又舀些上等酒下来。酒保将去，又烫一碗过来。武松提起来咂一咂，道："这酒也不好！快换来便饶你！"酒保忍气吞声，拿了酒去柜边，道："娘子，胡乱再换些好的与他，休和他一般见识。这客人醉了，只要寻闹相似，便换些上好的与他罢。"那妇人又舀了一等上色的好酒来与酒保。酒保把桶儿放在面前，又烫一碗过来。

武松吃了道："这酒略有些意思。"问道："过卖，你那主人家姓甚麽？"酒保答道："姓蒋。"武松道："却如何不姓李？"那妇人听了道："这厮那里吃醉了，来这里讨野火么！"酒保道："眼见得是个外乡蛮子，不省得了，在那里放屁！"武松问道："你说甚么？"酒保道："我们自说话，客人，你休管，自吃酒。"武松道："过卖：叫你柜上那妇人下来相伴我吃酒。"酒保喝道："休胡说！这是主人家娘子！"武松道："便是主人家娘子，待怎地？相伴我吃酒也不打紧！"那妇人大怒，便骂道："杀才！该死的贼！"推开柜身子，却待奔出来。

武松早把土色布衫脱下，上半截揣在怀里，便把那桶酒只一泼，泼在地上，抢入柜身子里，却好接着那妇人；武松手硬，那里挣扎得，被武松一手接住腰胯，一手把冠儿捏作粉碎，揪住云髻，隔柜身子提将出来望浑酒缸里只一丢，听得扑嗵的一声响，可怜这妇人正被直丢在大酒缸里。

武松托地从柜身前踏将出来。有几个当撑的酒保，手脚活些个的，都抢来奔武松。武松手到，轻轻地只一提，提一个过来，两手揪住，也望大酒缸里只一丢，桩在里面；又一个酒保奔来，提着头只一掠，也丢在酒缸里；再有两个来的酒保，一拳，一脚，都被武松打倒了。先头三个人在三只酒缸里那里挣扎得起；后面两个人在酒地上爬不动。这几个火家捣子打得屁滚尿流，乖地走了一个。武松道："那厮必然去报蒋门神来。我就接将去。大路上打倒他好看，教众人笑一笑。"

武松大踏步赶将出来。那个捣子迳奔去报了蒋门神。蒋门神见说，吃了一惊，踢翻了交椅，丢去蝇拂子，便钻将来。武松却好迎着，正在大阔路上撞见。蒋门神虽然长大，近因酒色所迷，淘虚了身子，先自吃了那一惊；奔将来，那步不曾停住；怎地及得武松虎一般似健的人，又有心来算他！蒋门神见了武松，心里先欺他醉，只顾赶将入来。

说时迟，那时快；武松先把两个拳头去蒋门神脸上虚影一影，忽地转身便走。蒋门神大怒，抢将来，被武松一飞脚踢起，踢中蒋门神小腹上，双手按了，便蹲下去。武松一踅，踅将过来，那只右脚早踢起，直飞在蒋门神额角上，踢着正中，望后便倒。武松追入一步，踏住胸脯，提起这醋钵儿大小拳头，望蒋门神头上便打。

原来说过的打蒋门神扑手，先把拳头虚影一影便转身，却先飞起左脚；踢中了便转过身来，再飞起右脚；这一扑有名，唤做"玉环步，鸳鸯脚"。这是武松平生的真才实学，非同小可！打得蒋门神在地下叫饶。

武松喝道："若要我饶你性命，只要依我三件事！"蒋门神在地下，叫道："好汉饶我！休说三件，便是三百件，我也依得！"

《西游记》与酒

《西游记》是一部浪漫主义长篇神话小说。书中虽然宣扬的是佛家思想，而佛家是禁酒的，但书中仍然有对于酒的描写。

据统计，全书一百回中，写饮酒场面 103 次，其中涉及孙悟空师徒场面 36 次。从猴王出世到被如来压在五行山下共饮酒 8 场次。尤其是前八章回，饮酒场面达 25 次。饮酒中有联谊酒 6 次，饯别酒 5 次，接风酒 7 次，饮宴酒 14 次，祭祀酒 2 次，庆贺酒 5 次，喜酒 4 次，闲饮酒 11 次，药酒 1 次，偷饮酒 3 次，奖赏酒 4 次，犒劳酒 3 次，压惊酒 3 次，求助酒 1 次，赔礼酒 1 次，酬谢酒 15 次，驱寒酒 1 次，其他涉及酒的地方有 17 处。书中的酒有果酒、谷酒、药酒等三类；又有分为用各种谷物酿制的酒称为大酒，用植物的皮、茎、根、叶、花等酿制的酒称为杂酒两类。

1.《西游记》论酒

（1）酒名

《西游记》一书中出现的酒名有仙酒、玉液、御酒、素酒、荤酒、新酿、喜酒、琼浆、琼液、香酒、香醪、药酒、暖酒、美禄、椰醪、松子酒、熟酝醪、香腻酒、暖素酒、香糯酒、椰子酒、葡萄酒、香醪佳酿、紫府琼浆、醴等。

（2）酒具

《西游记》一书中使用的酒具有金卮、大爵、巨觥、玉杯、鹦鹉杯、鸬兹鸟杓、鹭鸶杓、金叵罗、银凿落、玻璃盏、水晶盆、蓬莱碗、琥珀盅、紫霞杯、双喜杯

（交杯盏）、三宝盅、四季杯等。

（3）佛教戒酒

出家人不得饮酒，不得尝酒，不得嗅酒。凡是有酒色、酒香、酒味的酒，只要具备其中一点，能致人醉的，不论是大酒、杂酒，还是酒糟、酒酢，都在禁戒之列。出家人非万不得已，决不沾酒，《西游记》中的唐僧严守戒律，堪称典范。

《西游记》第十二回“玄奘秉诚建大会，观音显象化金蝉”中，在玄奘去西天取经前，唐太宗举爵赐酒饯行，“玄奘又谢恩，接了御酒道：‘陛下，酒乃僧家头一戒，贫僧自为人，不会饮酒。’太宗道：‘今日之行，比他事不同。此乃素酒，只饮此一杯，以尽朕奉饯之意。’三藏不敢不受。”

第十九回“云栈洞悟空收八戒，浮屠山玄奘受心经”中有这样的描写：“高老儿摆了桌席，请三藏上坐，行者与八戒，坐于左右两旁，诸亲下坐。高老把素酒开樽，满斟一杯，奠了天地，然后奉与三藏。三藏道：不瞒太公说，贫僧是胎里素，自幼儿不吃荤。老高道：“因知老师清素，不曾敢动荤。此酒也是素的，请一杯不妨。三藏道：也不敢用酒，酒是我僧家第一戒者。悟能慌了道：‘师父，我自持斋，却不曾断酒。’悟空道：‘老孙虽量窄，吃不上坛把，却也不曾断酒。’三藏道：‘既如此，你兄弟们吃些素酒也罢，只是不许醉饮误事。’遂而他两个接了头锺。各人俱照旧坐下，摆下素斋，说不尽那杯盘之盛，品物之丰。”

第二十六回“孙悟空三岛求方，观世音甘泉活树”中，孙悟空为救人参果树，来到方丈仙山，“帝君仍欲留奉玉液一杯，行者道：‘急救事紧，不敢久滞。’遂驾云复至瀛洲海岛。也好去处。”这是说东华大帝君请孙悟空饮酒，而被婉拒。菩萨救活人参果树后，“镇元子却又安排蔬酒，与行者结为兄弟。”这里酒只是用于结盟仪式。

第六十二回“涤垢洗心唯扫塔，缚魔归正乃修身”中，悟空等在祭赛国捉了妖怪，国王排宴谢功，“国王听毕，请三藏坐了上席，孙行者坐了侧首左席，猪八戒、沙和尚坐了侧首右席，俱是素果、素菜、素茶、素饭。前面一席荤的，坐了国王，下首有百十席荤的，坐了文武多官。众臣谢了君恩，徒告了师罪，坐定。国王把盏，三藏不敢饮酒，他三个各受了安席酒。”

第六十三回“二僧荡怪闹龙宫，群圣除邪获宝贝”中，二郎和悟空见面设酒叙情，“行者道：‘列位盛情，不敢固却。但自做和尚，都是斋戒，恐荤素不便。’

二郎道：'有素果品，酒也是素的。'众兄弟在星月光前，幕天席地，举杯叙旧。"

第七十九回"寻洞擒妖逢老寿，当朝正主救婴儿"中："国王擎着紫霞杯，一一奉酒，唯唐僧不饮。"悟空、八戒、沙僧从师之后，基本上遵守了戒律，只在不得已时饮一点。

（4）饮酒场面

宫廷筵宴、仙道饮酒、民间酒席等均讲究礼节，其席位有尊卑，座次排大小。如《西游记》第四回"官封弼马心何足，名注齐天意未宁"中，猴王从天庭返回，"一群猴都来叩头，迎接进洞天深处，请猴王高登宝位，一壁厢办酒接风。"其余众猴则分班序齿。

第五回"乱蟠桃大圣偷丹，反天宫诸神捉怪"中，王母娘娘请各宫各殿大小尊神参加"蟠桃盛会"，都是诸路神仙；猴王盗了蟠桃大会的玉液，回山举办"仙酒会"。

第七回"八卦炉中逃大圣，五行山下定心猿"中"如来佛祖殄灭了妖猴，……请诸仙做一会筵奉谢"，设宴"安天大会"，玉帝"命四大天师、九天仙女，大开玉京金阙、太玄宝宫、洞阳玉馆，请如来高坐七宝灵台。调设各班座位，安排龙肝凤髓，玉液蟠桃。……仙乐玄歌音韵美，凤箫玉管响声高。琼香缭绕群仙集，宇宙清平贺圣朝。"

第九回"陈光蕊赴任逢灾，江流僧复仇报本"中，陈光蕊杀贼复位，找到母亲后举办了"团圆会"。

第十七回"孙行者大闹黑风山，观世音收伏熊罴怪"中，黑熊怪盗了三藏的袈裟，邀请各山魔王参加"佛衣会"。

除此之外，还有钉耙会、安席酒、得功酒等。这些饮酒场面根据个人地位、环境组织的不同，各有特点。

（5）以酒谋事

僧人为了达到克敌制胜的目的，有时也会用酒谋事。如第八十二回"姹女求阳，元神护道"中，在陷空山无底洞中，三藏听了悟空的话，在"危急存亡之秋，万分出于无奈"的情况下饮了酒。"那妖精露尖尖之玉指，捧晃晃之金杯，满斟美酒，递与唐僧，口里叫道：'长老哥哥妙人，请一杯交欢酒儿。'三藏羞答答的接了酒，望空浇奠，心中暗祝道：'护法诸天、五方揭谛、四值功曹：弟子陈玄奘，自离东土，蒙观世音菩萨差遣列位众神暗中保护，拜雷音见佛求经，今在途中，被妖精拿住，强逼成亲，将这一杯酒递与我吃。此酒果是素酒，弟子勉强吃了，还得见佛成功；若是荤酒，破了弟子之戒，永堕轮回之苦！’孙大圣，他却变得轻巧，在耳根后，若象一个耳报,但他说话,唯三藏听见,别人不闻。他知师父平日好吃葡萄做的素酒，教吃他一钟。那师父没奈何吃了，急将酒满斟一钟，回与妖怪，果然斟起有一个喜花儿。”这是说为了哄住妖精,孙悟空好使手段,尽管是素酒,唐僧“没奈何吃了”。

第六十回“牛魔王罢战赴华筵，孙行者二调芭蕉扇”中，孙悟空为骗取罗刹女的宝扇，变作牛魔王来到翠云山芭蕉洞，罗刹女“叫丫鬟整酒接风贺喜，遂擎杯奉上道：‘大王，燕尔新婚，千万莫忘结发，且吃一杯乡中之水。’大圣不敢不接，只得笑吟吟，举觞在手道：‘夫人先饮。我因图治外产，久别夫人，早晚蒙护守家门，权为酬谢。’罗刹复接杯斟起，递与大王道：‘自古道，妻者齐也，夫乃养身之父，讲甚么谢？’两人谦谦讲讲，方才坐下巡酒。大圣不敢破荤，只吃几个果子，与他言言语语。酒至数巡，罗刹觉有半酣，色情微动，就和孙大圣挨挨擦擦，搭搭拈拈，携着手，俏语温存，并着肩，低声俯就。将一杯酒，你喝一口，我喝一口，却又哺果。大圣假意虚情，相陪相笑，没奈何，也与他相倚相偎。”孙悟空为达到目的，不能推辞，只好饮酒相陪。

只有第九十四回“四僧宴乐御花园，一怪空怀情欲喜”中，因天竺国王酬谢，留春亭饮素酒，三位师兄弟才着实饮了一次酒。“行者三人在留春亭亦尽受用，各饮了几杯，也都有些酣意，正欲去寻长老，只见长老已同国王在一阁。”其他都是在因为做了好事被酬谢的情况下，酬礼奉酒（素酒），书中往往一笔带过。

（6）素酒与荤酒

《西游记》中经常出现“素酒”这个词，而且是和尚和尼姑可以饮用的酒。素酒就是粗酿的酒，没有经过蒸馏工艺，只是简单地将酒糟滤除，余下浑浊的酒水，放到锅里煮开，以使酒不变质。这种粗酿地酒度数极低，外观浑浊不好看。因为其不大会引起人的欲望，所以叫素酒。一般认为经过蒸馏工艺的是荤酒，没有经过蒸馏工艺的是素酒。它本身与佛家并没有什么直接的关系。僧人是不饮酒的，而《西游记》中多次提到素酒，所以孙悟空有时会饮这种酒。

2.《西游记》中的精彩酒故事

《西游记》中也有关于饮酒的故事，只是不及《三国演义》《水浒传》中的饮酒场面多，描述的也没有那么详尽。

《西游记》第五回"乱蟠桃大圣偷丹,反天宫诸神捉怪"载:那里铺设得齐齐整整,却还未有仙来。这大圣点看不尽,忽闻得一阵酒香扑鼻;忽转头,见右壁厢长廊之下,有几个造酒的仙官、盘糟的力士,领几个运水的道人,烧火的童子,在那里洗缸刷瓮,已造成了玉液琼浆，香醪佳酿。大圣止不住口角流涎，就要去吃，奈何那些人都在这里。他就弄个神通，把毫毛拔下几根，丢入口中嚼碎，喷将出去，念声咒语，叫"变!"即变做几个瞌睡虫，奔在众人脸上。你看这伙人，手软头低，闭眉合眼，丢了执事，都去盹睡。大圣却拿了些百味珍馐，佳肴异品，走入长廊里面，就着缸，挨着瓮，放开量，痛饮一番。吃勾了多时，酕醄醉了。自揣自摸道:"不好！不好！再过会，请的客来，却不怪我？一时拿住，怎生是好？不如早回府中睡去也。"

好大圣：摇摇摆摆，仗着酒，任情乱撞，一会把路差了；不是齐天府，却是兜率天宫。一见了，顿然醒悟道:"兜率宫是三十三天之上，乃离恨天太上老君之处，如何错到此间？也罢！也罢！一向要来望此老，不曾得来，今趁此残步，就望他一望也好。"即整衣撞进去，那里不见老君，四无人迹。原来那老君与燃灯古佛在三层高阁朱陵丹台上讲道，众仙童、仙将、仙官、仙吏，都侍立左右听讲。这大圣直至丹房里面，寻访不遇，但见丹灶之旁，炉中有火。炉左右安放着五个葫芦，葫芦里都是炼就的金丹。大圣喜道："此物乃仙家之至宝，老孙自了道以来，识破了内外相同之理，也要些金丹济人，不期到家无暇；今日有缘，却又撞着此物，趁老子不在，等我吃他几丸尝新。"他就把那葫芦都倾出来，就都吃了，如吃炒豆相似。

一时间丹满酒醒，又自己揣度道："不好！不好！这场祸，比天还大；若惊动玉帝，性命难存。走！走！走！不如下界为王去也！"他就跑出兜率宫，不行旧路，从西天门，使个隐身法逃去。即按云头，回至花果山界。但见那旌旗闪灼，戈戟光辉，原来是四健将与七十二洞妖王，在那里演习武艺。大圣高叫道："小的们！我来也！"众怪丢了器械，跪倒道："大圣好宽心！丢下我等许久，不来相顾！"大圣道："没多时！没多时！"且说且行，径入洞天深处。四健将打扫安歇叩头礼拜毕。俱道："大圣在天这百十年，实受何职？"大圣笑道："我记得才半年光景，怎么就说百十年话？"健将道："在天一日，即在下方一年也。"大圣道："且喜这番玉帝相爱，果封做'齐天大圣'，起一座齐天府，又设安静、宁神二司，司设仙吏侍卫。向后见我无事，着我看管蟠桃园。近因王母娘娘设'蟠桃大会’，未曾请我，是我不待他请，先赴瑶池，把他那仙品、仙酒，都是我偷吃了。走出瑶池，踉踉跄跄误入老君宫阙，又把他五个葫芦金丹也偷吃了。但恐玉帝见罪，方才走出天门来也。”

众怪闻言大喜。即安排酒果接风，将椰酒满斟一石碗奉上，大圣喝了一口，即咨牙倈嘴道：“不好吃！不好吃！”崩、巴二将道：“大圣在天宫，吃了仙酒、仙肴，是以椰酒不甚美口。常言道：‘美不美，乡中水。’”大圣道：“你们就是‘亲不亲，故乡人。’我今早在瑶池中受用时，见那长廊之下，有许多瓶罐，都是那玉液琼浆。你们都不曾尝着。待我再去偷他几瓶回来，你们各饮半杯，一个个也长生不老。”众猴欢喜不胜。大圣即出洞门，又翻一筋斗，使个隐身法，径至蟠桃会上。进瑶池宫阙，只见那几个造酒、盘糟、运水、烧火的，还鼾睡未醒。他将大的从左右胁下挟了两个，两手提了两个，即拨转云头回来，会众猴在于洞中，就做个“仙酒会”，各饮了几杯，快乐不题。

《红楼梦》与酒

《红楼梦》细致描述了金陵贾家及荣、宁二府由盛而衰的经历。小说以描写家庭盛衰和爱情婚姻为背景，反映现实社会的深度和广度。《红楼梦》是那个时代的百科全书，上自天文，下至地理，中至人事，无所不包。其中，酒文化占有相当的比重，散布在许多章节。且对酒文化的记录十分详尽，留下了那个时期中国酒文化的宝贵资料。

全书一百二十回中，共出现酒字586次，从第一回甄士隐中秋邀贾雨村出房饮酒始，到一百一十七回邢大舅、王仁、贾蔷等在贾家处出房喝酒止，直接描写喝酒的场面共61处，发生饮酒场面达152次，其中闲饮66次，年节饮宴19次，寿诞筵宴18次，饯行3次，接风8次，祭祀祭奠8次，宴宾待客14次，庆贺2次，赏赐2次，结社会盟3次，疏通关系1次，喜酒3次，答谢3次，其他2次。这些饮酒场面的场景、氛围、语言、时间处处不同，作者极为精湛地镂刻出典型环境中不同典型人物的性格世界。

《红楼梦》从第一回至一百二十回，仅章回标题与酒有关的就有10余个。如“饮仙醪曲演红楼梦”“刘姥姥醉卧怡红院”“荣国府元宵开夜宴”“憨湘云醉眠芍药裀”“开夜宴异兆发悲音”，其他有“庆元宵”“祭宗祠”“排家宴”“赏中秋”“两宴大观园”“出闺成大礼”“醉金刚”等，皆与酒有直接或间接的关系。至于书中描写酒的内容就更多了。据统计，前 80 回对酒事的描写有 461 处，后 40 回有 142 处，短则几句话，长则横跨五回。如果从回次上加以区分，全书共有 91 回写到酒事。《红楼梦》中的酒有黄酒与烧酒两类。贾府上下日常饮用的多为黄酒，又称南酒，也叫老酒、米酒，其酒精度数较低，只有 15 ～ 16 度。

（1）酒具

《红楼梦》中的酒具亦令人叹为观止。以其质料来分，有金质、银质、铜质、锡质、陶土、细瓷、竹木、兽角、玻璃、珐琅等。酒具形状更是名目繁多、奇巧别致。

（2）饮酒名目

《红楼梦》中提到关于饮酒的各种名目，如年节酒、祝寿酒、生日酒、贺喜酒、祭奠酒、待客酒、接风酒、饯行酒、中秋赏月酒、赏花酒、赏雪酒、赏灯酒、赏戏酒、赏舞酒等，真是名目繁多、丰富多彩。书中写酒最多的要数黄酒，如第三十八回、第四十一回、第六十三回、第七十五回中都明确地提到众人喝的是黄酒。

《红楼梦》中最好的酒恐怕是“万艳同杯”了。第五回“游幻境指迷十二钗，饮仙醪曲演红楼梦”中载：琼浆满泛玻璃盏，玉液浓斟琥珀杯。……警幻道：“此酒乃以百花之蕊，万木之汁，加以麟髓之醅，凤乳之血酿成，因名为‘万艳同杯’。“万艳同杯”乃“万艳同悲”谐音，表达了对女子薄命的深切同情，这也是为《红楼梦》的主题服务的。

①惠泉酒：在《红楼梦》第十六回和第六十二回中，两次写到惠泉酒，大约贾府的上下都爱喝惠泉酒。惠泉酒是一种优质的黄酒，产于太湖之滨、惠山之麓，是以清澈纯净的惠泉之水酿制而成的。其酒质甘润醇美。

②屠苏酒：《红楼梦》第五十三回“宁国府除夕祭宗祠，荣国府元宵开夜宴”中写到了除夕夜“摆合欢宴”，“献屠苏酒，合欢汤，吉祥果……。”相传屠苏酒是由三国名医华佗所创的配方，即采用肉桂、山椒、菝葜、防风、桔梗、大黄、陈皮、白术、乌头、赤小豆等多味药材浸泡而成的一种健身药酒。此酒具有祛风寒、清湿热及预防疾病的作用。此外，饮屠苏酒还能辟邪气、去灾、保健康。

③合欢酒：是用合欢树上开的小白花浸泡烧酒而成的一种药酒，具有祛除寒气、安神解郁之功效。《红楼梦》第三十八回中，林黛玉吃了点螃蟹后觉得心口微微地痛，便说须得热热地吃口烧酒，宝玉忙道：“有烧酒。”便命丫环将那合欢花浸的酒烫一壶来。黛玉多愁善感、身体软弱，吃了性寒的螃蟹后，喝几口用合

欢花浸的烧酒，显然是最合适不过的。

④果子酒：这是《红楼梦》第九十三回贾芹在水月庵里胡闹时所喝的酒。果子酒可以用梨、枣、山楂、橘子、苹果、荔枝及野生水果来酿造，是一种低度酒，也是比较平常和便宜的酒。贾芹家境寒素，仅捞了个管庵子尼僧的差使，喝这种低档、便宜的酒很符合他的身份。而在贾府正式饮宴场合上是不喝这种酒的，而主要喝黄酒，因为果子酒难登大雅之堂。

⑤烧酒：烧酒又有烧刀子、烧锅酒、白干等别名。《红楼梦》第三十八回中，黛玉做菊花诗时想喝一点儿酒，斟了半盏，看看却是黄酒，于是说："我吃了一点子螃蟹，觉得心口微微的疼，须得热热地喝口烧酒。"宝玉忙道："有烧酒。"便令将那合欢花浸的酒烫一壶来。不过宝玉命人拿来的不是纯烧酒，而是浸泡了合欢花的烧酒。合欢是一味中药，有舒郁理气、安神活络的功效。然而酒拿来，"黛玉也只吃了一口，便放下了"。由于烧酒太辣，弱不禁风的林黛玉经受不起，何况酒里带着药味，也未必好喝。

第四十四回中，在凤姐"泼醋"时也提到了烧酒。袭人把受了委屈的平儿拉到怡红院，宝玉替凤姐赔不是，说："可惜这新衣裳也沾了，这里有你花妹妹的衣裳，何不换了下来，拿些烧酒喷了熨一熨。把头也另梳一梳，洗洗脸。"烧酒易挥发，拿来喷衣服，再用熨斗加热，容易去除衣服上的污渍。因此，《红楼梦》中唯一喝了烧酒的人，竟是林黛玉。

此外，《红楼梦》第十七、十八回写了"金谷酒"，第三十八回写了"菊花酒"，第六十三回写了"绍兴酒"，第七十八回写了"桂花酒"，种类颇多，且每一种酒都有各自的特点。

（3）酒壮胆

《红楼梦》第四十回载：鸳鸯吃了一盅酒，笑道："酒令大如军令，不论尊卑，唯我是主。违了我的话，是要受罚的。"如果不是饮酒，鸳鸯是不敢说出"不论尊卑，唯我是主"这样有悖纲常的话的。

（4）醉酒

酒喝多了就会醉，《红楼梦》一书中多处写了醉酒，但每一次醉酒的人物、场合都各不相同。如贾雨村是一个郁郁不得志的知识分子，他的醉展示了他热衷于功名利禄的狂态。刘姥姥醉后的一言一行，又都与她居于穷乡僻壤的身份相符。

她朴实而又近乎滑稽的一举一动，形象地把她老于世故、善于博取他人欢心的性格刻画了出来。尤三姐的醉其实是佯醉，她把“淫态”和“醉态”结合在一起，就连风月场上的老手贾珍兄弟也把酒给吓醒了。她在佯醉中的言行，也表现了一个被侮辱、被伤害的女性奋力抗争的刚烈性格。史湘云的醉见于第六十二回“憨湘云醉眠芍药裀，呆香菱情解石榴裙”。“果见湘云卧于山石僻处一个石凳子上，业经香梦沉酣，四面芍药花飞了一身，满头脸、衣襟上皆是红香散乱，手中的扇子在地下，也半被落花埋了，一群蜂蝶闹穰穰地围着他，又用鲛帕包了一包芍药花瓣枕着。”有红学家评曰：“世间醉态种种，独湘云最美。”

（5）酒令

喝酒要有适合喝酒的场面和气氛，为了烘托气氛，还要行酒令。好的酒令不但能增长知识，促进相互之间的友谊，还能促进身心健康。行酒令大部分是一种猜谜活动，需要动脑筋，尤其是一些雅令，不但要有一定的文学素养，还要能随机应变，思路宽广。若行起酒令来，则使气氛顿时活跃，人们之间的关系更加融洽；若是借酒浇愁，则易醉而伤身。但行酒令因在心情畅快之时饮酒，则不易吃醉。

《红楼梦》中的酒令有雅有俗，种类众多，如牙牌令、占花令、曲牌令、故事令、月字流觞令、击鼓传花令、击鼓催诗令以及射覆、拇战等。如《红楼梦》第四十回“史太君两宴大观园，金鸳鸯三宣牙牌令”中对牙牌令作了精彩细致的描写。书中的酒令新奇别致、花样翻新、层出不穷，对后世影响很大，极大地丰富了我国的酒文化。

神州大地多琼浆——酒之种类

酒有白酒、啤酒、黄酒、葡萄酒、果酒、药酒、露酒等多种，一般单纯讲酒指的是白酒。酒的特点是火般刚锵水样柔。人们形容酒的特点是：①白酒似老人，冷静老辣，晶莹剔透，一尘不染，一副清白，壮怀激烈，可消万古长愁。白酒宜大块吃肉，大碗喝酒，随心所欲，面对小桥流水，抑或阳关古道，甚至四面楚歌，照样喝得侠骨飘香，大江东去，豪情满怀。②红酒似情人，芳心似火，温柔可人，红得满天，绿得盖地，轻言细语。红酒大忌喝足，最妙喝醺，晕晕乎乎，醉说相思，人面桃花，交相映红，人生盛宴，莫过于此。③黄酒似成人，走过盛夏，不温不火，雕栏尤在，朱颜已改，淡泊世事，不动声色，酸甜苦辣，尽见其中，老持沉着，醉不至于乱语，燥不至于癫狂，谨遵事故，乃成熟而已。④啤酒似小人，满腹水货，实乃无物，浮躁简单，虽能盛装，并无精华，乃不过小水而已。⑤洋酒似官人，空有名气，装腔作势，目空一切，衣冠楚楚，世人不识庐山真面目，实乃外面光鲜而已。⑥药酒似仙人，不卑不亢。任你温柔似水，抑或火般刚烈；任你天花乱醉，抑或俯首帖耳，我自心中有数，点到为止，细细品来，方显本色。救世人出水火，拯民众消病灾。

第一章

白酒——酒盏酌来须满满，花枝看即落纷纷

白酒因为没有颜色而命名。古代将各种酒统称为醪醴，醪为浊酒，醴为甜酒。我国有着历史悠久的酒文化。古代有一种酒称为无灰酒，是因为古代酿造酒的工艺比较落后，酿造出来的酒有酸味，口感不佳，所以当酿出来的酒具有酸味时，酒中就加用石灰以中和其酸味。若未加石灰者，就是无灰酒。现在制酒的工艺先进，所制成的各种白酒均是无灰酒。

酿造白酒的原料很多，如高粱、玉米、大麦、大米、马铃薯、豌豆、蚕豆、红薯、麦、粟、黍等。凡是含有淀粉和糖类等的粮食都可以酿酒，我国各地均产酒。因制法不同，酒可以分为非蒸馏水酒和蒸馏水酒两大类。非蒸馏水酒如米酒、黄酒、葡萄酒等；蒸馏水酒如白酒。一般所说的酒多指白酒，以陈久者为佳。

性味

甘、苦、辛，温。有毒。

功用

（1）温通经脉：用于寒滞经脉、瘀血内阻所致的跌打损伤、瘀血肿痛、胸痹、冻疮。

（2）散寒止痛：用于风、寒、湿痹，筋脉拘急。

（3）引行药势：能引导其他药物到达特定的部位。古人谓“酒为诸药之长”。酒可以使药力外达于表而上至于巅，使理气行血药物的作用得到较好的发挥，也能使滋补药物补而不滞。

（4）酒助药效：酒有助于药物有效成分的析出，乃是一种良好的有机溶剂。大部分水溶性物质及水不能溶解、需用非极性溶剂溶解的某些物质，均可溶于酒

精之中。中药的多种成分都易溶解于酒精之中。酒精还有良好的通透性，能够较容易地进入药材组织细胞中，发挥溶解作用，促进置换和扩散，有利于提高浸出速度和浸出效果。

（5）酒能防腐：一般药酒都能保存数月甚至数年时间而不变质，这就给饮酒养生者以极大的便利。

（6）酒去油腻：烹调较肥的肉类食品加用白酒，会使肉食不腻。

对于酒的作用，在龚廷贤所著的《种杏仙方》中有“造酒法”，其中详细地介绍了有关酒的特点。

名称

我国酿酒历史悠久，品种繁多，自产生之日开始就受到先民欢迎。人们在饮酒赞酒的时候，总要给所饮的酒起个饶有风趣的雅号或别名。这些名字，可以根据典故，或者根据酒的味道、产地、颜色、功能、作用、浓淡及酿造方法等而定。因为酒的很多绰号在民间流传甚广，给人以遐想，所以在诗词、小说中常被用作酒的代名词，这也是中国酒俗文化的一个特色。

（1）工艺：根据酿造的工艺命名。如北京二锅头就是原材料在经过第二锅烧制时的锅头酒，此酒纯正、无异味、浓度虽高却不烈，醇厚绵香。因为第一锅和第三锅冷却的酒含有多种低沸点的物质成分，味道较杂，只摘取味道醇厚的经第二次换入锅里的凉水冷却而流出的酒，故起名为“二锅头”。

（2）天禄：这是酒的别称。语出《汉书·食货志》下，“酒者，天之美禄，帝王所以颐养天下，享祀祈福，扶衰养疾。百礼之会，非酒不行。”相传隋朝末年，王世充曾对诸臣说:“酒能辅和气,宜封天禄大夫。”因此,酒又被称为“天禄大夫”。

（3）玉液：指甘美的浆汁或美酒。《楚辞·九思·疾世》:“吮玉液兮止渴，啮芝华兮疗饥。”如五粮液，因采用高粱、玉米、小米、大麦、糯米5种粮食为原料而得名，其喷香浓郁，清洌甘爽，醇甜余香，入喉净爽，口味协调，为浓香型酒。

（4）白堕：原为人名，据北魏《洛阳伽蓝记·城西法云寺》中记载，“河东人刘白堕善能酿酒，季夏六月，时暑赫羲，以罂贮酒，暴于日中。经一旬，其酒不动，饮之香美而醉，经月不醒。京师朝贵多出郡登藩，远相饷馈，逾于千里。以其远至，号曰鹤觞，亦曰骑驴酒。永熙中，青州刺史毛鸿宾赍酒之藩，路逢盗贼，饮之即醉，皆被擒。时人语曰：‘不畏张弓拔刀，唯畏白堕春醪。’”相传刘白堕为南北朝时善酿酒之人，其酿制之酒用口小腹大的瓦罐装盛，放在烈日下暴晒，10天以后，罐中的酒味不变，喝起来醇美非常。永熙年间，有一位叫毛鸿宾的人携带这种酒上路，遇到盗贼，盗贼喝了这种酒后立即醉倒，被擒拿归案，因此，后人便以“白堕”作为美酒的代称。苏辙在《次韵子瞻病中大雪》诗中写道：“殷勤赋黄竹，自劝饮白堕。”

（5）产地：如茅台，产于贵州仁怀县茅台镇茅台酒厂，已有300多年历史。1915年获巴拿马国际博览会金奖，其酱香浓郁，柔润爽口，绵软回甜，回味悠长，空杯香气不散。

（6）扫愁帚、钓诗钩：宋代大文豪苏轼在《洞庭春色》诗中写道：“要当立名字，未用问升斗。应呼钓诗钩，亦号扫愁帚。”因酒能扫除忧愁，且能钩起诗兴，使人产生灵感，所以苏轼就这样称呼它，后来就以“扫愁帚”、“钓诗钩”作为酒的代称。

（7）曲：《礼记·月令》：“曲蘖必时”，以曲代酒，促进原料发酵的发酵剂为曲，酒瓶叫“曲秀才”，酒瓮叫“曲道士”，分大曲、小曲，如全兴大曲。

（8）曲生、曲秀才：这是酒的拟称，亦称“麴生”“麴秀才”。据郑綮在《开天传信记》中记载：道士叶法善，精于符箓之术，上累拜为鸿胪卿，优礼待焉。法善居玄真观，尝有朝客数十人诣之，解带淹留，满座思酒。忽有人叩门，云麴秀才。法善令人谓曰：“方有朝僚，未暇瞻晤，幸吾子异日见临也。”语未毕，有一美措傲睨而入，年二十余，肥白可观，笑揖诸公，居末席，抗声谈论，援引古人，一席不测，恐耸观之。良久，蹔起旋转。法善谓诸公曰：“此子突入，语辩如此，岂非魅魅为惑乎？试与诸公避之。”麴生复至，扼腕抵掌，论难锋起，势不可当。法善密以小剑击之，随手失坠于阶下，化为瓶榼，一座惊慑。遽视其所，乃盈瓶醲酝也。咸大笑，饮之，其味甚嘉。座客醉而揖其瓶曰：“麴生风味，不可忘也。”后来就以“曲生”或“曲秀才”作为酒的别称。

（9）曲道士、曲居士：这是对酒的戏称。古诗有“瓶竭重招曲道士，床空新聘竹夫人。”“万事尽还曲居士，百年常在大槐宫。”这里的曲道士、曲居士指的是酒。

（10）曲蘖：本意指酒母。据《尚书·说命》记载，“若作酒醴，尔唯曲蘖”。据《礼记·月令》记载，“乃命大酋，秫稻必齐，曲蘖必时”后来也作为酒的代称。杜甫在《归来》诗中写道，“客里有所过，归来知路难。开门野鼠走，散帙壁鱼干。

洗杓开新酝，低头拭小盘。凭谁给麴糵，细酌老江干。”

（11）欢伯：在人们的认识中，因为酒能消忧解愁，给人们带来欢乐，所以就被称之为欢伯。这个别号最早出在汉代焦延寿的《易林·坎之兑》曰：“酒为欢伯，除忧来乐。”后人据此将酒称为欢伯，许多人便以此为典，作诗撰文。不过现在很少称酒为欢伯。

（12）红友：宋代罗大经《鹤林玉露·乙编·卷二》载：“常州宜兴县黄土村，东坡南迁北归，尝与单秀才步田至其地。地主携酒来饷曰：‘此红友也。’坡曰：‘此人知有红友，而不知有黄封，可谓快活。’余尝因是言而推之，金貂紫绶，诚不如黄帽青蓑；朱毂绣鞍，诚不如芒鞋藤杖；醇醪养牛，诚不如白酒黄鸡；玉户金铺，诚不如松窗竹屋。无他，其天者全也。”古人认为酒以红为恶，以白为美，酒红则浊，酒白则清，故称薄酒为红友。

（13）冻醪：即春酒。是寒冬酿造，以备春天饮用的酒。唐代杜牧《寄内兄和州崔员外十二韵》有：“雨侵寒牖梦，梅引冻醪倾。”宋代朱肱（翼中）《北山酒经》载：“《语林》云‘抱瓮冬醪’，言冬月酿酒，令人抱瓮速成而味好。大抵冬月盖覆，即阳气在内，而酒不冻；夏月闭藏，即阴气在内而酒不动。”

（14）忘忧物：因为酒可以使人忘掉忧愁，所以就借此意而取名。晋代陶潜在《饮酒》诗中就有这样的称谓，“泛此忘忧物，远我遗世情；一觞虽犹进，杯尽壶自倾。”诗中“泛”即“饮”。“忘忧”即“令人忘忧”。“物”即“酒”，这是指作者用菊花泡的酒。其意思为“饮这种令人忘忧的菊花酒，使我更加远离尘世，超凡脱俗”。

（15）杜康：古代文献中有仪狄、杜康造酒的说法，二人为酒的发明人。《说文解字·巾部》有“古者少康初作箕帚、秫酒。少康，杜康也。”故后人称酒为杜康。又如曹操《短行歌》“何以解忧，唯有杜康”，此杜康即指酒。

（16）狂药：因酒能乱性，饮后辄能使人狂放，而酒又为百药之长，故名狂药。

（17）昔酒：指久酿的酒。据《周礼·天宫》记载：“辨三酒之物，一曰事酒，二曰昔酒，三曰清酒。”昔酒者，久酿乃孰，故以昔酒为名。

（18）杯中物：因饮酒时大都用杯盛着而得名。北海太守孔融，乃圣人后代、建安七子之首，他曾做一副对联：“座上客常满，杯中酒不空。”因指的是酒，故用杯中物指代之。后陶潜在《责子》诗中有“天运苟如此，且进杯中物。”杜甫在《戏题寄上汉中王三首》诗中写道：“忍断杯中物，祇看座右铭。”上述杯中物均指代酒。

（19）瓮头清："瓮头"是指酒瓮的口，或刚酿成的酒。"清"指清水或其他液体、气体纯净透明,没有混杂的东西,与"浊"相对。"瓮头清"亦作"瓮头春"，指的是好酒。孟浩然《戏题》诗曰："已言鸡黍熟，复道瓮头清。"岑参《喜韩樽相过》诗："瓮头春酒黄花脂，禄米只充沽酒资。"

（20）茅柴：劣质酒的贬称，后亦成为市沽薄酒的特称，恶酒曰茅柴。

（21）绿蚁、碧蚁：因酒面上浮有绿色泡沫，故以绿蚁、碧蚁为酒的代称。

（22）诗:其特点是其芳香优雅,酱浓协调,绵厚甜爽,圆润怡长。如白云边酒，取自"南湖秋水夜无烟，耐可乘流直上天？且就洞庭赊月色，将船买酒白云边。"据传公元759年，李白携族弟李晔、友人贾至秋游洞庭，溯江而上，夜泊湖口（位于今湖北省松滋市境内），揽八百里洞庭烟波浩渺之景，畅饮当地佳酿，即兴写下这一脍炙人口的千古绝句，故以诗中所云命名。

（23）金波：因酒色如金，在杯中浮动如波而得名。

（24）青州从事、平原督邮："青州从事"是美酒的隐语，"平原督邮"是坏酒的隐语。据南朝宋国刘义庆编的《世说新语・术解》记载，"桓公（桓温）有主簿善别酒，有酒辄令先尝，好者谓'青州从事'，恶者谓'平原督邮'。青州有齐郡，平原有鬲县。从事，言到脐；督邮，言在鬲上住。""从事""督邮"原为官名。

（25）春：源于《诗经・国风・豳风》"十月获稻，为此春酒，以介眉寿"。自晋代开始，"春"作为某种名酒专用美称。据《洛阳伽蓝记》载，晋时有河东人刘伯堕酿造的一种美酒，香美异常，饮之经月不醒，名为"白堕春"，当时有诗赞颂"不畏张弓拔刀，但畏白堕春醪。"到了唐朝，由于酿酒发展到一个鼎盛时期，许多酒便以"春"命名。"春"即是酒，如剑南春。绵竹是剑南道的一个大县。剑南春用高粱、大米、玉米、小麦、糯米制成，芳香浓郁，醇和回甜，清冽爽净，余香悠久。

（26）秬鬯:是古代用黑黍和香草酿造的酒,用于祭祀降神。据《诗经・大雅・江汉》记载，"秬鬯一卣"。

（27）香蚁、浮蚁：酒的别名。因酒味芳香，浮糟如蚁而得名。

（28）壶中物：因酒大都盛于壶中而得名。

（29）醇酎：是上等酒的代称。

（30）壶觞：本来是盛酒的器皿，后来亦用作酒的代称，陶潜在《归去来辞》中写道："引壶觞以自酌，眄庭柯以怡颜。"

（31）特点：根据酒的特点命名，如江西四特酒，颜色清亮透明，香气芬芳扑鼻，味道柔和醇甘，饮后提神净爽。

（32）般若汤：是和尚称呼酒的隐语。佛家禁止僧人饮酒，但有的僧人却偷饮，因避讳，才有这样的称谓。苏轼在《东坡志林·道释》中有，"僧谓酒为般若汤"的记载。中国佛教协会主席赵朴初先生对甘肃皇台酒的题词为"香醇般若汤"，由此可知其意。

（33）酌：本意为斟酒、饮酒，后引申为酒的代称，如便酌、小酌。李白在《月下独酌》一诗中写道："花间一壶酒，独酌无相亲。举杯邀明月，对影成三人。"

（34）酒兵：因酒能解愁，就像兵能克敌一样而得名。唐代李延寿撰的《南史·陈暄传》谓，"故江谘议有言，'酒犹兵也。兵可千日而不用，不可一日而不备；酒可千日而不饮，不可一饮而不醉。'"后用酒兵指酒。

（35）流霞、霞液：指美酒。

（36）清圣、浊贤：东汉末年，曹操主政，下令禁酒。在北宋时期李昉等撰写的《太平御览》引《魏略》中有这样的记载："太祖（曹操）时禁酒而人窃饮之，故难言酒，以白酒为贤人，清酒为圣人。"晋代陈寿在《三国志·徐邈传》中也有这样的记载："时科禁酒，而邈私饮，至于沉醉，校事赵达问以曹事，邈曰：'中圣人'……渡辽将军鲜于辅进曰：'平日醉客谓酒清者为圣人，浊者为贤人。邈性修慎，偶醉言耳。'"因此，后人就称白酒或浊酒为"贤人"，清酒为"圣人"。

（37）清酌：古代称祭祀用的酒。据《礼·曲礼》记载："凡祭宗庙之礼，……酒曰清酌。"

（38）黄娇：形容米酒、黄酒，为酒的代名词。

（39）黄封：是指皇帝所赐的酒，也叫宫酒。有"御赐酒曰黄封"的说法。

（40）黄醅：指的是黄酒。白居易《尝黄醅新酎忆微之》有"世间好物黄醅酒，天下闲人白侍郎。"

（41）椒浆：椒酒，是用椒浸制而成的酒。因酒又名浆，故称椒酒为椒浆。古代多用以祭神，后亦作酒的代称。据《周礼·天官》冢宰第一记载："水、浆、醴、凉、医、酏，入于酒府。"《楚辞·九歌·东皇太一》写道："蕙肴蒸兮兰藉，奠桂酒兮椒浆。”

（42）窖：发酵窖对酒的质量具有决定性的影响，所以酒有以窖命名者，如泸州老窖，窖香浓郁，饮后尤香，回味悠长。

（43）酤：指酒。据《诗·商颂·烈祖》记载：“既载清酤，赉我思成。”

（44）缥酒：是指绿色微白的酒。曹植在《七启》中写道：“乃有春清缥酒，康狄所营，应化则变，感气而成，弹徵则苦发，叩宫则甘生。”

（45）醅：指未滤的酒。

（46）醇：指酒质厚的酒，如五粮醇。现在以醇命名的酒类很多。

（47）醇醪：“醪”指浊酒。《史记·袁盎晁错列传》曰：“乃悉以其装赀置二石醇醪，会天寒，士卒饥渴，饮酒醉，西南陬卒皆卧。”

（48）薄酒：指浓度低的酒，味道淡的酒。由于酒有质量的不同，通常口语中的“薄酒”指的是较差的酒。若主人说请客人喝薄酒，这只是谦恭的说法。

（49）醍醐：特指美酒。白居易在《将归一绝》诗中写道：“欲去公门返野扉，预思泉竹已依依。更怜家酝迎春熟，一瓮醍醐待我归。”

（50）醑：指美酒。本意为滤酒去滓，后用作美酒的代称。

（51）醨：指薄酒。

（52）醪醴：指药酒，是用中药饮片或粉末直接在酒内浸泡。《素问·汤液醪醴论》对其有专门的论述。若单纯云“醪”，指的是浊酒，“醴”指的是甜酒。

（53）醴：原指一种用蘖（麦芽）做的甜酒，周代始为饮用，后代指酒。

（54）醹：指醇厚的酒。

（55）醽醁：指美酒。唐代大医家孙思邈在《大医精诚》曰：“珍羞迭荐，食如无味，醽醁兼陈，看有若无。”意思是说，医生到了患者家为患者诊病，即使主人家请医生吃佳肴、饮美酒，也要像没有看见一样，以示对患者家的同情。

分类

（1）按酒精度数分类（所谓度数指的是酒与水的容积比）

①高度酒：53%以上，即含 53% 的成分为酒精，47% 的成分为水，称谓 53 度的酒。

②中度酒：38% ~ 53%。

③低度酒：37%以下。

（2）按商品分类

①大曲白酒：用小麦或大麦、豌豆等原料经自然发酵制成。酒味醇和，但耗粮多，出酒率低，生产周期长，只酿造名酒、优质酒。其所含微生物是曲霉菌、醋酸菌、乳酸菌和酵母。名酒为大曲酒。

②小曲白酒：用米粉、米糠加中药制成。香味清淡，出酒率高，属米香型。

③麸曲白酒：用麸皮酒糟制成。出酒率高，节约粮食，生产周期短，但酒的风味不好。

（3）按酒香型分类

①清香型：又称汾香型。其清香醇正，自然协调，口味协调，醇甜柔和，微甜绵长，余味爽净，如杏花村汾酒、北京二锅头、特制黄鹤楼。清香型白酒入口刺激感比浓香型白酒稍强，爽口而不腻口。其特点是清、爽、醇、净。

②酱香型：又称茅香型。其酱香突出，幽雅细腻，酒体醇厚，回味悠长，香而不艳，低而不淡，清澈透明，色泽微黄，空杯留香，经久不散。盛过酒的空杯仍留有余香，如茅台酒。酱香型的酒类不多。

③浓香型：又称泸香型。其香气浓郁，绵柔甘洌，香味协调，饮后尤香，回味悠长。入口甜，落口绵，尾子净，即香、甜、浓、净，如五粮液、泸州老窖特曲、剑南春、古井贡酒。在国家名优白酒和地方名优白酒中，浓香型白酒占比例较大。

④米香型：米香清雅纯正，入口绵长，落口甘洌，回味怡畅，给人以朴实纯正的美感。如广西桂林三花酒。此种香型酿造工艺比较简单，香气不是十分强烈。

⑤窖香型：多为特曲。

⑥馥香型：具有色清透明、诸香馥郁、入口绵甜、醇厚丰满、香味协调、回味悠长，即人们形容为“前浓、中清、后酱”的独特口味特征。

⑦兼香型：即兼有两种以上主体香气的白酒，如白云边，清香带有酱香。这类酒在酿造工艺上吸取了清香型、浓香型和酱香型酒之精华，兼香型白酒之间风格相差较大。

⑧药香型：药香型白酒采用大曲与小曲并用，并在制曲配料中添加了多种中草药，酒的香气有浓郁的醋类香气并突出特殊的药香香气。药香型白酒的风味特征是无色、清澈、透明，闻香有较浓郁的醋类香气，药香突出，入口能感觉出酸

味，醇甜，回味悠长。

酒具

酒具是酒文化最原始的载体，包括盛酒的容器和饮酒的饮具，也包括早期制酒的工具。有了酒具，在饮用之前，才有了诗意的停泊，才有了量定的情谊。

酒具质量的好坏，往往成为饮酒者身份高低的象征之一。酒器的类型很多，如罐、瓮、盂、碗、杯等。饮酒器的种类主要有觚、觯、角、爵、杯、舟。不同身份的人使用不同的饮酒器，如《礼记·礼器》规定:“宗庙之祭，尊者举觯，卑者举角。”

酒具以适用、美观、大方、卫生为原则。古代用铜、锡、铝制作，高贵的用金、银制作。现在看来是不合理、不卫生、不健康的，目前多用玻璃制品。

饮用

无酒不成宴，餐桌上肯定不能少了酒，少了酒就没有气氛，但酒也是人类的危险朋友。烹调菜肴时，如果加醋过多，则味道太酸，只要再往菜里洒一点白酒，即可减轻酸味。酒能解腥起香，使菜肴鲜美可口，但也要用得恰到好处，否则难以达到效果，甚至会适得其反。

（1）饮酒

饮酒要慢斟缓饮，酒食并用，适量而为，意到为止。朋友聚会、职场应酬都免不了要喝酒。酒有裨益，但也能滋害。品酒均以慢饮为好，古有“饮必小咽”的说法，饮酒不易气粗及速，粗速伤肺。肺为五脏华盖，尤不可伤，且粗速无品。速饮时，胃因为受到酒精的强烈刺激，会造成急性胃炎，而肝脏也承受不了突如其来的酒精刺激，会导致肝脏功能受损，酒精对肾脏也产生刺激，如此一来，胃、肝、肾均受到损害。且速饮还会导致醉酒，尤其是在人体剧烈运动以后，全身极度疲乏，还会导致脑溢血的发生。所以饮酒要适量、适度，个人要选择适合自身的酒类饮用，不可过量、暴饮、乱饮。

（2）下酒菜

①可以选用硬的菜，吃菜怕硬，喝酒不怕，如五香豆、牛肉干，带骨、带刺的，如猪脚、排骨、凤翅、毛豆、螺蛳、猪尾。

②宜选含糖量高的食品，因为酒精对人体的肝脏不利，含糖多的食物有保护肝脏的作用，还可降低酒精的吸收速度。

③宜选果蔬和豆制品。酒精会消耗体内的维生素，富含维生素 C 的果蔬和富含维生素 B_1 的豆制品可缓解酒精中毒。

④宜选高蛋白食物。酒精可促使血液循环，加速体内代谢，消耗蛋白质。

⑤放一些醋，醋能增进食欲，帮助消化及解酒醒酒。从饮食学而言，酒精既是一种调味品或刺激剂，也是一种营养料。生活中在烹饪鱼、虾、鸡肉类时，常用白酒或黄酒做调味品，使菜肴香气浓郁，可减少鱼肉内三甲基胺的含量，也能去掉鱼虾的腥臭味，使鱼、虾、肉禽的口味更鲜美。

贮存与保管

白酒越陈越好。新酿造的酒刺激性大，气味不正，久贮则酒体变得绵软，香味突出，醇芳、柔和。所以，人们称陈年老酒就是好酒。白酒经过较长时间的贮存，其质量会变得温润醇厚，因此有人认为白酒越存越好。在白酒存放的过程中，醇类会与有机酸发生化学反应，但过分存放会使酒精度数减少，酒味变淡，挥发损耗也会增大，特别是有些中、低挡白酒，在勾兑过程中添加了香味剂，所以就需要正确保管这类酒，否则，酒质会变得苦涩腻味。

酒在贮藏保管过程中常见变质、挥发、渗漏、混淆、混浊、沉淀、酸败、变色、变味，因此需注意以下 6 个方面。

（1）盖严：白酒易挥发、渗漏，气温升高会加速挥发，尤其是散装白酒的容器要盖严，防止挥发，减少酒的损耗。酒精含量高的酒具有较好的杀菌能力，不易酸败、变质，但容易挥发、渗漏。

（2）低温：黄酒、啤酒等低度酒的酒精含量较少，酸类、糖分等物含量较多，易受细菌感染。如保管温度过高，会使酒液再次发酵而混浊、沉淀、酸败或者变色、变味。保管温度一般以 5 ～ 25 摄氏度为宜，不能过高、过低，更不能忽冷、忽热。

（3）不要装的太满，以免因为气温升高而导致酒外溢。

（4）防潮：应将酒存放在干燥的地方，瓶装白酒应避免瓶盖生锈、霉变。因为酒精含量低的酒，容易发生浑浊、沉淀、酸败、变质或变味。

（5）防燃烧：白酒属于易燃物品，防止烟火靠近。

（6）避光：若白酒长期存放，则应尽量避光。

禁酒

通常禁酒由政府下令禁止酒的生产、流通和消费。夏商二代统治者饮酒的风气十分盛行，都因饮酒坏事而要禁酒。禁酒分为数种，一种是绝对禁酒，即官私皆禁，整个社会都不允许酒的生产和流通。另一种是局部地区禁酒，这在有些朝代较为普遍。禁酒的主要目的有以下 3 个方面。

（1）减少粮食的消耗：因为造酒需要耗费大量的粮食，备战备荒，为了保障人们有粮食吃,所以要禁酒。中国历代的"禁酒"主要是从节粮这个角度提出来的。当年大禹之所以"疏仪狄，绝旨酒"，正是因为这种酒都是用粮食酿造的，如果都用粮食来造酒喝，势必会使天下因为缺粮而祸乱丛生，危及社稷。

（2）防止伤德败性：若过分的饮酒后，往往会控制不住自己，导致社会不安定。酒后易出狂言，议论朝政，甚至引来杀身之祸。

（3）需禁群饮：主要是为了防止民众因饮酒过度，聚众闹事。如西汉前期实行"禁群饮"的制度；相国萧何制定的律令规定：若无故群饮酒，罚金。

现代研究

白酒在保健、治病方面有独特的疗效，广泛应用于医药领域。现在研究认为白酒具有以下作用：

（1)杀菌作用:高浓度乙醇有收敛及刺激作用。其杀菌作用以 70% 者作用最强。要说明的是饮用时不能喝 70 度的白酒。

（2）退热作用：乙醇局部涂擦于皮肤，可加速热的挥发，故有冷感，可用于高热病人。而饮用白酒又能驱除寒冷，因白酒含有大量的热量，饮入人体后，这些热量会迅速被人体吸收。

（3）兴奋作用：大量饮用白酒则导致人的辨别力、记忆力、集中力及理解力减弱或消失，影响中枢神经系统，一般认为饮酒具有兴奋作用，因此常有"饮酒壮胆"的说法，但药理表明乙醇主要是中枢神经系统抑制剂。

（4）活血作用：白酒具有舒筋通络、活血化瘀的作用，可扩张皮肤血管，故常致皮肤发红而有温暖感。但如用作御寒药，实属不当，因为寒冷时皮肤血管收缩为一种保护性反射。饮酒后皮肤血管扩张，使大量热量损失，更增加冻死的危险性。

（5）开胃消食：在进餐的同时饮用少量的白酒，能够增进食欲，促进食物的消化，过多饮用会导致肠胃不适，增加胃液分泌，胃酸分泌也增加，故溃疡病患者应禁酒类。喜饮烈性酒者易患慢性胃炎。

（6）促进代谢：适量饮用白酒可促进人体血液循环，对全身皮肤起到一定良性的刺激作用，从而可以达到促进人体新陈代谢的作用。

（7）容易蓄积：大量饮酒容易造成中毒，其毒素主要通过肾、肺排出，其他如汗、泪、胆汁、唾液也有微量排出，故不宜长期、大量饮酒。

（8）消除疲劳：少量饮用白酒能够通过酒精对大脑和中枢神经的作用，起到消除疲劳、松弛神经的功效。

（9）促进睡眠：失眠症者睡前饮少量白酒，有利于睡眠。

（10）促进利尿：乙醇可以减少肾小管对水的重吸收，因此有促进利尿的作用。但是，反复应用乙醇则为抗利尿作用。

（11）预防疾病：少量饮用白酒能够增加人体血液内的高密度脂蛋白，而高密度脂蛋白又能将导致心血管病的低密度脂蛋白等从血管和冠状动脉中转移，从而可有效地减少冠状动脉内胆固醇沉积，起到预防心血管病的作用。因此，适度饮酒可降低冠状动脉粥样硬化性心脏病的发病率。

（12）导致疾病：长期过量饮酒所致的最严重的后果就是肝损害。进而可发生脂肪肝（肝内脂肪蓄积）、肝炎，最后发生不可逆性肝坏死和肝纤维化。肝损害又可导致营养不良，还会导致食管静脉曲张和突然大出血，也会影响生殖系统。《素问·上古天真论》说："以酒为浆，以妄为常，醉以入房，以欲竭其精，以耗其真，……故半百而衰也。"侵犯性的性行为常于饮酒后发生，但实际上，醉酒可妨碍性行为，乙醇可降低男性和女性的性反应。男性嗜酒者可导致阳痿、不育、睾丸萎缩和男子乳房发育。

第二章

黄酒——闲倾一盏中黄酒，闷扫千章内景篇

黄酒是以稻米、黍米、黑米、玉米、小麦等为原料，经过蒸料，拌以麦曲、米曲或酒药，进行糖化和发酵酿制而成的。黄酒是中国的民族特产，其酿酒技术独树一帜，其中以中国绍兴黄酒为代表，其历史悠久，为代表性的产品，是一种以稻米为原料酿制成的粮食酒，其酒精含量低于20%。不同种类的黄酒颜色亦呈现出不同的米色、黄褐色或红棕色。黄酒含有丰富的营养，被誉为“液体蛋糕”。

性味

甘、苦，温。

功用

（1）补血养颜：用于产后血瘀缺乳，头晕耳鸣，失眠健忘等。

（2）强壮身体：用于身体虚弱，腰酸背痛，手足麻木，消化不良，厌食，烦躁，遗精等。

（3）舒筋活血：用于经脉不和，身体疼痛等。

名称

黄酒为传统的饮料酒，也是世界上古老的人造饮料之一，因酒色黄亮得名。其酒精含量为10～20%，低于白酒而高于啤酒，属低度的发酵原酒，但发热量却居于各类酿造物之首。黄酒以大米、黍米为原料，是我国的特产，为米酒类的酒，而通常所说的米酒特指糯米酒，故将糯米酒（米酒）另外介绍。

黄酒产地较广，品种很多，著名的有绍兴酒、福建老酒、江西九江封缸酒、江苏丹阳封缸酒、无锡惠泉酒、广东珍珠红酒、山东即墨老酒、兰陵美酒、秦洋

黑米酒、上海老酒、大连黄酒等。但是被中国酿酒界公认的，并在国际国内市场最受欢迎的，且能够代表中国黄酒总的特色的，首推绍兴酒。著名的绍兴酒有女儿红，又称花雕。南方的“女儿酒”，最早记载为晋人嵇含所著的《南方草木状》，书中说南方人生下女儿后便开始酿酒，酿成酒后，埋藏于池塘底部，待女儿出嫁之时才取出供宾客饮用。花雕，因其酒坛外面绘有五彩雕塑装饰而得名。坛内是贮藏多年的绍兴黄酒，俗称“远年花雕”或“花雕老酒”。

分类

黄酒经过蒸料，拌以麦曲、米曲或酒药，进行糖化和发酵酿制而成的各类黄酒。

（1）按原料和酒曲分类

①糯米黄酒：以酒药和麦曲糖化发酵剂，主要生产于南方地区。

②黍米黄酒：以米曲霉制成的麸曲为糖化发酵剂，主要生产于北方地区。

③大米黄酒：为一种改良的黄酒，以米曲加酵母为糖化发酵剂。

④红曲黄酒：是以糯米为原料，红曲为糖化发酵剂。

（2）按糖分含量分类

①干黄酒：“干”表示酒中的含糖量少，糖分都发酵变成了酒精，故酒中的糖分含量最低，国家标准中，其含糖量小于 1 克每 100 毫升（以葡萄糖计）。干黄酒发酵彻底，残糖很低，口味醇和鲜爽，浓郁醇香，呈橙黄至深褐色，清亮透明，有光泽。

②半干黄酒：“半干”表示酒中的糖分还未全部发酵成酒精，还保留了一些糖分。在生产上，这种酒的加水量较低，相当于在配料时增加了饭量，故又称为“加饭酒”。此酒的含糖量在 1.00% ~ 3.00% 之间，在发酵过程中要求较高，酒质厚浓，风味优良。

③半甜黄酒：酒含糖量 2.00 ~ 10.00 克每 100 毫升之间，是用成品黄酒代水，加入到发酵醪中，使糖化发酵的开始之际，发酵醪中的酒精浓度就达到较高的水平，在一定程度上抑制了酵母菌的生长速度，由于酵母菌数量较少，对发酵醪中产生的糖分不能转化成酒精，故成品酒中的糖分较高。其酒香浓郁，酒度适中，味甘甜醇厚。此酒不宜久存，贮藏时间越长，色泽越深。

④甜黄酒：酒中的糖分含量达到 10.00 ~ 20.00 克每 100 毫升之间。其加入了米白酒，酒度也较高。

⑤浓甜黄酒：糖分大于或等于20克每100毫升。

⑥加香黄酒：这是以黄酒为酒基，经浸泡（或复蒸）芳香动、植物或加入芳香动、植物的浸出液而制成的黄酒。

养生

黄酒的特点是色泽金黄清亮，口味鲜美，香气馥郁，酒味醇厚，风味独特。饮用黄酒时一般不宜喝醉，饮后不晕头。黄酒营养丰富，含有多种维生素、糖分、糊精、有机酸、氨基酸、酯类、甘油等营养物质。其品种多样，形成特有的色、香、味、体。黄酒的养生根基深厚，自古以来便被人们美誉为“养生酒”。

（1）温补脾胃：黄酒易于被人体消化吸收，其性热味甘，易于吸收。当脾胃虚寒时，饮用温热的黄酒能促进气血的运行，调节全身机能，对身体有益。

（2）温经止痛：中医认为妇女产后宜温补，而黄酒口感好，产后的女性首要的任务就是尽快地把瘀血排出，瘀血排出得越干净，对整个子宫的修复越好。由于黄酒性温，能散寒活血，有利于把子宫内的瘀血排出体外，让子宫最快得到修复，故有温经止痛的作用。

（3）美容养颜：黄酒具有美容的作用，能减少皮肤的皱纹。老年人饮用，则有抗衰老的特点，对预防血栓、心脑血管疾病的发生以及提高机体免疫力具有很好的功效，是养生保健、扶衰疗疾的饮品。黄酒中还含有多种多糖类物质和各种维生素，具有很高的营养价值。

（4）促进血循：黄酒具有活血的作用，能有效抵御寒冷刺激，预防感冒。在平时经常感觉到手脚冰凉时，特别是在寒冬的季节，饮用适量黄酒可活血祛寒，通经活络，抵御寒冷的刺激。在黄酒中加几片姜片煮后饮用，则能促进血液循环。

（5）增强体质：黄酒中含有人体需要的多种营养物质，如维生素、钙、镁、钾、磷、铁、铜、锌、硒等。镁能维护肌肉神经兴奋性和心脏正常功能，保护心血管系统，而当人体缺镁时，易发生血管硬化、心肌损害等疾病。硒具有提高机体免疫力、抗衰老、抗癌、保护心血管和心肌健康的作用。

（6）祛腥解腻：在烹饪菜肴时，加用黄酒具有祛腥膻、解油腻的作用，能使造成腥膻味的物质溶解于热酒精中，随着酒精挥发而被带走。黄酒的酯香、醇香同菜肴的香气十分和谐，用于烹饪不仅为菜肴增香，而且通过乙醇挥发，把食物固有的香气诱导挥发出来，使菜肴香气四溢、增添鲜味，使菜肴具有芳香浓郁的滋味。在烹饪肉、禽、蛋等菜肴时，调入黄酒能渗透到食物组织内部，令菜肴更可口。在使用黄酒作料酒时，不可用量太大，以免酒味存在于菜肴中。

（7）保健功能：黄酒还具有增强记忆力、提高耐缺氧能力、改善骨质疏松、增强免疫力等保健功能。黄酒宜温饮，因温饮能使酒香浓郁，酒味柔和。温饮时，一种是将盛酒器放入热水中烫热，另一种是隔火或隔热水加温。黄酒加热时间不宜过久，否则酒精挥发，反而淡而无味。黄酒加微温后，脂类芳香物则随着温度的升高而蒸腾，从而使酒味更加甘爽醇厚，芬芳浓郁。

（8）降低血脂：黄酒中含有多酚类物质具有抗氧化功能，抑制低密度脂蛋白的氧化，防止动脉粥样硬化，降低血清总胆固醇含量，从而减少动脉粥样硬化的发生，因此也能减肥。

第三章

米酒——形似玉梳白似璧，薄如蝉翼甜如蜜

米酒是将糯米蒸熟成米饭后放凉，将捻成粉后的酒曲与米饭均匀的搅在一起，盛入容器，盖严，放在适宜的温度下（以 30 摄氏度左右最好，如果温度不够，可以用厚毛巾等将容器包上保温），大约发酵 36 小时后，就可以食用了，一般是煮着吃。若一次性不能吃完，可以加凉开水终止其发酵，放入冰箱保存。做糯米酒的关键是器皿干净，绝不能有半点油花。如沾了油花，米会出绿、黑霉。如米面上有少量白毛则属正常，可煮着吃。拌酒曲时一定要在糯米凉透以后，否则热糯米就把灰霉菌杀死了，酿出来的米酒可能是酸的、臭的，或者不能酿成酒。

发酵的糯米酒有汁液，气味芳香，味道甜美，酒味不冲鼻，尝不到生米粒。如果发酵过度，糯米就空了，全是水，酒味过于浓烈。如果发酵不足，糯米有生米粒，硌牙，甜味不足，酒味也不足。做好的米酒可以生吃，但对肠胃有些刺激。掺水煮着吃，味道就柔和多了，既不会甜得发腻，酒味也不太浓。

性味

甘、辛，温。

功用

（1）活血消肿：用于瘀血肿痛，尤适于妇女产后病症。

（2）内托疮毒：用于疮疡久不愈合，毒症难消者。

名称

米酒为未放出酒的米醇，古人称“醴”，是以糯米为原料，加酒曲发酵而成的一种食用酒，又称糯米酒、甜酒、酒酿、甜酒酿、酒糟，是我国的特产之一，

也是祖先最早酿制的酒种，几千年来一直受到人们的青睐。米酒含酒精量多在10% ~ 20%之间，属一种低度酒，口味香甜醇美，能刺激消化腺的分泌，增进食欲，帮助消化，因此深受人们喜爱。

食用

米酒与黄酒有很多相似之处，一般家庭中均可以制作。糯米做出来的甜米酒质量最好，食用也最普遍。在夏季，因气温较高，容易发酵。大米也可做米酒，但不及糯米酒好吃。

养生

米酒适宜范围很广，一年四季均可饮用，特别在夏季，因气温高，米易发酵，更是消渴解暑的家庭酿造物，深受人们的喜爱。

（1）口感香甜：米酒细腻润滑，醇香甜蜜，香气浓郁，酒味甘醇，风味独特，营养丰富，尤其是在家庭中可以自己酿造，不添加色素、香精、防腐剂、添加剂，产品发酵完成后，自然纯正。成品酒自然色泽淡黄而清澈，清纯清爽，口感怡人，酒度低，营养丰富而健康，适合于各类人群食用。

（2）促进食欲：米酒能刺激消化腺分泌，增进食欲，有助消化，香甜可口，特别耐食。若在食用面包时，在面包上洒几滴米酒，放到微波炉里热一下，热好后会发现面包就像新鲜出炉的那样，口感很好。糯米经过酿制，营养成分更易于人体吸收。

（3）促进血液循环：米酒能促进新陈代谢和血液循环，能达到补血养颜、舒筋活络、强身健体和延年益寿的功效，尤其是老年人食用米酒有益。根据此特点，米酒又有润肤美容的作用，可以保持体内水分，使皮肤光滑，加速面部血液循环，让皮肤白里透红。

（4）增强体质：米酒含有10多种氨基酸，其中有8种是人体不能合成而又必需的。每升米酒中赖氨酸的含量比葡萄酒和啤酒要高出数倍，此为世界上其他营养酒类中所罕见的。米酒可为人体提供的热量是啤酒的4倍左右，是葡萄酒的2倍左右。

（5）祛除异味：米酒能溶解其他食物中的三甲胺、氨基醛等物质，受热后这些物质可随酒中的多种挥发性成分逸出，故能除去食物中的异味。米酒能同肉中的脂肪发生酯化反应，生成芳香物质，使菜肴增味，故有去腥、去膻及增味功能。生活中一条冻得硬邦邦的鱼，淋上些米酒，使其完全浇没，很快就能解冻，而且口感好。

（6）治疗疾病：米酒因能活血化瘀，故对气血瘀滞所致的腰背酸痛、手足麻木、风湿痹痛、跌打损伤、月经不调、贫血等病症大有补益和疗效。对于神经衰弱、精神恍惚、抑郁健忘等症者，可以与鸡蛋同煮饮汤。米酒能增强记忆力，根据现在的认识，适量饮用米酒对防止老年痴呆症具有一定的作用。患有慢性萎缩性胃炎及消化不良的人，吃米酒可以促进胃液分泌，增强食欲，帮助消化。患有高脂血症、动脉粥样硬化的病人，常喝醪糟可加快血液循环，减少脂类在血管内的沉积，对降血脂、防治动脉粥样硬化有帮助。米酒也可以提神解乏，解渴消暑。用米酒煮荷包蛋或加入部分红糖，是产妇和老年人的滋补佳品。

（7）通乳养颜：米酒具有很好的通乳作用，用于缺奶、乳汁不通、乳房胀痛、急性乳腺炎者。产后的妇女乳汁分泌不足时，喝醪糟可以促进乳汁分泌，增加奶量，同时能促进血脉流通，调养周身气血，避免产后因身体气血虚弱而出现头晕、乏力、眼花、出虚汗及恶露不下等症状。若治疗急性乳腺炎，可用鲜嫩荸荠苗叶，切细，加入米酒一同捣烂，再炒热，外敷乳房，有较好的效果。产后喝糯米酒可以帮助产妇避风寒，既可预防产后关节疼痛等诸多疾患，又能够通经活血，温补脾胃。民间有产后女子喝月子酒的习俗，饮用的就是米酒。产妇在生产后及坐月子期间，不能碰水，但可以用米酒洗澡、洗头。

食用注意

糯米酒不宜久存，冬季注意保暖，夏天在酒中加少许水煮沸，可延长贮存时间。冬天多用温饮，放在热水中烫热或隔火加温后饮用。值得注意的是，醪糟虽然味美可口，但并不适合于每个人，如患有肝病（急、慢性肝炎，肝硬化等）者则不宜喝醪糟，因酒精对肝细胞有直接刺激作用，对疾病不利。一般情况下，成人每天饮用 150 ~ 200 克较为适宜。

第四章

啤酒——小麦原汁浓香醇，清新提神营养丰

啤酒是以大麦和芳香气味的啤酒花（香蛇麻草）为主要原料，经发芽、糖化、发酵而酿成的。啤酒有生啤、熟啤之分。生啤一般没有经过退化杀菌，气味和口感都要好于熟啤，且保留了酶的活性，有利于大分子物质分解，因此含有更丰富的氨基酸和可溶蛋白，比熟啤更受人们欢迎。

性味

苦、涩，凉。

功用

（1）健胃、助消化：用于胃肠功能紊乱导致的腹泻、便秘。能增进食欲。

（2）利尿：用于水肿。

名称

啤酒的“啤”是从英文而来，其酒精含量一般不超过4%，低于黄酒和葡萄酒。啤酒为营养食品，为良好的饮料，故被称为液体面包，且含有丰富的维生素。同时又是好的料酒，能除去腥味、膻味、臊味。

关于啤酒的诞生，民间有很多传说，但最接近人类现实生活的有两种。其中第一种说法是：远古时代，游牧民族在自己的营地里收藏了很多野生的谷物，某天突然发生了一场大暴雨，在收藏谷物的地方，形成一个暖和的水池，没想到的是，在很短的时间里，谷物发酵了，致使水池中的水变成了深黑色的液体，有冒险精神的牧民喝了这些液体，发觉味道很好，从此啤酒就这样产生了。

另外还有一种说法是：欧洲大陆上的一些农场主在收割麦子之后，总是把它

堆放在粮仓内，这些简陋的粮仓往往因屋顶漏水而使仓内的麦子受潮，从而开始发芽并发酵，有大胆的农民好奇地品尝了，发觉这种液体又香又美味可口。从此，人们便模仿着制作这种液体，这样，最原始的啤酒便问世了。

分类

（1）按是否经过杀菌处理分类

①鲜啤酒：即生啤，是未经过杀菌，保持了活的酵母菌的啤酒，其酒味爽口，清凉可口，宜于夏天饮用。因其酒中存有活酵母，稳定性差，故鲜啤在夏天保存不超过 3 天，温度须在 15 摄氏度以下。

②熟啤酒：是经杀菌（在 62 摄氏度热水中保持 30 分钟），不继续发酵的啤酒，其稳定性较佳，贮存期较长，可保持 60 天以上甚至半年。味道不及鲜啤美。

（2）按颜色分类

①黄啤酒：呈淡黄色，酒花香气突出，口味较清爽。我国啤酒市场上主要销售的是黄啤。

②黑啤酒：呈咖啡色，麦汁浓度高，味醇厚，麦芽香明显，味道最为醇香。

（3）按麦汁浓度分类

啤酒的度数并不表示乙醇的含量，而是表示啤酒生产原料，即麦芽汁的浓度。以 12 度的啤酒为例，是表示麦芽汁发酵前浸出物的浓度为 12%（重量比）。麦芽汁中的浸出物是多种成分的混合物，以麦芽糖为主。国际上 12 度的啤酒被列为高级啤酒。

①低度啤酒：是指麦汁的浓度一般是 6 ~ 8 度（巴林糖度计），酒精含量最低，为 2%左右（重量计），适合当作清凉饮料，但稳定性差，温度过高易变质。

②中度啤酒：是指麦汁浓度在 10 ~ 12 度之间，其中以 12 度为最普遍。目前饮用的啤酒多为此酒。

③高度啤酒：是指麦汁浓度在 14 ~ 20 度之间，酒精含量为 4% ~ 5%，生产周期长，稳定性较强，适于贮存或远途、远销。

养生

（1）消暑利尿：啤酒在制作过程中，须加入啤酒花，其味甘、苦，性微寒，具有清热利湿的作用，其分泌一种特殊芳香的物质。啤酒花有显著的利尿作用，因此饮用啤酒具有利尿作用，又因为利尿有利于清热，故能解暑。啤酒中低含量的钠、酒精、核酸能增加大脑血液的供给，扩张冠状动脉，加快人体的代谢活动。

（2）消食健胃：平时适量饮用啤酒能增进食欲，帮助消化，开胃健脾。啤酒中主要含有大麦、醇类、酒花成分和多酚物质，能增进胃液分泌，兴奋胃功能，提高其消化吸收能力。

（3）生津解渴：啤酒具有较高的水含量（90% 以上），喝起来清火润喉。当人受热后，饮一杯啤酒，恰似清凉爽心头，其感觉美不胜收。

（4）保护眼睛：啤酒含大量维生素 B 族，特别是维生素 B_{12}，对抗贫血和调节大脑中枢神经代谢机制有一定益处。维生素 B_2（核黄素）对保护视力有重要作用。

（5）治疗疾病：适度饮啤酒可降低心脏病的发病率，保护血管，有助于防止血栓形成，预防缺血性脑中风的发生，且能促进血液循环，解除肌肉疲劳。现在有人认为啤酒可有效防止导致感冒、肺炎等呼吸道疾病病毒侵入人体。少量饮酒有助于缓解甚至预防老年痴呆症等老年疾病的发生。

（6）提神醒脑：啤酒中含有大量的有机酸，具有清心、提神的作用。适量饮用可减少过度兴奋和紧张的情绪，并能促进肌肉松弛。

（7）佐餐配料：当吃火锅时，汤中倒入适量啤酒，或配饮啤酒能缓解咽部不适。啤酒是饮用的，但也可以食用。炒肉片或肉丝时，用淀粉加啤酒调糊挂浆，炒出来的肉特别鲜嫩。在烹调含脂肪较多的肉、鱼之时，加少许啤酒，有助于脂肪溶解，使菜肴香而不腻。烹制冻肉、排骨等，先用少量啤酒腌渍，有助于脂肪溶解，使菜肴香而不腻。清蒸腥味较大的鱼类时，用啤酒腌渍 10 ~ 15 分钟，熟后不仅腥味大减，而且有螃蟹的味道。在烤制小薄面饼时，在面粉中掺一些啤酒，烤出来的饼又脆又香。做油饼时，在面粉中掺一些啤酒，做出来的油饼不仅香脆，还有肉的味道。揉制面包的面团时，加入适量的啤酒，能使面包松软，还有肉味。在做凉拌菜类时，把菜浸在啤酒中煮一下，酒烧开即取出冷却，加作料拌食，别有风味。

贮存与保管

（1）啤酒怕冰冻：最佳温度 10 摄氏度，温度太低会损害啤酒风味。

（2）啤酒怕光照：因啤酒中含胱氨酸，光照时会发生光合作用，生成奇臭的硫醇，破坏酒质，尤其是维生素 B 族，易于氧化发生混浊，故啤酒瓶均是有颜色的。

（3）啤酒怕久贮：因大麦、酒花是很强的酚物质，时间保管越长，越容易发生混浊。

饮用注意

啤酒清凉爽口，含有多种人体必需的氨基酸和丰富的维生素，深受人们喜爱。但如饮用不当，则有害无益。

（1）防啤酒肚：若经常饮用啤酒，容易患“啤酒肚”。“啤酒肚”也称“将军肚”。啤酒能增进食欲，营养丰富，含热量大，长期大量饮用，则体内脂肪堆积，导致大腹便便。大多数人经常喝啤酒会使肚子变大。

（2）防啤酒心：常饮啤酒会使心脏负荷量增加，造成心肌肥厚、扩大，过多脂肪在心脏组织沉积，使心肌收缩减弱，这就是“啤酒心”。

（3）某些疾病不能饮用：如痛风、糖尿病、心脏病、肝病、消化道溃疡、慢性胃炎、泌尿道结石患者不宜饮用，尤其是痛风患者饮用会加重病情。

（4）不宜与白酒同时饮用：因为啤酒与白酒同饮会刺激肠胃系统，引起消化功能紊乱。又因为啤酒是一种低度酒精饮料，但含有二氧化碳和大量水分，如与白酒混饮，会加重酒精在全身的渗透，对肝、胃、肠和肾等器官产生强烈刺激，并影响消化酶的产生，使胃酸分泌减少，导致胃痉挛、急性胃肠炎等病症。

（5）食用海鲜时忌饮啤酒：因饮用啤酒后会产生过多的尿酸，从而引发痛风。吃海鲜可以配以干白葡萄酒，因为其中的果酸具有杀菌和去腥的作用。同时海鲜中含嘌呤和苷酸两种成分，啤酒富含这两种成分分解代谢的重要催化剂维生素 B_1，两者混合，会在人体内发生化学作用，使人体血液中的尿酸含量增加，而不能及时排出体外，以钠盐的形式沉淀下来，从而形成尿路结石。

（6）不宜饮用冷冻啤酒：饭前过量喝冰镇啤酒，易使人体胃肠道温度骤降，血管迅速收缩，血流量减少，从而造成生理功能失调。同时会导致消化功能紊乱，易诱发腹痛、腹泻等。

（7）忌多喝、常喝啤酒：啤酒营养丰富，热量较高，夏季经常饮用会使体内脂肪堆积，身体发胖，出现“啤酒肚”。胖人多喝、常喝，会使身体更胖。由于生啤酒所含的酵母菌在进入人体后仍能存活，可促进人体中的胃液分泌，并增强人的食欲，因而喝生啤酒易使人发胖，胖人饮用更会越喝越胖。胖人和减肥的人更适宜饮用熟啤酒，因为熟啤酒经过巴氏杀菌，酒里的酵母菌已被高温杀死，不会继续发酵，致胖可能性相对较小。

（8）哺乳期不宜饮用：因大麦芽具有回乳作用，如在哺乳期饮用啤酒则导致乳汁分泌减少。

（9）剧烈运动后不宜饮用：有些人进行剧烈运动后口渴难忍，常常痛饮一番啤酒。但人在剧烈运动后饮用啤酒会使血中尿酸浓度升高，在尿酸排泄发生故障时，便会在人体关节处沉淀，从而引起关节炎和痛风。尤其不宜大量饮用。

（10）不宜用啤酒送服药品：啤酒与药物混合将产生不良的副作用，既会增加酸性而使药物在胃中迅速溶解，又破坏血液对药物吸收而降低疗效，有的甚至会殃及生命，特别是各种抗生素、降压药、镇静剂、抗凝剂、抗糖尿病的药品，用啤酒送服后危害更为显著。

（11）不宜在喝啤酒的同时吃腌熏食品：腌熏食品中含有机胺及因烹调而产生的多环芳烃、苯并芘和氨基酸衍生物。当饮酒过量而使血铅含量增高时，上述物质与其结合，即可诱发消化道疾病甚至肿瘤。

（12）不宜用热水瓶贮存啤酒：有的人用热水瓶去买散装啤酒，如热水瓶胆内积有水垢，而水垢中所含的汞、铅、镉、铁等多种金属成分可立即被啤酒中的酸性物质溶解而混入啤酒中。饮用这种啤酒，往往易导致人体金属中毒。

（13）不宜在大汗后饮啤酒：大汗淋漓时皮肤毛孔扩张，饮啤酒将导致毛孔因骤然遇冷而收缩，从而使身体散热受阻，诱发感冒等疾病。

（14）不宜饮用冷冻啤酒：春季贮存啤酒的温度为 9 ~ 10 摄氏度，夏季为 5 ~ 10 摄氏度。冷冻啤酒经冷冻后，其蛋白质与鞣酸会产生沉淀，饮用后易引起肠胃不适，导致食欲不振。

第五章

葡萄酒——葡萄美酒夜光杯，欲饮琵琶马上催

葡萄酒是指以新鲜葡萄或葡萄汁为原料，经全部或部分发酵酿制而成，包括红葡萄酒、白葡萄酒。红葡萄酒酒色分为深红、鲜红、宝石红等，是用葡萄果实或葡萄汁经过发酵酿制而成的酒精饮料。在水果中，由于葡萄的葡萄糖含量较高，贮存一段时间就会发出酒味，因此常常以葡萄酿酒。白葡萄酒是用白葡萄或红皮白肉的葡萄榨汁后发酵酿制而成，色淡黄或金黄，澄清透明，具有浓郁果香，为口感清爽的葡萄酒饮品。白葡萄酒不是白色，一般为淡黄色，有近似无色或黄色、金黄色。葡萄酒酒精含量一般在 8% ~ 20%，是一种味道甘甜醇美，营养丰富，并能防治多种疾病的高雅饮料。葡萄酒的颜色应是清澈、有光泽、通体透明、呈现深宝石红色、没有沉淀和浑浊。

性味

酸、甘，寒。

功用

（1）软化血管：用于心脑血管疾病，如胸闷、胸痛、头晕等。葡萄酒能兴奋神经，调整新陈代谢，促进血液循环，防止胆固醇增加。

（2）补益心血：用于贫血、视力减弱、失眠。葡萄酒能促进肠胃吸收，增进食欲，助消化，并能激发肝功能和防衰老，维护机体正常组织的功能。

名称

葡萄酒和黄酒常常分为干型酒和甜型酒。在酿酒业中，用“干”表示酒中含糖量低，糖分大部分都转化成了酒精。还有一种“半干酒”，所含的糖分比“干”

酒较高些，稍甜，说明酒中含糖量高，酒中的糖分没有全部转化成酒精。还有半甜酒、浓甜酒。

分类

葡萄酒按糖分含量来分，有甜型、半甜型、干型、半干型。

（1）甜葡萄酒：是在葡萄酒中加入适量的糖浆。

（2）干葡萄酒含糖量极少。可分干红、干白。

（3）极干葡萄酒的含糖量在1%以下，无甜味。

（4）半干葡萄酒：含糖量4%以下，微甜。

养生

葡萄酒澄清透明，香气浓郁，滋味柔和，口味甘美，回味绵长，是营养丰富的高雅饮料。据认为汉代已有生产。

（1）增进食欲：葡萄酒能刺激胃酸分泌胃液，其鲜艳的颜色、清澈透明的体态倒入杯中，果香、酒香呈现，使人舒适、欣快、赏心悦目，促进食欲，有利于身心健康，同时也能调整胃肠的功能。

（2）延缓衰老：葡萄酒中含有糖、氨基酸、维生素、矿物质，可以直接被人体吸收。能降低血管壁的通透性，防止动脉硬化。并具有降低血脂、抑制坏的胆固醇、软化血管、增强心血管功能和心脏活动。又有美容、防衰老的功效。

（3）减肥作用：红葡萄酒能抑制脂肪吸收，有减轻体重的作用。饮酒后，葡萄酒能直接被人体吸收、消化，不会使体重增加。所以经常饮用干葡萄酒的人，不仅能补充人体需要的水分和多种营养素，而且有助于减肥。

（4）利尿作用：葡萄酒具利尿作用，可防止水肿，维持体内酸碱平衡。

（5）提高记忆力：适量饮用葡萄酒有助于提高大脑记忆力和学习能力。肥胖患者在减肥期间适当饮用葡萄酒，可保持旺盛的精力，不会因为节食而萎靡不振，导致记忆力减退。

（6）调节精神：少量的葡萄酒可平息焦虑的心情，酒中的维生素 B_1 又是消除疲劳、安定精神不可或缺的成分，对于失眠和精神压力大的人，饮用葡萄酒有一定疗效，也能防止便秘。

（7）美容养颜：自古以来，红葡萄酒作为美容养颜的佳品，倍受人们喜爱，能延缓皮肤的衰老，使皮肤少生皱纹。除饮用外，可将红葡萄酒外搽于面部及体表，因为低浓度的果酸有抗皱洁肤的作用，令肌肤恢复美白。

（8）预防疾病：葡萄酒能有效地降低血胆固醇，防止动脉粥样硬化，抑制血小板的凝集，防止血栓形成，减少心脏病的发病率，减少患老年痴呆症的危险。其对于养肺和保肺也有着积极的作用，能够帮助治疗慢性支气管炎和肺气肿。葡萄皮中含有的白藜芦醇，其抗癌性能在数百种人类常食的植物中是最好的。它可以防止正常细胞癌变，并能抑制癌细胞的扩散。葡萄酒还能防治感冒，防止贫血。

贮存与保管

（1）储藏温度：葡萄酒贮藏环境的温度，维持在恒温 5 ～ 20 摄氏度，以 11 摄氏度左右的恒温状态比较好，若温度变化太大，会破坏了葡萄酒的酒体，在热胀冷缩的作用下，会影响到软木塞而造成渗酒的现象。

（2）应卧放或者倒放：瓶装葡萄酒应该卧放或者倒立，这样可以防止软木塞过度干燥，透气后使酒质氧化，造成质量的变化，也可以防止软木塞过度失水，开启时容易碎裂。

（3）应避光：贮酒最好不要有任何光线，否则容易使酒变质，而发出浓重难闻的味道。

（4）开瓶后不应放置过久：葡萄酒多是瓶装的，有时一次饮不完，但放置时间过长又会变味，若开瓶后的葡萄酒味道会越来越酸，说明在慢慢变质，葡萄酒一般开瓶后能保存 2 ～ 3 天。

饮用注意

（1）可作佐餐：葡萄酒一般是在餐桌上饮用的，故常称为佐餐酒。在饮葡萄酒时，如有多种葡萄酒，应先上白葡萄酒，后上红葡萄酒；先上新酒，后上陈酒；先上淡酒，后上醇酒；先上干酒，后上甜酒。酒精过敏者不宜饮用。若过期的葡萄酒可以用作烧菜用。

（2）不宜与其他饮料同饮：饮用葡萄酒时不要加可乐、雪碧饮料以及冰块等，因为这样一方面会破坏了葡萄酒原有的纯正果香，另一方面也因大量糖分和气体的加入影响了葡萄酒的营养和功效。若加冰块饮用，由于葡萄酒被稀释，不太适合胃酸过多和患溃疡病的消费者饮用。

第六章

果酒——唯愿当歌对酒时，月光长照金樽里

果酒是以四季水果或野生果实为原料，经过破碎、榨汁、发酵或浸泡等工艺精心酿制调配而成的低度饮料酒。果酒因选用的果品不同，作用也有很大的区别。

历史

相传秦始皇并吞六国后，为了王朝的长治久安和自己长生不老，就派方士徐福出海寻找长生不老的仙药。因当时连年战乱，人们长期居无定所，体质虚弱，而出海之人又要求身强体壮、能抵抗各种疾病的童男、童女，一时便无法找到。徐福便周游各地，当他来到齐地，见这里的人个个身强力壮，不生百病。原来齐人多食枣和饮枣酒，徐福便在此征集人马，命人酿制枣酒以御寒。后船队入海东渡，造酒技术也因此广为流传。此后汉人东方朔以红枣配合香草再度精酿，并广为流传。

原料

所有水果都可做果酒，选择充分成熟、色泽鲜艳、无病和无霉烂的果实为原料，去掉杂质并冲洗干净表面的泥土。原料的品种是保证果酒产品质量的因素之一，它将直接影响果酒酿制后的感观特性。原料以猕猴桃、杨梅、橙子、荔枝、蜜桃、草莓等较为理想。选取时要求成熟度达到全熟透、果汁糖分含量高且无霉烂变质、无病虫害。

在果酒中，葡萄酒是世界性产品，其产量、消费量和贸易量均居第一。果酒在原料选择上要求并不严格，也无专门用的酿造品种，只要含糖量高、果肉致密、香气浓郁、出汁率高的果品都可以用来酿酒，所以此书将葡萄酒另外介绍。

外观

果酒的酒液应该是清亮、透明，具有原果实的真实色泽，酸甜适口、酒质爽口，醇厚纯净而无异味，无悬浮物、沉淀物和混浊现象，给人一种清澈感。

香气

果酒一般应具有原果实特有的香气，陈酒还应具有浓郁的酒香，芳香稳定，而且一般都是果香与酒香混为一体。酒香越丰富，酒的品质越好。例如红葡萄酒一般具有浓郁醇和而优雅的香气；白葡萄酒有果实的清香，给人以新鲜、柔和之感；苹果酒则有苹果香气和陈酒脂香。泡果酒不要用太高度的白酒，因为高度酒味会将果香掩盖。

滋味

果酒一般酸甜适口、醇厚纯净而无异味。甜型酒要甜而不腻，干型酒要干而不涩，不得有突出的酒精气味。国产果酒的酒度多在 12 ~ 18 度范围内。

功用

果酒根据所选用的果类不同，作用也有区别。果酒有利于调节情绪、保持身材。其酒精含量低，有益健康，更利于饮用。与白酒、啤酒等其他酒类相比，果酒的营养价值更高，果酒里含有大量的多酚，可以起到抑制脂肪在人体中堆积的作用，并且它含有人体所需多种氨基酸和维生素 B_1、B_2、维生素 C 及铁、钾、镁、锌等矿物元素。果酒中虽然含有酒精，但含量与白酒、啤酒和葡萄酒比起来非常低，一般为 5 ~ 10 度，最高的也只有 14 度，适当饮用果酒对健康是有好处的。

生活中人们常用的果酒有很多种，如木瓜酒、李子酒、梨子酒、柚子酒、油桃酒、芒果酒、西瓜酒、龙眼酒、石榴酒、香蕉酒、橘子酒、金桔酒、柿子酒、苹果酒、西红柿酒、奇异果酒、梅子酒、草莓酒、桃子酒、枇杷酒、杨梅酒、桑椹酒、樱桃酒、荔枝酒、水蜜桃酒、金枣酒、杨桃酒、柠檬酒、椰子酒、香瓜酒、哈密瓜酒等。

第七章

露酒——满酌香含北砌花，盈尊色泛南轩竹

露酒是以发酵酒、蒸馏酒或食用酒精为酒基，加入可食用的辅料、食品添加剂，进行调配、混合或再加工制成的，是已改变了原酒基风格的饮料酒。露酒具有营养丰富、品种繁多、风格各异的特点。露酒的范围很广，包括花果型露酒、动植物芳香型酒、滋补营养酒等酒种。

原料

露酒的原料可供选择的品种很多，凡是中医能够入药的品种，基本上都能按照生产工艺而生产露酒。近年来，露酒原料的应用范围在不断扩大，如枸杞、红枣、龙眼、黑豆等食材和甘草、茶多酚精华等药用食物。凡是可以食用或入药的品种，基本上都能按照生产工艺而生产露酒。因为我国有丰富的药、食两用资源，所以露酒产品品种也较多。

特点

露酒应有协调的色泽，澄清透明，无沉淀杂质，如出现浑浊、沉淀或者杂质则为不合格产品。不同的露酒具有不同的香气及口味特征，原则上要求无异香、无异味，醇厚爽口。出现异香或异味的原因一般是由于酒基质量低劣、香料或中药材变质、配制不合理等原因。

露酒成酒甘香醇美，色泽红润饱满，酒香清远飘逸，入口醇和舒适、略带清甜。无论色、香、味各方面符合现代人的饮酒喜好。

功用

露酒具有营养丰富、品种繁多、风格各异的特点。用中药材配制的露酒则具有所选用的药材的作用。

第八章

药酒——故纱绛帐旧青毡，药酒醺醺引醉眠

所谓药酒，顾名思义就是指酒与中药相配而制成的。通常是把药物或食物按照一定比例系数浸泡在白酒、黄酒、米酒中，最多用的是白酒，使药物的有效成分溶解于酒中，经过一段时间后去掉药渣所得的口服酒剂，也有一些药酒是通过发酵等方法制得的。酒与中药材结合可以增强药力，既能防治疾病，又可用于病后的辅助治疗。其实酒本身就是药，酒与中药结合可使某些药物更迅速地发挥药效，这就使酒与药有机地结合了起来，从而形成了完整的药酒方。药酒是中医药的一个特色。药酒应用于防治疾病，在我国中医药史上占有重要的地位，至今在医疗保健事业中仍享有较高的声誉。

历史

用中药泡酒治病已有几千年的历史，时至今日，药酒仍在广泛使用。古代医生在治病时，为了使药物发挥更好的疗效，通常会借助酒来增强药力，可以说药酒的起源与酒的产生是不可分开的。《说文解字》记载："医，治病工也。……医之性然得酒而使。"即治病离不开酒。

根据考证，我国最古老的药酒酿制方是在 1973 年马王堆出土的帛书《养生方》和《杂疗方》中。从《养生方》的现存文字中可以辨识的药酒方共有 6 个：①用麦冬配合秫米等酿制的药酒；②用黍米、稻米等制成的药酒；③用美酒和麦 X（不详何药）等制成的药酒；④用石膏、藁本、牛膝等药酿制的药酒；⑤用漆和乌喙（乌头）等药物酿制的药酒；⑥用漆、节（玉竹）、黍、稻、乌喙等酿制的药酒。《杂疗方》中酿制的药酒有 1 方，即用智（何物不详）和薜荔根等药放入甗（古代一种炊事用蒸器）内制成醴酒。

（1）汉唐代之前的药酒

殷商时期的酒类除了酒、醪、醴之外，还有鬯。鬯是以黑黍为酿酒原料，加入香料酿成的，常用于祭祀和占卜。鬯还具有驱恶防腐的作用，也就是说帝王驾崩之后，用鬯酒洗浴其尸身，可较长时间地保持不腐。从长沙马王堆三号汉墓中出土的一部医方专书《五十二病方》中用到酒的药方不下于 35 个，有内服药酒，也有供外用的。在殷墟河南安阳小屯村出土的商朝武丁时期的墓葬里，在近 200 件青铜礼器中各种酒器约占 70%，出土文物中就有大量的饮酒用具和盛酒容器，可见当时饮酒之风相当盛行。

从甲骨文的记载可以看出，商朝对酒极为珍重，把酒作为重要的祭祀品。远古时代的药酒大多数是药物加入到酿酒原料中一块发酵的，而不是像后世常用的浸渍法。其主要原因可能是远古时代的酒不易保藏，而浸渍法容易导致酒的酸败，药物成分尚未溶解充分，酒就变质了。采用药物与酿酒原料同时发酵，由于发酵时间较长，药物成分可充分溶出。

周代饮酒越来越普遍，已设有专门管理酿酒的官员，称“酒正”，酿酒的技术也已日臻完善。《礼记·月令》记载了酿酒的六要诀：秫稻必齐（原料要精选），曲糵必时（发酵要限时），湛炽必洁（淘洗蒸者要洁净），水泉必香（水质要甘醇），陶器必良（用以发酵的窖池、瓷缸要精良），火齐必得（酿酒时蒸烤的火候要得当），把酿酒应注意之点都说到了。

西周时期有“食医”一职，即掌管饮食营养的医生。《周礼》载有“六饮”之说，也称“六清”。周代宫廷中的六种饮料，即水、浆、醴（酒）、凉、医、酏。其中“醴”为一种薄酒，曲少米多，一宿而熟，味稍甜；“凉”为以糗饭加水及冰制成的冷饮；“医”为煮粥而加酒后酿成的饮料，清于醴；“酏”（酿酒所用的清粥，也指米酒、甜酒、黍酒）是更薄于“医”的饮料。皆由浆人掌管之。

在《素问·汤液醪醴论》中讲述醪醴的制作：“必以稻米，炊之稻薪，稻米者完，稻薪者坚”，即用完整的稻米作为原料，坚劲的稻秆做燃料酿造而成。“自古圣人之作汤液醪醴者，以为备耳。”说明古人对用酒类治病是非常重视的。《史记·扁鹊仓公列传》中有“其在肠胃，酒醪之所及也。”记载了扁鹊认为可用酒醪治疗肠胃疾病的看法。《黄帝内经》中有“左角发酒”治尸厥，“醪酒”治经络不通，病生不仁，“鸡矢酒”治鼓胀等。

（2）汉代时期的药酒

在汉代，药酒逐渐成为其中的一个组成部分，临床应用的针对性和疗效也得到了进一步的加强和提高。而且，我国目前所见最早的医案记载《史记·扁鹊仓公列传》也是在这个时期诞生的。

《史记·扁鹊仓公列传》中就有两个用药酒治疗内、妇科疾病的病案。一个是济北王患病，召请淳于意诊治，淳于意按了脉后说："你患的是'风蹶胸满'病。"于是配制了三石药酒给他服，病就痊愈了。另一个是甾川有个王美人"怀子而不乳"，淳于意诊后，则用莨菪药一撮，配酒给她饮用，旋即乳生。

采用酒煎煮法和酒浸渍法起码始于汉代。约在汉代成书的《神农本草经》中载有"药性有宜丸者，宜散者，宜水煮者，宜酒渍者。"用酒浸渍，一方面可使药材中的一些药用成分的溶解度提高；另一方面，酒行药势，疗效也可提高。《金匮要略》中有多例浸渍法和煎煮法的实例。如鳖甲煎丸方，以鳖甲等二十三味药为末，取煅灶下灰一斗，清酒一斛五斗，浸灰，候酒尽一半，着鳖甲于中，煮令泛烂如胶漆，绞取汁，内诸药，煎为丸。"又如红蓝花酒方，"以酒一大升，煎减半，顿服一半，未止再服。"也是用酒煎煮药物后供饮用。东汉末年，张仲景的《金匮要略》中有红蓝花酒治疗疾病的论述。瓜蒌薤白白酒汤等也是药酒的一种剂型，借酒气轻扬，能引药上行，达到通阳散结、豁痰逐饮的目的，以治疗胸痹。《金匮要略》中还记载了一些有关饮酒忌宜事项，如"龟肉不可合酒果子食之""饮白酒，食生韭，令人病增""夏月大醉，汗流，不得冷水洗着身及使扇，即成病""醉后勿饱食，发寒冷"。

汉代已经广泛地将药酒应用于临床，并积累了丰富的应用药酒的经验，故有酒为"百药之长"的说法。酒能通血脉、行药势、温肠胃、御风寒，滋补药酒还可以药之功，借酒之力，起到补虚强壮和抗衰益寿的作用。

（3）两晋南北朝时期

两晋时期，民间制成的药酒不仅具有大曲酒的风味，而且还有中草药的芳香及健身祛病之功。葛洪《肘后备急方》载有浸渍、煮等制药酒的方法，并记录了桃仁酒、猪胰酒、金牙酒、海藻酒等治病药酒。

北魏贾思勰所著的《齐民要术》虽然是一部农业专著，但书中也有酿酒专章，对浸药专用酒的制作方法、酿酒经验及原理等均作了详细的说明。

热浸法制药酒的最早记载大约是在北魏《齐民要术》中的一例"胡椒酒"，

该法把干姜、胡椒末及安石榴汁置入酒中后，“火暖取温”。尽管这还不是制药酒，但当作为一种方法在民间流传，故也可能用于药酒的配制。热浸法确实成为后来药酒配制的主要方法。

酒不仅用于内服药，还用来作为麻醉剂。传说华佗用的“麻沸散”就是用酒冲服。华佗发现醉汉治伤时，没有痛苦感，由此得到启发，从而研制出麻沸散。

（4）唐宋时期的药酒

唐代孙思邈的《千金要方》《千金翼方》中记载了不少药酒方，涉及补益强身，内、外、妇科等多方面的内容，有许多用酒及药酒来治疗疾病的方子，如《千金要方·风毒脚气》中专有“酒醴”一节，共载酒方 16 首。《千金要方·风虚杂补酒煎》载方 8 首。《千金翼方·卷十六·诸酒》载酒方 20 首，是我国现存医著中对药酒最早的专题综述。唐代王焘《外台秘要》卷三十一设有“古今诸家酒”专节，载方 12 首。

《医方考·癫狂门》引《灵苑方》之朱砂酸枣仁乳香散，载：“辰砂（光明有墙壁者一两），酸枣仁（半两，微炒），乳香（光莹者，半两）。癫疾失心者，将此三物为末，都作一服，温酒调下。善饮者以醉为度，勿令吐。服药讫，便安置床枕令卧。病浅者，半日至一日觉。病深者，三二日觉。令人潜伺之，不可惊触使觉，待唐相国寺僧允惠，患癫疾失心，经半年，遍服名医药不效。僧俗兄潘氏家富，召孙思邈疗之。孙曰：今夜睡着，明后日便愈也。潘曰：但告投药，报恩不忘。孙曰：有咸物，但与师吃，待酒却来道。夜分，僧果渴。孙至，遂求温酒一角，调药一服与之。有顷，再索酒，与之半角。其僧遂睡两昼夜乃觉，人事如故。潘谢孙，问其治法。孙曰：众人能安神矣，而不能使神昏得睡，此乃《灵苑方》中朱砂酸枣仁乳香散也，人不能用耳。正肃吴公，少时心病，服此一剂，五日方寤，遂瘥。”这是说唐代孙思邈用酒调药治疗癫痫病证，寺僧服药后睡了两天两夜，醒来后病症全消，此为孙思邈治疗癫疾的妙方妙法。宋代许叔微所著《普济本事方》中加了一味人参，名宁志膏，其共为细末，炼蜜为丸，以薄荷汤服下，并云“亲识多传去，服之皆验。”后来这一治癫狂法就沿用下来了。这实际就是通过安神而达到治疗目的的。

王焘《外台秘要·痔下部如虫啮》里有“掘地作小坑，烧令赤，以酒沃中，捣吴茱萸三升纳中，及热以板覆上，开一小孔，以下部坐上，冷乃下，不过三度即瘥。”这是用酒外用治病。

此外《太平圣惠方》《圣济总录》等都收录了大量的药酒和补酒的配方和制法。宋代《太平圣惠方》设有药酒专节。除了这些专节外，还有大量的散方见于其他章节中。

唐宋时期，由于饮酒风气浓厚，社会上酗酒者也渐多，解酒、戒酒似乎也很有必要，故在这些医学著作中，解酒、戒酒方也应运而生。

唐宋时期的药酒配方中，用药味数较多的复方药酒所占的比重明显提高，这是当时的显著特点。复方的增多表明药酒制备整体水平的提高。唐宋时期，药酒的制法有酿造法、冷浸法、热浸法，以前两者为主。

宋代朱肱在政和年间撰著了《酒经》，又名《北山酒经》，它是继北魏《齐民要术》后一部关于制曲和酿酒的专著。该书上卷是论酒，中卷论曲，下卷论酿酒之法，可见当时对制曲原料的处理和操作技术都有了新的进步。“煮酒”一节谈加热杀菌以存酒液的方法，为我国首创。

《太平圣惠方·药酒序》认为："夫酒者，谷蘖之精，和养神气，性唯慓悍，功甚变通，能宣利胃肠，善导引药势。”共载药酒方 39 首。宋代的其他各种医药书籍里记载的各类药方有数百种。

（5）金元时期的药酒

金元时期，我国医学界学术争鸣十分活跃，医家对于药物的使用多有创新，但滥用温燥药的风气也受到批评。元代随着经济、文化的进步，医药学有了新的发展。药酒在整理前人经验、创制新配方、发展配制法等方面都取得了新的成就，使药酒的制备达到了更高的水平。

元代忽思慧的《饮膳正要》是我国第一部营养学专著，全书共三卷。忽思慧为蒙古族营养学家，在任宫廷饮膳太医时，将平日所用谷肉果菜结合药性集成一书。书中关于饮酒避忌的内容具有重要的价值。书中记载了一些补酒，也记载了不少适合老年人服用的保健药酒，足见当时对药酒的重视程度。这一时期药酒发展的一个重要特点就是用于补益强身的养生保健药酒逐渐增多。有些药酒不但具有强身保健、治疗疾病的作用，而且口味醇正，成为宫廷御酒。

（6）明清时期的药酒

明代伟大的医学家李时珍写成了举世闻名的名著《本草纲目》，共五十二卷，万历六年（1578 年）成书。该书集明及历代我国药物学、植物学之大成，广泛涉及食品学、营养学、化学等学科。该书在收集附方时，收集了大量前人和当代人的药酒配方。在卷二十五“酒”条下，设有“附诸药酒方”的专目，他本着“辑其简要者，以备参考。”《本草纲目》中收集了各种药酒方200余种，详细阐述了各种药酒的制作和服法。明代民间作坊已有药酒出售，老百姓自饮自酿的酒中也有不少药酒，药酒的制造和使用已逐步深入到民间，既有前人的传世经典之作，又有当代人的创新之举。如明代朱棣等人的《普济方》、方贤的《奇效良方》、王肯堂的《证治准绳》等著作中辑录了大量前人的药酒配方。明清时期也是药酒新配方不断涌现的时期。

《遵生八笺》是明代高濂所著的养生食疗专著，共十九卷，约成书于万历十九年（1591年），分为八笺，以却病延年为中心。其中的《饮馔服食笺》有三卷，收酿造类内容17条。酿造类中的碧香酒、地黄酒、羊羔酒等均为宋代以来的名酒，其中一些是极有价值的滋补酒。在《遵生八笺》中的《灵秘丹药笺》中还有30多种药酒。《医方考》一书中就论述了7种药酒配方的组方用药的道理和主治功效，其中包括虎骨酒、史国公酒、枸杞酒、红花酒、猪膏酒等。这对于促进药酒配方的研究，指导正确使用药酒起到了一定的作用。

明代吴旻的《扶寿精方》专列“药酒门”，载药酒方9首，分别为延龄聚宝酒、一醉不老丹、保命延寿丹、史国公药酒、五加皮酒、李冢宰药酒、仙酒方、固本酒、菖蒲酒，方虽不多，但集方极精，其中有著名的延龄聚宝酒、史国公药酒等。《万病回春·补益》中载有八珍酒、神仙延寿酒、固本遐令酒、仙酒方、扶衰仙凤酒、徐国公仙酒方、红颜酒、仙茅酒。

清代王孟英所撰《随息居饮食谱》中，在“烧酒”条下附有7种保健药酒的配方、制法和疗效。这些药酒大多以烧酒为酒基。与明代以前的药酒以黄酒为酒基有明显的区别。以烧酒为酒基，可增加药中有效成分的溶解。

从传统的药酒方来看，补益性药酒偏多。在《万病回春》和《寿世保元》两书中记载药酒方尤多，如《万病回春》所载八珍酒、神仙延寿酒、固本遐令酒、扶衰仙凤酒、徐国公仙酒方、红颜酒，及《寿世保元》所载万病无忧酒、延寿翁头春、长春酒方等都是著名的养生补益酒方，其以补益为主的药酒占有显著地位。清代书目中也记载着数目可观的补益性酒，其中的归圆菊酒、延寿获嗣酒、参茸酒、养神酒、健步酒等都是较好的补益性药酒。

唐宋时期的药酒，常用一些温热燥烈的药物，如乌头、附子、肉桂、干姜等。

如果滥用这样的药物，往往会伤及阴血，这对明清时期的医学有深刻的影响。故明清时期的很多药酒配方采用平和的药物以及补血养阴药物组成，这样就可以适用于不同病情和机体状况，使药酒可以在更广泛的领域中发挥作用。

明清时期的一批方论专书就有不少记载药酒的方子，如明代吴昆的《医方考》中有史国公药酒方、枸杞酒、猪膏酒、虎骨酒、玄胡酒、韭汁酒、红花酒等。到了清代，又创造出新的药酒配方，使药酒的品种更加丰富，养生保健药酒甚为流行，尤其是宫廷补益药酒空前盛行。清代乾隆初年，有一类酒多以“露”名之，如玫瑰露、茵陈露、山楂露等，这些大多从保健养生的角度出发，以达到强身健体、延龄益寿的目的。

名称

最早的药酒命名见于先秦及汉代，如《黄帝内经》中的“鸡矢醴”及《金匮要略》中的“红蓝花酒”等，多以单味药或一方中主药的药名作为药酒名称，这一方法成为后世药酒命名的重要方法。汉代以后，药酒命名的方法逐渐增多，传统的命名方法归纳有以下几种 ：

（1）单味药配制的药酒，以药名作为酒名，如附子酒（《千金翼方·中风上》）。

（2）二味药制成的药酒，大都将两味药联名命名，如枸杞菖蒲酒（《千金要方·酒醴》）。

（3）多味药制成药酒用一味或二味主药命名，如石斛酒、黄芪酒（《千金要方·酒醴》），菊花酒（《千金要方·诸风》），或用概要易记的方法命名，如五蛇酒、五精酒、五枝酒、二藤酒等。

（4）以人名为药酒名称，如仓公酒、史国公酒、北地太守酒等，以示纪念。为了区别，有时也用人名与药名或功效联名的，如崔氏地黄酒、周公百岁酒等。

（5）以功能主治命名，如通络酒、愈风酒、腰痛酒等。这一命名方法在传统命名方法中也占相当比重。

（6）以中药方剂和名称直接作为药酒名称，如八珍酒、十全大补酒等。

此外，还有一些从其他各种角度来命名的药酒，如白药酒、玉液酒、紫酒、戊戌酒、仙酒、青囊酒等。

功用

酒与药物的结合是饮酒养生的一大进步。酒之于药主要有 5 个方面的作用。

（1）酒行药势：古人谓“酒为诸药之长”。药用酒制后不但能缓和其寒凉之性，免伤脾胃阳气，并可借酒的上扬特点，使药力外达于表而上至于巅，使理气行血药物的作用得到更好的发挥，也能使滋补药物补而不滞。

（2）酒助药力：酒是一种良好的有机溶媒，大部分水溶性物质及水不能溶解、需用非极性溶媒溶解的某些物质，均可溶于酒精之中。中药的多种成分都易溶解于酒精之中。酒精还有良好的通透性，能够较容易地进入药材组织细胞中，发挥溶解作用，促进置换和扩散，有利于提高浸出速度和浸出效果。

（3）药借酒力：药物是治病的，而酒有行散的作用，有些具有活血化瘀、祛风除湿作用的药物通过药酒的形式应用，能更好地发挥作用，具有促进气血运行、增强药物作用的特点。

（4）酒能防腐：一般药酒都能保存数月甚至数年时间而不变质，这就给饮酒养生者以极大的便利。但药酒一般不宜用作饮宴用酒，因药酒中一般含有多种中草药成分，如用作饮宴用酒，某些药物成分可能和食物中的一些成分发生矛盾，令人不适，同时饮酒者可能并不适合饮用药酒。

（5）酒能矫味：酒虽辛散，但某些药材带有怪味，用酒则可以矫正难闻的味道，如乌梢蛇、蕲蛇含动物蛋白质、脂肪等，具浓厚的腥气，酒制不仅能提高祛风除湿、通络止痛的疗效，并能减少腥气，便于服用。

优点

（1）适应证广

药酒既可治病防病，凡临床各科常见病、多发病和部分疑难病症均可以选用，同时又可养生保健、美容润肤，还可作病后调养和日常饮酒使用而延年益寿，真可谓神通广大。难怪有人称药酒为神酒，是中国医学宝库中的一股香泉。

（2）便于服用

饮用药酒不同于中药其他剂型，可以缩小剂量，便于服用。有些药酒方中，虽然药味庞杂众多，但制成药酒后，其药物中有效成分均溶于酒中，剂量较汤剂、丸剂明显缩小，服用起来也很方便。又因药酒多1次购进或自己配制而成，可较长时间服用，不必经常购药、煎药，减少了不必要的重复麻烦，且省时省力。

（3）吸收迅速

饮用药酒后，吸收迅速，可及早发挥药效。因为人体对酒的吸收较快，药力通过酒的吸收而进入血液循环，周流全身，能较快地发挥治疗作用。临床观察显示，药酒的治疗作用一般比汤剂的治疗作用快到 1 ~ 3 倍，比丸剂作用更快。

（4）浓度一样

汤剂 1 次服用有多有少，浓度不一，而药酒是均匀的溶液，单位体积中的有效成分固定不变，按量（规定饮用量）服用，能有效掌握治疗剂量，一般可放心饮用。

（5）食药合一

酒是普遍受欢迎的饮料，而药物大多味苦而难以被人们接受，酒与药结合，改善了酒的风味。饮用药酒，既强身健体，又享乐其中。

（6）乐于接受

服用药酒既没有饮用酒的辛辣呛口，又没有汤剂之药味苦涩，较为平和适用。因为大多数药酒中掺有糖和蜜，作为方剂的一个组成部分，糖和蜜具有一定的矫味和矫臭作用，因而服用起来甘甜悦口。习惯饮酒的人喜欢饮用，即使不习惯饮酒的人，因为避免了药物的苦涩气味，又由于药酒多甘甜悦目，故也乐于接受。

（7）容易保存

因为酒本身就具有一定的杀菌防腐作用，所以药酒只要配制适当、遮光密封保存便可经久存放，不至于发生腐败、变质现象。

（8）疗效确切

酒本身就是药，也可以治病，与药同用，药借酒势，酒助药力，药酒将药物与酒同用，既有药物的治病作用，又有酒的作用。其能治之病甚多，各科疾病均可以选用，尤其适用于慢性疾病，而且疗效显著。并能预防疾病，增强人体的抗病能力，防止病邪对人体的侵害。若坚持服用保健药酒，能保持人的精力旺盛。

药酒与保健酒

酒分药酒与保健酒，古代不分，二者的相同之处是酒中有药，药中有酒，均能起到强身健体之功效，但二者却有差异。

（1）选材区别

①药酒：药材应选安全、有效的中药，以治病为主，根据病情选用药材，药酒以药物为主。

②保健酒：原料应选传统食物、食药两用食材、药材，一般是无毒之品，以保健强身为主，重在饮酒。

（2）标准区别

①药酒：按生产标准来说，如果是用来治病，市售者应具有药准字号。药准字号药酒是指已获得国家或地方卫生行政主管部门批准文号的药酒。市售的药酒都有固定配方，符合中医方药理论。不合理配方会使药酒失去疗效，饮用无益。

②保健酒：保健酒主要是强身健体，有食健字号酒、食加准字号酒等。

3. 风味区别

①药酒：药酒不必做到药香、酒香的协调，俗话说“良药苦口利于病”。当然一般饮药酒不选用苦味之品。

②保健酒：讲究色、香、味，注重药香、酒香的协调。

（4）性质区别

①药酒：药酒是用来治病的，以药物为主，具有药物的基本特征。以治病救人为目的，用于病人的康复和治疗。所选中药材、饮片必须是安全的。

②保健酒：多为性质平和之品，饮用人群一般没有太多的严格要求。保健酒讲究色、香、味，注重酒香、药香的协调。以滋补、强壮、补充、调节、改善身体状况为主要目的，还可用于生理功能减弱、生理功能紊乱及特殊生理需要或营养需要者，以此来补充人的营养物质及功能性成分，它的效果是潜移默化的。

（5）饮用对象区别

①药酒：药酒仅限于患有某种疾病的人群饮用，需在中医的指导下选酒、选药。具有明确的适应病证、禁忌证。

②保健酒：适于健康人群，或有特殊需要之人群饮用。

（6）适应证区别

①药酒：既可治病防病，又可养生保健。根据配方的特点，可以达到美容润肤、病后调养的作用。还能促进血液循环，改善虚弱体质，补充体力，提高新陈代谢能力。

②保健酒：具有食品的基本特征，以滋补、强壮、补益、调节、改善身体状况为主要目的，以此来补充人的营养物质，作用平和。

（7）用法区别

①药酒：有内服和外用的区别。内服药酒是将中药材与白酒配制；外用药酒

既可以用食用白酒，也可以用酒精配制。

②保健酒：可以作为平常饮用之品，只是饮用不能过量。

（8）注意事项区别

①药酒：药酒仅限于患有疾病的人群饮用，有明确的适应证、禁忌证、限量和限期，不可随意喝，必须在医生监督下饮用。药酒在使用剂量上，可根据病人对酒的耐受力，每次服 30 ~ 50 毫升。

②保健酒：应用方面没有药酒要求严格。其虽含有酒精，但浓度一般不高，服用量又小，一般不会产生副作用。少量饮用还会使唾液、胃液的分泌增加，有助于胃肠的消化和吸收。

上述药酒、保健酒虽有区别，但从强身健体、防治疾病方面均有相似之处，故现在一般不对二者进行严格的区分。

制法

古人早有对药酒制作法的论述，如《素问·汤液醪醴论》中有“自古圣人之作汤液醪醴”“邪气时至，服之万全”的论述，这是对药酒治病的较早记载。根据历代的医药文献记载，古人的药酒与现代药酒具有不同的特点：一是古代药酒多以酿制酒的药酒为主，亦有冷浸法、热浸法；二是基质酒多以黄酒为主，而黄酒性较白酒缓和，酒精含量较低。现代药酒则多以白酒为溶媒，少数品种仍用黄酒制作。

唐代孙思邈的《千金要方·序例》载：“凡渍药酒，皆须切细，生绢袋盛之，乃入酒，密封，随寒暑日数，视其浓烈，便可漉出，不必待至酒尽。渣可曝燥微捣，更渍饮之，亦可散服。”这段话注意到了药材的粉碎度，浸渍期间及浸渍时的气温对于浸出速度、浸出效果的影响。并提出了多次浸渍，以充分浸出药材中的有效成分，从而弥补了冷浸法本身的缺陷，如药用成分浸出不彻底，则药渣本身会吸收酒液而造成浪费。从这段话可看出，在那时药酒的冷浸法已达到了较高的技术水平。《千金要方·卷七·酒醴》也论述了药酒的制法、服法，“凡合酒，皆薄切药，以绢袋盛药内酒中，密封头，春夏四五日，秋冬七八日，皆以味足为度，去渣，服酒，尽后其渣捣，酒服方寸匕，日三。大法冬宜服酒，至立春宜停。”并记载了 1 首药方。

最古老的药酒方与其他中药方剂一样是没有名称的，在马王堆出土的帛书中所记载的药酒方就没有具体的方名。这种情况在唐代方书中仍保留不少，如《千金要方·卷十五·脾脏》有不少方子就没有命名，如“治痔湿久下痢赤白百疗不瘥者方”。白酒对中药材中的有效成分有溶解作用，用中药泡酒有利于饮用，便于吸收，达到治病与享受的双重作用。

（1）选药

①应选用甘味药，这样口感会好，如枸杞子。

②宜选用根类、果实类，如人参、三七、枸杞等。

③不要选用苦味、涩味、怪味药，以免口感不好，不宜饮用，如黄连极苦，五灵脂有臊味，地龙有腥味，不易用来泡药酒。

④不要选用感官上不能接受的中药材，如有人畏惧蛇、蜈蚣等，就不要用这些药材泡酒。

⑤一般不要选用草类药，因草类漂浮于酒面，既耗酒又占空间。

⑥不是所有的药材都适合浸泡药酒。如矿物类药物，其有效成分很难用酒浸泡出来。

⑦选用毒蛇浸泡药酒，需要在中医师的指导下选用。如用五步蛇、金环蛇、银环蛇、眼镜蛇等毒蛇在浸泡前应去头，否则极易中毒。

（2）选酒

炮制药酒宜选45度左右的白酒为宜，不要高度酒和低度酒。高度酒会使药材变硬，有效成分不易溶解出来；而低度酒会使药酒变质，不易保存。对于不善饮酒者，可以用稍微低度的酒，而对于经常饮酒者，可以用稍微高度的酒。

（3）容器

泡药酒不要用金属器皿，传统方法是用瓷器、陶器，现在也用玻璃瓶。因玻璃瓶透明，应放置于阴暗处，最好用遮光作用的棕色瓶子。使用前将容器洗净、晾干。不宜用塑料制品，因为塑料制品中的有害物质容易溶解于酒里，对人体造成危害。

（4）比例

一般酒应高于药面3厘米左右，使药材全部浸入酒中，如吸酒性强，可多放点酒；如吸酒性不强，耗酒不多，可少放点酒。若有草类、花类药材，因漂浮在酒面上，可以适当多加点酒。

（5）方法

①冷浸法：将药物适当切制或粉碎，置瓦坛或其他适宜容器中，按照处方加入适量的白酒（或黄酒）密封浸泡（经常搅拌或振荡）一定时间后，取上清液，并将药渣压榨，压榨液与上清液合并，静置过滤即得。此法操作比较常用。处方若未规定酒的用量，可按药物和白酒比例，即 100 ～ 200 克药材加 1000 毫升白酒浸入，密闭放置，每天摇荡 1 ～ 2 次，浸渍 7 天后，可改为每周 1 次振荡搅拌，半月后药性析出，酒色浓郁，可以饮用。其渣可加酒再浸泡 1 次。可采用饮 1 杯，加入 1 杯，直至药味清淡为止。若所制药酒需加糖或蜜矫味着色，可将砂糖用等量白酒温热溶解、过滤，将药液与糖液混合搅匀，再过滤，即可得饮用药酒。

②热浸法：将药物切碎（或捣为粗末），置于适宜容器内，按配方规定加入适量白酒，封闭容器，隔水加热。在家庭中可以将药材置于容器后，密封，再将容器放置于热水中，每日换热水 1 ～ 2 次浸泡，1 周后可以饮用。此法操作简单方便，也很安全。也可以用煮酒法，先以药料和酒同煮一定时间，然后再放冷贮存，此法既能加快浸取速度，又能使一些成分容易浸出，但煮酒时一定要注意防火安全。煮酒时间不宜太长，否则酒会挥发。见药面出现泡沫时，立即端离灶火，然后趁热时密封，静置 7 天左右，吸取上清液，压出残渣中的余酒，合并后静置澄清，过滤即可。东汉张仲景《金匮要略》中收载的红蓝花酒所采取的就是煮服方法，这类似于现代的热浸法。

③煎煮法：将原料碾成末后，全部放入砂锅内，加水高出药面 10 厘米，加热煮沸 1 ～ 2 小时，过滤，再复煎一次，合并两次滤液，静置 8 小时，取上清液加热浓缩成稠状清膏（一般生药 10 千克，煎成 2 千克左右）。待冷后加入与清膏等量的酒，搅匀，放入坛内，密封 7 天左右，取上清液过滤即可。

④酿酒法：将原料加水煎熬，过滤去渣，浓缩成药汁。有些药材如桑椹、梨、杨梅等，可以直接压榨，取得药汁，再将糯米蒸煮成饭，把糯米饭、药汁和酒曲拌匀，置于干净的容器内，加盖密封，置保温处，尽量少与空气接触，保持一定的温度，放置一段时间即成。

上述泡酒法以冷浸法较为常用，至于煎煮法、酿酒法则一般不用，因为操作麻烦，也不实用。《本草纲目·卷二十五·烧酒》记载烧酒的制作即用蒸馏法，“用浓酒和糟入甑，蒸令气上，用器承取滴露。凡酸坏之酒，皆可蒸烧。近时唯以糯米或粳米或黍或秫或大麦蒸熟，和曲酿瓮中七日，以甑蒸取。其清如水，味极浓烈，盖酒露也。”此种操作即与现代操作的方法基本相同。

贮存与保管

药酒需要在低温处储存，且要避光，室温以 10 ~ 20 摄氏度为好。如果没密封好，酒精会挥发，度数降低会影响防腐效果，如果药酒泡的时间长，可能会发生霉变。如果喝药酒后出现脸红、头晕、呕吐、心跳过速等情况，这是中毒的初期反应。

家庭自制的药酒要贴上标签，并写明药酒的名称、作用和配制时间、用量等内容，以免时间久了发生混乱，造成不必要的麻烦，或导致误用、错饮而引起不良反应。

饮用注意

（1）饮量

每日饮药酒不超过 50 毫升。药酒一般以温服为好，有利于药效的发挥，其剂量可根据药物的性质和各人饮酒的习惯来决定，一般每次服用 10 ~ 30 毫升，每日早、晚饮用，或根据病情及所用药物的性质及浓度而调整。有些滋补性药酒也可以在就餐时服用，慢慢地饮，边饮酒边吃点菜。酒量小的人可把浸泡好的药酒用纱布过滤，兑入适量的冷糖水或蜂蜜水，稀释后的药酒更符合口味。治病性的药酒在病愈后一般不再服，不宜以药酒“过瘾”，以免酒后药性大发，反损身体。补虚的药酒则需要较长时间饮服才能奏效，不能痛饮以求速效。

饮酒过量则损害健康，导致病患发生，甚至引起死亡。早在《吕氏春秋 · 孟春纪·本生》中即有“肥肉厚酒，务以相强，命之曰烂肠之食”的记载。《韩非子·扬权 · 第八》中讲：“天有大命，人有大命。夫香美脆味，厚酒肥肉，甘口而疾形；曼理皓齿，说情而捐精。”这是说天有自然法则，人也有自然法则。美妙香脆的味道、醇酒肥肉甜适可口，但有害身体；皮肤细嫩、牙齿洁白的美女令人衷情但耗人精力。《韩诗外传 · 卷十》载：齐桓公置酒，令诸侯大夫曰：“后者饮一经程（犹一瓶。经程，酒器名）。”管仲后，当饮一经程，饮其一半，而弃其半。桓公曰：“仲父当饮一经程而弃之，何也？”管仲曰：“臣闻之：酒入口者、舌出，舌出者（言失，言失者）、弃身，与其弃身，不宁弃酒乎？”桓公曰：“善。”诗曰：“荒湛于酒。”这是说齐桓公让管仲饮酒，管仲倒掉一半，其意为弃身不如弃酒。所以酒以不饮为过，因酒犹水也，可以济舟，也可以覆舟。历代医家对于过量饮酒的害处亦有一致的认识。如《饮膳正要·饮酒避忌》谓："饮酒不欲使多，知其过多，速吐之为佳，不尔成痰疾。醉勿酩酊大醉，即终身百病不除。酒，不可久饮，恐腐烂肠胃，渍髓，蒸筋。"

（2）禁忌

药酒不是任何人都适用的，还须因人而异。如妇女有经、带、胎、产等生理特点，所以妇女在妊娠期、哺乳期就不宜使用药酒，而在行经期，如果月经正常，也不宜服用活血功效的药酒。相反，青壮年因新陈代谢相对旺盛，用量可相对多一些。儿童生长发育尚未成熟，脏器功能尚未齐全，所以一般不宜服用，如病情确有需要者，也应注意适量。平时惯于饮酒者，服用药酒量可以比一般人略增一些，但也要掌握分寸，不可过量。不习惯饮酒的人在服用时，可先从小量开始，逐渐增加到需要服用的量。

药酒饮用不宜过多，应根据人的耐受力合理、适宜选用，不可多饮滥服，以免引起头晕、呕吐、心悸等不良反应。还要根据病情选用药酒，不能乱饮。每一种药酒都有适应范围，不能见药酒就饮。

第九章

酒之五味

酒的口味是饮用者关注的酒品风格，酒味的好坏也反映了酒品质量的好坏。酒的口味分为辣、甜、酸、苦、咸。

辣味

中医讲的辣味也称为辛味。辛辣口味使人有冲头、刺鼻等感觉，尤以高浓度的白酒给人的辛辣感最为强烈。辛辣味主要来自酒液中的醛类物质。一般来说，白酒均是辛辣的，刺激性强，男性尤喜饮用，但如果太过于辛辣就不适合饮用了。高度酒的辛辣味较为突出。

甜味

中医讲的甜味也称甘味。甜味是酒品口味中最受欢迎的，以甜为主要口味的酒数不胜数。酒品中甜味主要来自酿酒原料中的麦芽糖和葡萄糖，特别是果酒含糖量较高。甜味能给人以滋润圆正、纯美丰满、浓郁绵柔的感觉。米酒、白酒、葡萄酒都具有甜味，尤以米酒的甜味较为突出。

酸味

酸味是指酒中含酸量高于含糖量。在古代，因酿酒工业较为落后，酿造的酒均有酸味，为了祛除这种酸味，常加石灰以中和，而不加石灰者，就是无灰酒。而现在的酿造工艺先进，酒体醇厚，就不需要加石灰了，所以现在的酒都是无灰酒。酸味酒常给人们醇厚甘冽、爽快等感觉，还具有开胃的作用。酸味酒最常见的就是葡萄酒，如干型葡萄酒、半干型葡萄酒等。若白酒、米酒出现酸味较重时就不正常了。

苦味

苦味是一种独特的酒品风格，在酒类中苦味并不常见。通常啤酒中保留了独特的苦香味道，适量的苦味有净口、止渴、生津、开胃等作用，但是苦味有较强的味觉破坏功能。苦味在酒类中并不尽是劣味，有的酒要求有微苦味或苦味，如啤酒和一些黄酒，但白酒不允许苦味出头。酒的苦味用语有无苦味、微苦、有苦味、落口微苦、后苦、极苦、微苦涩、苦涩等。

咸味

咸味在酒中很少见，但少量的盐类可以促进味觉的灵敏，使酒味更加浓厚。

通常酒味以辛辣为主，各种物质成分保持着平衡，若失去平衡，则酒体变差，会出现非正常味道。

在享受酒的美味方面，根据饮用的特点，要求酒液色泽美观、耐看，香味恰到好处。酒度虽高，但无刺激性和酒精味，饮时令人愉快。

醇酿本草相益彰——酒之养生

岐黄术救民众水火，中医药强体魄消灾难，弘扬国医，尊祖辈之经验，发今人之智慧，调养身体，平衡阴阳，防患于未然，彰显华夏文明。生活中如何恰到好处地用酒来防治疾病，杜绝因饮酒不当带来的不良反应，所谓“水能载舟，亦能覆舟。”酒亦然，酒有益，能强身健体；酒滋害，亦误伤身体。四季均可以用酒养生，选用具有针对性的药材、药方消除疾患。广览典籍，探求神农，问道时珍，悟医食之同源，明药食之同根，晓医药之同理。既要吃饱，亦要吃好，尤要吃对，饮食有节，起居有时，欲望有度。以美酒养生，以药酒治病，陶冶情操，启迪智力，激发灵感，尽享舌尖美感。呜呼！民以食为天，美食、美酒尽在不言中！

第一章

养生之道，乃顺应四季之时

药酒的使用应根据中医的理论进行辨证服用，尤其是保健性药酒，更应根据自己的年龄、体质强弱、嗜好等选择服用。古人对饮酒与养生保健的关系早就有所认识。《诗经·豳风》中便载有“为此春酒，以介眉寿”“称彼兕觥，万寿无疆”的诗句，意思是说饮酒可以长生长寿。

从养生的角度来说，早晨不能吃酒，因为人从早晨6点钟开始，体内的醚逐渐上升，早晨8点达到高峰，此时饮酒，酒精与醚结合，会使人整天感到疲倦，没有工作效率。酒的种类很多,作用也不尽相同。浸药多用白酒,做药引多用米酒,活血止痛多用黄酒。酒不可杂饮，饮之，虽善酒者，亦醉。饮药酒应少饮、淡饮，反对暴饮、杂饮。

所谓“养”，有保养、调养、补养之意。养生，就是指通过各种方法颐养生命、增强体质、预防疾病，从而达到延年益寿的一种医事活动。养生从维持人的正常状态出发,达到身体康泰。人体因“阴平阳秘,精神乃治”,故调和阴阳则精神充旺，邪不能侵。顺时以养阳，调味以养阴，使阳气固密、阴气静守，达到内实外密、健康有寿。人体因气血流通而百病不生，气为血帅，血为气母，二者相伴，贯通周身，熏濡百节，流通则生机正常，滞塞则瘀结病生，而酒能活血化瘀，促进气血流通，所谓“流水不腐”，经络舒畅才能达到保健强身的作用。唐代大医家孙思邈《千金要方·食治·序论》云:“安身之本，必资于食。救疾之速，必凭于药。不知食宜者,不足以存生也。不明药忌者,不能以除病也。是故食能排邪而安脏腑，悦情爽志以资气血。”重视饮食养生，而饮酒也是其中的一个重要方面。汉代张仲景在《金匮要略·禽兽鱼虫禁忌并治》指出:“凡饮食滋味以养于生，食之有妨，反能为害，自非服药炼液、焉能不饮食乎？切见时人，不闲调摄，疾疢竞起；若不因食而生，苟全其生，须知切忌者矣。所食之味，有与病相宜，有与身为害，若得宜则益体，害则成疾，以此致危，例皆难疗。凡煮药饮汁以解毒者，虽云救急，不可热饮，诸毒病，得热更甚，宜冷饮之。”已经认识到饮食与人体健康之间存在着宜与忌、利与害的辩证关系。

《素问·四气调神大论》云："春夏养阳，秋冬养阴。”此为顺时养生，饮酒也是如此，正确饮酒才能健康长寿。调节身心、调配饮食要根据春、夏、秋、冬季节的不同来保养自己，才能达到身心健康。很多人身不由己地经常参加宴会，其间常常需大量饮酒助兴，而大量或经常饮酒会使肝脏受损，甚至影响生殖、泌尿系统。过量饮酒的负面影响较多，在某种特点的情况下，酒又不得不喝，那就要注意养生。饮酒最好在下午饮用，因为上午兴奋度高，喝进去的酒更容易被吸收，中午饮酒不利于工作，而下午饮酒也不宜太晚，以免影响身体。此外，空腹、睡前也不宜饮酒。

春季养生，行气提神饮小酒

春季养生应遵循养阳防风的原则。春季时人体阳气顺应自然，向上、向外疏发，因此要注意保护体内的阳气。《素问·四气调神大论》:“春三月，此谓发陈。天地俱生，万物以荣，夜卧早起，广步于庭，被发缓形，以使志生，生而勿杀，予而勿夺，赏而勿罚，此春气之应，养生之道也。”发陈，指二十四节气自立春开始的3个月，为一年之始。其意为利用春阳发泄之机，退除冬蓄之故旧。春季是推陈出新、生命萌发的时令。天地自然生气勃勃，万事万物欣欣向荣，人体的新陈代谢旺盛。中医认为，肝脏与木的生长相类似，春季肝气旺盛而升发，故人的精神焕发。春季用酒养生，对爱酒人而言，适时饮上一杯酒，尽情畅饮，可谓妙不可言。春季容易犯春困，使人们的注意力难以集中，疲倦嗜睡，厌食无力等，而行气提神是春季养生的重要方面。此时胸怀开畅，饮点酒能够增食欲、振精神、抗疲劳、通经脉、厚肠胃、散湿气，是春季养生的适当选择。春季养生要保持饮食、起居、寒热规律平衡，一年之计在于春，若用酒养生，尽量选择酒精度数低的酒，以保护肝脏。

夏季养生，清热泻火饮啤酒

夏季养生应注意火邪上炎，要保持愉快而稳定的情绪，切忌大悲大喜，以免以热助热，火上加油，要心静身自凉，从而达到养生的目的。《素问·四气调神大论》:“夏三月，此谓蕃秀。天地气交，万物华实，夜卧早起，无厌于日，使志无怒，使华英成秀，使气得泄，若所爱在外，此夏气之应，养长之道也。逆之则伤心，秋为痎疟，奉收者少，冬至重病。”夏季昼长夜短，人们喜欢夜生活，但深夜不宜饮酒，否则损阳抑阴。且夏季天气炎热，不宜过量饮用白酒，以免上火，因白酒性热、性燥，助火伤阴。

夏季特别适于饮啤酒，因啤酒度数低，味苦而能清热利尿，且含有丰富的糖类、维生素、氨基酸、无机盐和多种微量元素等营养成分，称为“液体面包”。适量饮用啤酒对增进食欲、促进消化和消除疲劳均有一定效果。

饮用啤酒时应适温，最适宜的温度在 12 摄氏度左右，此时酒香和泡沫都处于最佳状态，饮用时爽口感最为明显。温度过低的啤酒不仅影响口感，且寒凉易刺激胃，可能诱发多种疾病。但若饮用啤酒温度过高，则口感差，达不到清凉爽口的感觉。

饮用啤酒应适量。啤酒的酒精含量不高，不少人在夏天开怀畅饮，甚至将其当作消暑饮料饮用，这样会有损身体。由于喝下去的大量水分会很快排出，但酒精却会被吸收，将极大增加肝脏、肾脏和心脏的负担，大量饮用啤酒可对这些重要器官造成伤害。大量饮用啤酒还可使胃黏膜受损，造成胃炎和消化性溃疡，出现上腹不适、食欲不振、腹胀和反酸等症状。

饮用啤酒时不要吃烧烤。有的人喜欢在夏夜边喝啤酒边吃烧烤，这种吃法并不妥当。烧烤食品大多为海鲜、动物内脏以及肉类，与啤酒同属高嘌呤食物，而嘌呤代谢异常是诱发痛风的重要因素，如果同时进食烧烤食品和啤酒，将使患痛风的风险大增。此外，食物在烧烤过程中会产生苯并芘等致癌物质，而且肉类中的核酸经过加热分解会产生致癌物。啤酒营养丰富，热能较大，所含营养成分又易被人体吸收，故大量饮用会造成体内脂肪堆积，因此肥胖者不宜喝生啤。

不宜拿啤酒解渴。啤酒被不少人视为解渴、止汗的清凉饮料。但事实上，喝啤酒反而会加重口渴、出汗。虽然啤酒在饮用时有清凉舒适感，但当酒精进入人体后，会刺激肾上腺激素的分泌，使心跳加快、血管扩张、体表散热增加，从而增加水分蒸发，引起口干。同时，酒精还会刺激肾脏，加速代谢和排尿，使身体流失水分。

秋季养生，养阴防燥葡萄酒

秋季阳气渐收，阴气生长，养生贵在养阴防燥，故保养体内阴气成为首要任务。

《素问·四气调神大论》说："秋三月，此谓容平。天气以急，地气以明，早卧早起，与鸡俱兴，使志安宁，以缓秋刑，收敛神气，使秋气平，无外其志，使肺气清，此秋气之应，养收之道也。逆之则伤肺，冬为飧泄，奉藏者少。"时至秋令，碧空如洗，地气清肃，金风送爽，万物成熟，正是收获的季节。秋季的气候是处于"阳消阴长"的过渡阶段，秋阳肆虐，温度较高，又渐渐转凉，昼夜温差明显。白酒性烈，小小地啜一口白酒，顿时会觉得周身暖和起来，也不失为一种当季驱寒的方法。秋季养生保健要防止寒气伤身，还要防秋燥。

从饮酒类型来看，秋季饮葡萄酒比较适合。有人饮葡萄酒时喜欢直接往酒中加入一些冰块来达到冰凉清爽的效果，但这样会冲淡了葡萄酒的口感和香味，不利于品尝葡萄酒的风味和品质，更可能引起脾胃虚寒者身体的不适，从而影响身体健康。有人饮葡萄酒时，因不习惯葡萄酒酸涩的口感，常喜欢往酒中加入甜味较重的雪碧，以此来中和葡萄酒酸涩的口味，这不仅影响葡萄酒原本纯正的口味和醇香，而且还严重破坏酒中的营养物质，达不到养生保健的功效。

过度饮用葡萄酒不利于身体健康。因为过量的葡萄酒容易造成人体神经系统受损，从而导致记忆力衰退、精力不集中、判断力下降等后果，还可能刺激消化系统，导致胃炎、胃溃疡等疾病，加重肝炎、肝硬化等疾病。空腹也不要饮用葡萄酒，虽然葡萄酒的度数较白酒低，但容易刺激胃肠，产生醉酒、恶心、头痛、心跳加速等不良反应。

冬季养生，养阳防寒饮温酒

冬季是匿藏精气的时节，冬令进补以立冬后至立春前这段时间最为适宜。冬季养生主要指通过饮食、睡眠、运动、药物等手段，达到保养精气、强身健体、延年益寿的目的。《素问·四气调神大论》云："冬三月，此谓闭藏。水冰地坼，无扰乎阳，早卧晚起，必待日光，使志若伏若匿，若有私意，若已有得，去寒就温，无泄皮肤，使气亟夺，此冬气之应，养藏之道也。逆之则伤肾，春为痿厥，奉生者少。"冬季天气寒冷，万物萧条，或寒风凛冽，由于啤酒容易伤脾胃，故在聚会的餐桌上，啤酒正在被白酒或者黄酒取而代之，因此古人有"饮温酒"一说。酒是温性的，古人喝酒一般要"烫"一下再喝，这样更能发挥酒的暖身作用。冬季气温低，不少人有手脚发凉的问题，也可以"烫"点黄酒或米酒，或者平时烧饭做菜时添加少许黄酒。

酒宜温饮。烫酒的习俗在中国有着悠久的历史，很多名著中均有所体现。如《三国演义》中“温酒斩华雄”说的就是酒要温饮,《水浒传》中多次提到烫酒,《红楼梦》中烫酒更是宝玉的最爱。烫酒最适宜在冬天喝。

白酒可以烫热喝。一是因白酒成分中含有对人体损害的物质，用适当的温度把酒烫热可以使这些有害物质挥发掉；二是有利于保护脾胃，尤其是体质虚寒者不宜饮冰凉的酒。

黄酒可以烫热喝。黄酒中含有极微量的甲醇、醛、醚类等有机化合物，醛、醚等有机物的沸点较低，如果将黄酒隔水烫到 70 摄氏度左右，其中所含的甲醇、醛、醚类等这些极微量的有机物在烫热的过程中，随着温度升高而挥发掉。同时，黄酒中所含的脂类芳香物随温度升高而蒸腾，使酒味更加甘爽醇厚、芬芳浓郁。黄酒烫热饮用会使其变得温和柔顺，能更好地释放黄酒的醇香。温饮时，酒加热的时间不宜过久，否则酒精挥发，失去酒香味，就会寡然无味。如果在黄酒中加入姜丝或者话梅，会使酒液更醇美，营养效果也更好。

第二章

药酒常选药物

用中药泡药酒应该正确选用药物，要结合个人体质、身体状况、病程长短等多方面的因素灵活用药。常用泡药酒的药物可以分为以下几类。

滋补类药酒

滋补类药酒用于身体虚弱、倦怠乏力、精神萎靡不振及有脏腑的虚损征象者，如气血亏虚、肾阳不足、脾气虚弱、肝肾阴虚等。市面上著名的药酒有八珍酒、十全大补酒、人参酒、枸杞酒等。通常多用补益药来配制药酒，常用药物如下。

（1）人参：大补元气，补脾益肺，生津止渴，安神益智。用于治疗多种气虚病证，为补气要药，也用于气虚欲脱、汗出，肺气虚之短气喘促、懒言声微，脾气虚之倦怠乏力、食少便溏，中气下陷之脏器下垂、久泻脱肛，热病气津两伤或气阴两虚之口渴、脉大无力者。本品为拯危救脱要药，其大补元气之功无药可代。人参可以单用泡酒，俗称人参酒，也可以配伍复方使用，如十全大补酒。现在认为人参能促进蛋白质合成，降低血糖，增强造血功能，提高免疫功能，增强抗病能力。滋补药酒常用人参。根据炮制的不同，人参又有不同的名称，但以红参用之最多。

（2）白术：补脾健胃，燥湿利水，固表止汗，安胎。用于治疗脾胃虚弱所致的倦怠乏力、食少，脾胃虚寒之脘腹冷痛、呕吐、腹泻，脾虚气滞之脘腹胀满，脾虚湿困、运化失职所致水肿、泄泻，气虚自汗，脾虚胎儿失养、胎动不安。本品为“补气健脾第一要药”。

（3）当归：补血活血，调经止痛，润肠通便，止咳平喘。用于治疗血虚兼血瘀所致面色萎黄、心悸失眠，本品为补血圣药。也用于治疗血虚血瘀之月经不调、经闭、痛经，为调经要药。现在认为当归可抗贫血、抗血栓、抗炎、抗癌、抗菌，还能增强免疫力，增加冠状动脉血流量，降血脂，抗老防老。

（4）西洋参：补气养阴，清热生津。用于治疗热病或大汗、大泻、大失血等耗伤元气及阴津所致的神疲乏力、气短喘促、心烦口渴、尿短赤涩、大便干结、舌燥，火热耗伤肺脏气阴所致的短气喘促、咳嗽痰少，或痰中带血等，热病气津两伤所致的身热汗多、口渴心烦、体倦少气。本品具有类似人参而弱于人参的补益元气之功，其性味甘寒，兼能清火养阴生津，但补气作用弱于人参。

（5）何首乌：补益肝肾，乌须黑发。用于治疗肝肾精血亏虚之血虚萎黄、腰酸脚弱、耳鸣耳聋，肝肾不足之头晕眼花、须发早白、脱发，为乌发要药。其泡酒饮服滋补作用平和，现在认为何首乌可降低胆固醇，防治动脉硬化。

（6）枸杞子：滋补肝肾，益精明目。用于治疗精血不足所致的腰膝酸软、遗精滑泄、耳聋、牙齿松动、须发早白、失眠多梦以及肝肾阴虚所致的潮热盗汗、消渴、阳痿、遗精、视力减退、两目干涩、内障目昏、头晕目眩，为平补肾精肝血之品。枸杞子为泡药酒用之最多者，因其甘甜口感好，颜色好。现在认为枸杞子能降低血糖、胆固醇。

（7）党参：补脾益肺，补血生津。用于治疗各种气虚体弱之证，如短气乏力、食少便溏、久泻脱肛以及病后气血虚弱等，也用于治疗气虚不能生血，或血虚无以化气而见面色苍白或萎黄、乏力头晕、心悸之证以及气津两伤的轻证。一般补益的方剂中，多用党参代替人参。但如遇虚脱危重证候，本品力薄，仍以用人参为宜。

（8）黄芪：补气升阳，固表止汗，利水消肿，托毒生肌。用于治疗气虚体弱之倦怠乏力、食少便溏、短气自汗，中气下陷之脱肛、子宫脱垂、胃下垂等证，表虚不固之自汗，虚证水肿，气血亏虚证以及疮疡难溃或溃久难敛者。用其泡酒主要是治疗虚损病证。现在认为黄芪有抗癌的作用，能提高免疫功能，抗疲劳，扩张血管，改善皮肤血液循环，降低血压。

（9）黄精：养阴润肺，补气健脾，补益肾精。用于治疗阴虚肺燥之劳嗽久咳，脾虚气阴两亏之面色萎黄、困倦乏力、口干食少、大便干燥，肾阴亏虚之腰膝酸软、须发早白等早衰症状。其甘甜可口，药酒方中尤多加用。现在认为黄精能延缓衰老，抗疲劳、抗氧化、降低血糖，抗病原微生物、抗病毒。

（10）熟地黄：补血，滋阴。用于治疗血虚之萎黄、眩晕、心悸、失眠及月经不调、崩中漏下等。其补血作用强于当归，乃养血补虚之要药。亦用于治疗肝肾阴虚之腰膝酸软、遗精、盗汗、耳鸣、耳聋、消渴，精血亏虚之须发早白。现在认为熟地黄能促进贫血症状恢复，抑制血栓形成，降压，抗氧化。

抗风湿类药酒

抗风湿类药酒用于治疗风湿病患者，药酒中有很多成品酒剂，如追风药酒、五加皮酒等。一般治疗风湿痹痛的药酒，选用药材要具有祛风湿、止痛之品，同时要配伍补益正气的药物同用，常选药物如下。

（1）千年健：祛除风湿。用于治疗风、寒、湿痹之腰膝冷痛、下肢拘挛麻木，颇宜于老人。

（2）五加皮：祛除风湿，补益肝肾，强壮筋骨，利水消肿。用于治疗风湿痹痛而肝肾亏损之筋骨痿软、小儿行迟，为治疗痿弱之要药，且对体虚乏力尤宜，为强壮性祛风湿药，也用于治疗水肿、小便不利、脚气肿痛。

（3）木瓜：舒筋活络，化湿和胃，消食。用于治疗风湿痹证、脚气水肿、吐泻转筋、饮食积滞证。尤善祛除筋脉、经络之湿而除痹，故为治湿痹、筋脉拘挛之要药。

（4）白花蛇：祛除风湿，祛风止痒，息风止痉。用于治疗风湿痹痛病久邪深者之顽痹所致的经络不通、麻木拘挛以及中风口眼㖞斜、半身不遂。其搜风力强，能外达皮肤，内通脏腑，也用于治疗风毒之邪壅于肌肤者之疥癣以及麻风。其祛风作用强，可用于治疗小儿急、慢惊风及破伤风之抽搐痉挛。本品既能祛外风，又能息内风，为治抽搐痉挛的常用药。在泡药酒方面，民间早有用活体蛇炮制者，但要特别提示的是，在开启容器时，应仔细检查活体毒蛇是否已经死去，以免被蛇误伤。

（5）羌活：发散风寒，祛风胜湿。用于治疗外感风寒挟湿之恶寒发热、无汗、头痛项强、肢体酸痛较重者，上半身风、寒、湿痹之肩臂肢节疼痛者。本品尤以除头项肩臂之痛见长，力量较强。因其性质燥烈，不宜大量。

（6）苍术：燥湿健脾，祛除风湿，发汗解表。用于治疗寒湿中阻、脾失健运引起的脘腹胀闷、呕恶食少 、吐泻乏力，脾虚湿聚之水肿、痰饮，风湿痹症之脚膝肿痛及外感风寒又挟湿之表证。

（7）狗脊：祛除风湿，补益肝肾，强壮腰膝，温补固摄。用于治疗肝肾不足兼风、寒、湿邪之腰痛脊强、不能俯仰、腰膝酸软、下肢无力，肾虚不固之尿频、遗尿、白带过多。本品尤善祛脊背之风湿而强腰膝。

（8）威灵仙：祛除风湿，软化骨鲠。多用于治疗风湿痹痛而以风邪偏盛之行痹，其性善走窜，各部位病证皆可应用。本品可单用为末服，也可在诸骨鲠咽、咽部疼痛、吞咽困难时单用煎汤，缓缓咽下，即可取效

（9）独活：胜湿止痛，发散风寒。用于治疗风湿痹痛之肌肉、腰背疼痛，无论新久，均可应用，为治风湿痹痛之常药。外感风寒挟湿所致的头痛头重、一身尽痛较多选用。

（10）徐长卿：祛除风湿，祛风止痒，消肿止痛。用于治疗风湿痹阻之肢体疼痛，湿疹、风疹、顽癣以及牙痛、腰痛、跌打损伤。本品为止痛常用药，且为治疗腰痛之要药。

（11）桑寄生：祛除风湿，补益肝肾，强壮筋骨，养血安胎。尤宜于治疗风湿日久肝肾亏虚之腰膝酸痛、筋骨无力者，也用于治疗肝肾亏虚之月经过多、崩漏、妊娠下血、胎动不安。

活血化瘀类药酒

活血化瘀类药酒用于治疗瘀血阻滞的病证，如中风后遗症、跌打损伤、血瘀痛经等。一般要同时加用行气之品，常选用的药物如下。

（1）三七：活血止血，散瘀定痛。用于体内、外各种出血证，无论有无瘀滞，均可应用，但以出血兼有瘀滞者尤为适宜。跌打损伤，或筋骨折伤、瘀肿疼痛者可单用研末冲服，或配伍其他活血行气药同用。本品祛瘀生新，止血不留瘀，化瘀不伤正，为止血良药，亦为治瘀血诸证佳品、外伤科之要药。

（2）三棱：破血行气，消积止痛。用于气滞血瘀的症瘕积聚、心腹刺痛、经闭、痛经以及食积气滞之脘腹胀痛。

（3）川芎：活血行气，祛风止痛。用于治疗血瘀气滞之痛证，如胸胁、腹部诸痛、积聚痞块，以及跌打损伤之瘀痛、痈肿疮疡。本品有“血中气药”之称，为妇科要药。亦用于风寒、风热、风湿、血虚、血瘀头痛及风湿痹痛，为治头痛要药。

（4）丹参：活血调经，凉血除烦，祛瘀消痈。用于治疗各种瘀血病证，如胸痹心痛、脘腹刺痛、跌打损伤、风湿痹痛，月经不调、经闭痛经，产后瘀滞之腹痛，烦躁神昏、心悸失眠以及疮痈肿毒。

（5）月季花：活血调经，疏肝解郁，化瘀消肿。用于治疗气血瘀滞之月经不调、痛经、闭经及胸胁胀痛，可单用开水泡服。亦用于治疗跌打损伤、瘀肿疼痛、痈疽肿毒、瘰疬。

（6）牛膝：活血通经，补益肝肾，强壮筋骨，利尿通淋，引火（血、热）下行，引药下行。用于治疗血瘀之经闭、痛经、胞衣不下、跌打伤痛、腰膝酸痛、下肢痿软、淋证、水肿、小便不利、头痛眩晕、齿龈肿痛、口舌生疮、吐血衄血，可用作药引。

（7）王不留行：活血通经，下乳消痈，利尿通淋。用于治疗血瘀之经闭、痛经、难产、产后乳汁不下、乳痈肿痛、热淋、血淋、石淋。其走而不守，行而不住，善于通利血脉。

（8）延胡索：活血，行气，止痛。用于治疗气血瘀滞所致的全身各个部位疼痛，如胸痹心痛、脘腹疼痛、寒疝疼痛、痛经，无论何种痛证，均可应用，为止痛要药。

（9）红花：活血通经。用于治疗血滞之经闭、痛经、产后瘀阻腹痛、症瘕积聚，瘀热瘀滞之斑疹色暗，血瘀胸痹之心痛、腹痛、胸胁刺痛或跌打损伤。为治瘀血病症的常用药。

（10）苏木：活血疗伤，祛瘀通经。用于治疗跌打损伤、筋伤骨折、瘀滞肿痛，血瘀之经闭、痛经、产后瘀滞腹痛。为治跌打伤痛常用药。

（11）鸡血藤：行血，补血，调经，舒筋活络。用于治疗血瘀之月经不调、经闭痛经，血虚之萎黄，风湿痹痛之手足麻木、肢体瘫痪。本品药性和缓，温而不烈，能行血散瘀而调经。

（12）姜黄：活血行气，通经止痛。用于治疗血瘀气滞所致的胸腹疼痛、经闭痛经、产后腹痛，跌打损伤之瘀肿疼痛以及风湿痹痛。本品外散风、寒、湿邪，内行气血而通经止痛，尤长于行肢臂而除痹痛。

（13）穿山甲：活血消症，通经，下乳，消肿排脓。用于治疗症瘕、血瘀经闭、风湿痹痛、中风瘫痪、产后乳汁少、乳汁不通、乳房胀痛、痈疽肿毒、瘰疬。本品可使脓未成者消散，脓已成者速溃，为治痈疽肿痛要药。且善于走窜，也为治产后乳汁不下之要药。

（14）骨碎补：活血续伤，补肾强骨。用于治疗跌打损伤、筋骨损伤，或创伤之瘀滞肿痛，肾虚之腰痛、耳鸣耳聋以及斑秃、白癜风等病证。本品因其入肾能治骨碎伤损而得名，为伤科之要药。

（15）凌霄花：活血通经，祛风止痒，凉血止血。用于治疗血瘀经闭、症瘕积聚、跌打损伤、风疹、皮癣、皮肤瘙痒、痤疮、便血、崩漏。

（16）桃仁：活血祛瘀，润肠通便，止咳平喘，消散内痈。用于治疗血滞经闭、痛经，产后瘀滞腹痛、症瘕积聚、跌打损伤，肠燥便秘、咳嗽气喘，肺痈、肠痈。

（17）莪术：破血行气，消积止痛。用于治疗气滞血瘀的症瘕积聚，血瘀之经闭、痛经、胸痹心痛，饮食积滞之脘腹胀痛，跌打损伤之瘀肿疼痛。

壮阳类药酒

壮阳类药酒用于肾阳虚、勃起功能障碍者，药酒有参茸酒、海狗肾酒等。壮阳药物多性燥，要同时配伍一些温柔的药物以防其伤阴，常用药物如下。

（1）巴戟天：补肾壮阳，祛风除湿。用于治疗肾阳虚弱、命门火衰所致阳痿不育、下元虚冷、宫冷不孕、月经不调、少腹冷痛，肾阳虚兼风湿痹痛、腰膝酸软者，用之颇为适合。

（2）肉苁蓉：补肾助阳，润肠通便。用于治疗肾阳亏虚、精血不足之阳痿不起、肠燥津枯便秘。本品为补肾阳、益精血之良药。

（3）杜仲：补益肝肾，强壮筋骨。用于治疗肾虚腰痛、筋骨无力、小便频数等证。本品为治腰痛的要药，尤其是老年人用其泡酒饮服能强壮身体。现在认为杜仲能减少胆固醇的吸收，对中枢神经系统有调节作用。

（4）沙苑子：补肾固精，养肝明目。用于治疗肾虚遗精滑泄、白带过多以及肝肾不足之目失所养、目暗不明、视物模糊。本品不燥不烈，既补肾阳，亦益肾精。

（5）补骨脂：补肾壮阳，固精缩尿，温脾止泻，纳气平喘。用于治疗肾虚阳痿、腰膝冷痛、痿软无力、遗精滑精、遗尿尿频、五更泄泻及肾不纳气之虚喘。

（6）海马：补肾壮阳，调气活血。用于治疗肾阳亏虚、阳痿不举、肾关不固、夜尿频繁、遗精滑精等症以及气滞血瘀、聚而成形之症瘕积聚、跌打瘀肿、疮疡肿毒、恶疮发背等。

（7）益智仁：暖肾固精缩尿，温脾止泻摄唾。用于治疗下元虚寒之遗精、遗尿、小便频数、阳痿以及脾肾虚寒之多唾、泄泻。

（8）淫羊藿：补肾壮阳，祛风除湿。用于治疗肾阳虚衰之阳痿尿频、腰膝无力，可单用本品浸酒服，或配伍其他补肾温阳药同用。也用于治疗风、寒、湿痹，筋骨不利及肢体麻木。本品能走四肢而祛风除湿。

（9）菟丝子：补肾固精，养肝明目，温脾止泻，补肝肾安胎。用于治疗肾虚之腰痛、阳痿遗精、尿频及宫冷不孕，肝肾不足之目失所养、目暗不明、视物模糊，脾肾两虚泄泻，肝肾不足胎动不安。本品为平补阴阳之品。

（10）鹿茸：补肾壮阳，益精养血，强壮筋骨，固冲止带，温补托毒。用于治疗肾阳亏虚、精血不足之畏寒肢冷、阳痿早泄、宫冷不孕、小便频数、腰膝酸痛、头晕耳鸣、精神疲乏等证，可单用。本品为峻补肾阳、补益精血之要药。也用于治疗肝肾亏虚、精血不足之筋骨痿软，或小儿发育不良、囟门过期不合、齿迟、行迟以及肝肾亏虚、冲任不固之带脉失约、崩漏不止、白带过多，疮疡久溃不敛、阴疽疮肿内陷不起、因正虚毒盛不能托毒外达，或疮疡内陷不起、难溃难腐者。本品乃是治疗肾亏的主要药物，其所泡药酒尤其不能多饮。

（11）蛤蚧：补肺肾，益精血，定喘嗽。用于治疗虚劳喘咳、阳痿早泄。本品为治虚喘劳嗽之要药。

（12）锁阳：补肾助阳，润肠通便。用于治疗肾阳亏虚、精血不足证之阳痿、不孕、下肢痿软、筋骨无力以及肠燥便秘。

第三章

酒治病单方

各种酒既可以作为饮料，也可以用来治疗疾病，正如“酒为百病之长”的说法。中医认为酒是中药中最早作为药物使用的，酒既可以单独作为药用，也可以配伍于方剂中应用，如汉代张仲景《金匮要略》中有栝蒌薤白白酒汤，就是将白酒配伍瓜蒌、薤白一同作为药用的。

白酒治病单方

（1）口腔溃疡：噙口白酒，使其浸润整个口腔，稍后可吐可咽，亦可用棉蘸酒涂溃疡部。

（2）小儿鼻风，吹乳肿痛：用酒酿和菊花叶敷上，立愈。无叶用根，甘菊叶尤佳，捣汁冲和服，更效。

（3）小面积烫伤、烧伤：可浸于酒中或用草纸浸酒覆盖于伤面上，达到止痛的目的。

（4）风虫牙痛：烧酒浸花椒，频频漱之。

（5）风寒入脑，久患头痛及饮停寒积，脘腹久疼，或寒湿久痹，四肢酸痛，诸药不效者：以滴花烧酒，频摩患处，自愈。若三伏时，将酒晒热，拓患处，效更捷。

（6）关节炎：白酒敷患处。

（7）妇女血虚、血瘀性痛经：红花100克浸于45度白酒（400毫升），浸泡1周即可饮用。每次20毫升，亦可兑凉开水或加红糖适量饮用。

（8）耳中有核，如枣核大，痛不可动者：以火酒滴入，仰之半小时，即可钳出。

（9）少气，口干渴，疲乏无力，声音嘶哑，午后潮热，肺虚久咳，干咳、咯血等：西洋参50克，白酒500克。浸泡半月后饮用，每日1次，每次50毫升。

（10）阴毒腹痛：烧酒温饮，每次 50 毫升。

（11）冻疮：①红辣椒 10 克，去籽切碎，放入白酒 60 毫升中浸泡 7 天，再加入樟脑 3 克摇匀。使用时用消毒棉签蘸药液，外搽冻疮部位，每日 2 次，连用 1 周。②老姜半斤，榨汁，白酒适量，再加入适量热水泡脚。每次泡半小时左右，期间水凉了要及时添加热水，一般泡 3 ~ 5 次可见效。③素患冻瘃者，亦于三伏时，晒酒涂患处，至冬不作矣。

（12）劳动过度后的身痛疲倦及妇女痛经：干山楂片 250 克，浸于 45 度白酒 1000 毫升内，1 周后饮用，每日 2 次，每次 50 毫升。

（13）吹乳方：用苎麻根嫩者炒，和白酒酿少许，共捣烂敷患处，一日夜即消。忌食发物。

（14）肝肾虚损引起的目暗、目涩、视弱、迎风流泪：枸杞子浸于 45 度左右白酒内，15 天后饮用，每日 50 毫升。

（15）牙齿疼痛：枳壳浸酒含漱。

（16）乳头破裂：白酒、红糖适量，用文火炖开，以膏为度，敷乳头。

（17）肩周炎：细辛研末 80 克，老生姜 300 克，混合捣成泥，锅内炒热，入高度白酒调匀，热敷肩周疼痛部位。

（18）肺痨久咳，痰多，肺虚气喘及消化不良，失眠等症：灵芝 50 克，人参 20 克，冰糖 500 克，白酒 1500 克。浸泡半月后饮用，每日 1 次，每次 50 毫升。

（19）急性扭、挫伤：酒酿渣、鲜生地适量共捣烂，炖熟敷患处。

（20）神经官能症之失眠、头晕、心悸、健忘、乏力、烦躁等：北五味子 100 克浸于 45 度白酒内，半个月后可饮用。

（21）神经衰弱，失眠，疲倦，心悸，短气，阳痿：红参 50 克（捣碎或切片），浸于 45 度白酒 500 毫升内，浸泡半个月后可饮用，每日饮用 20 毫升。

（22）神经衰弱、失眠健忘：灵芝 100 克，切碎，浸泡在 500 毫升白酒或黄酒中，密封 20 日后用。

（23）食欲不佳，冠状动脉粥样硬化性心脏病，病后年老体弱：人参 10 克，灵芝 30 克，白酒 750 毫升。浸泡半月后饮用，每日 1 次，每次 50 毫升。

（24）梦遗白浊：酸梅草二钱，孩儿菊二钱，捣取汁，加不见水酒酿，空腹量服。

（25）寒性疟疾：白酒适量，蜂蜜 30 克，在疟疾未发作前饮下。

（26）寒湿泄泻，小便清者：饮服烧酒。

（27）寒痰咳嗽：烧酒、猪脂、蜂蜜、香油、茶末各等量，同浸酒内，煮成一处。每日挑食。

（28）痘疮不起：荸荠捣汁，和白酒酿炖温服之。但不可炖大热，大热则反不妙，慎之。

（29）跌打损伤：以酒揉擦患处。

（30）遍身风疮作痒：蜂蜜少许，和酒服之。

（31）霍乱转筋而肢冷者：烧酒摩擦患处。

其他酒类治病单方

（1）小儿麻疹透发不畅：糯米酒煮开后服食，服后盖被发汗。

（2）头风：用苍耳子、白芷、谷精草各五钱，川芎三钱，甜酒酿四两，老酒二碗，煎一碗服。

（3）哺乳期乳汁不通：糯米酒酿 1 小碗，加入菊花叶捣烂绞汁半酒杯，煮开后趁热服食。

（4）头风头痛：川芎、白芷各 6 克，甜酒 60 克，隔水蒸，去药渣吃酒酿，每日睡前服。

（5）风邪所致的头痛：甜酒 150 克，菊花 15 克，决明子 15 克，苍耳子 15 克，水煎取汁饮。

（6）肾虚腰疼、阳痿早泄：公鸡加入糯米酒，隔水蒸熟食用。

（7）妇女崩中带下：鲤鱼鳞甲 200 克，洗净，入砂锅，加水适量，文火熬煮至鳞甲化胶状，用黄酒兑水化服，每服 30 克。

（8）补肾安神：核桃仁 5 个，白糖 50 克，黄酒 250 毫升。将核桃仁加白糖捣成泥状，放入锅中，再加黄酒。然后将锅置火上，煎煮 10 分钟即可。食核桃仁泥，每日 2 次。

（9）痛经不孕：凌霄花炖老母鸡，加少许黄酒和精盐后服食，每月 1 次，连服 3 个月。

（10）风寒感冒：豆豉 15 克，葱须 20 克，黄酒 50 毫升。豆豉加水 1 小碗，煎煮10分钟,再加洗净的葱须,继续煎5分钟,最后加黄酒,出锅取汁。每日2次,趁热顿服。

（11）防治冠状动脉粥样硬化性心脏病：将大蒜混入葡萄酒中，饮酒食蒜。

（12）防治感冒：饮用热的红葡萄酒。

（13）膝盖疼痛、白内障、老年痴呆症：每天喝少量葡萄酒。

（14）去油腻：烹调脂肪较多的肉或鱼时，加1杯啤酒。

（15）冻疮：在温水中加入少量啤酒，浸泡20分钟左右。

（16）头发增亮：啤酒与陈醋按2∶1混合，每日用毛巾吸湿再涂发1次，连用半月。

（17）脚湿气瘙痒：把啤酒倒入盆中，不加水，双脚清洗后放入浸泡20分钟再清洗，每周2次。

（18）高血压、糖尿病、视物不清、老花眼、尿频、失眠：洋葱2个洗净，切成8等份，浸入葡萄酒500毫升中，略加蜂蜜，密闭，放置1周左右，饮用。不善饮酒的人，可用2倍左右的开水稀释饮用。

第四章

药酒常用验方

服药酒具有保健强身的作用，饮后对人体有益。养生酒的应用已有数千年的历史。酒喝多了会伤身，但根据身体情况，喝少量药酒可以达到祛除疾病调养身体、补气补血、养颜防病的效果。饮用药酒可以增强抵御各种疾病侵袭的能力，并最终达到延缓衰老的目的。养生酒是固本培元，是对人体机能的调节，适合各类人群。养生酒需依个人体质合理配用。目前市面上的养生保健酒品牌有很多，不同的保健酒品牌和产品所具有的功效也是不同的，因此在选择养生酒时要有针对性，除了在市面上购买酒外，个人可以结合自身情况，征询医生意见配制养生酒。按照中药材的作用，养生酒可以分为以下几类。

强壮养生药酒方

久病多虚，若病深日久的慢性疾病往往导致人体气、血、阴、阳的亏损，其治疗恢复也难以朝夕建功、一蹴而就。各种慢性虚损性疾病常常存在着不同程度的气血不畅、经脉涩滞，强壮补益养生药酒具有益气补血、滋阴温阳的作用，适合于慢性疾病者的治疗。补益药酒不仅广泛应用于各种慢性虚损疾病的防治，还能抗衰老、延年益寿。这类酒一般选用具有强壮作用的中药材配制，常用的药材有人参、枸杞子、当归、制何首乌、熟地黄、黄精、海马、鹿茸、蛤蚧、冬虫夏草等。

（1）小黄芪酒（《千金要方·卷七·酒醴》）

组成：黄芪、附子、蜀椒、防风、牛膝、细辛、桂心、独活、白术、川芎、甘草各三两，秦艽、乌头（《集验》用薯蓣三两）、大黄、葛根、干姜、山茱萸各二两，当归二两半。（原方剂量）

功效：补气散寒，温经通络。

主治：风虚痰癖，四肢偏枯，两脚弱，手不能上头，或小腹缩痛，胁下挛急，心下有伏水，胁下有积饮，夜喜梦，悲愁不乐，恍惚善忘，此由风虚，五脏受邪所致。或久坐腰痛，耳聋卒起，眼眩头重，或举体流肿疼痹，饮食恶冷，涩涩恶寒，胸中痰满，心下寒疝，药皆主之，及妇人产后余疾，风虚积冷不除者。（原方主治）

用法：上十八味，㕮咀，少壮人无所熬练，虚老人微熬之，以绢袋中盛清酒二斗渍之，春夏五日，秋冬七日，可先食服一合，不知，可至四五合，日三服，此药攻痹甚佳，亦不令人吐闷。小热宜冷饮食也。大虚，加苁蓉二两；下痢，加女萎三两；多忘，加石斛、菖蒲、紫石各二两；心下多水者，加茯苓、人参各二两，薯蓣三两，酒尽，可更以酒二斗重渍滓，服之不尔，可曝滓捣，下酒服方寸匕，不知稍增之，服一剂得力，令人耐寒冷，补虚，治诸风冷神良。（原方用法）

（2）天门冬大煎（《千金要方·卷十二·风虚杂补酒煎》）

组成：天门冬、生地黄（切，三斗半，捣压如门冬），枸杞根（切，三斗，洗净，以水一石五斗煮取一斗三升，澄清），獐骨（一具，捣碎。以水一石煮取五斗，澄清），酥（三升，炼），白蜜（三升，炼）。（原方剂量）

功效：养阴退热，强壮身体。

主治：治男子五劳、七伤、八风、十二痹、伤中六极。一气极则多寒痹腹痛，喘息惊恐，头痛；二肺极则寒痹腰痛，心下坚，有积聚，小便不利，手足不仁；三脉极则颜色苦青逆意，喜恍惚失气，状似悲泣之后，苦舌强，咽喉干，寒热恶风不可动，不嗜食，苦眩，喜怒妄言。四筋极则拘挛少腹坚胀，心痛，膝寒冷，四肢骨节皆疼痛。五骨极则肢节厥逆，黄疸消渴，痈疽妄发，重病浮肿如水病状。六肉极则发疰如得击，不复言，甚者至死复生，众医所不能治。此皆六极七伤所致，非独房室之为也。忧恚积思，喜怒悲欢，复随风湿结气，咳时呕吐食已变，大小便不利，时泄利重下，溺血，上气吐下，乍寒乍热，卧不安席，小便赤黄，时时恶梦，梦与死人共食饮，入冢神室，魂飞魄散。筋极则伤肝，伤肝则腰背相引，难可俯仰。气极则伤肺，伤肺则小便有血，目不明。髓极则阴痿不起，住而不交。骨极则伤肾，伤肾则短气，不可久立，阴疼恶寒，甚者卵缩，阴下生疮，湿痒手搔不欲住，汁出，此皆为肾病，甚者多遭风毒，四肢顽痹，手足浮肿，名曰脚弱，一名脚气，医所不治，此悉主之方。（原方主治）

用法：上六味，并大斗铜器中，微火先煎地黄、门冬汁，减半，乃合煎，取大斗二斗，下后散药，煎取一斗，纳铜器，重釜煎，令隐掌，可丸，平旦空腹，酒服如梧子，二十丸，日二，加至五十丸。慎生冷、醋滑、猪鸡、鱼蒜、油面等。择四时王相日合之。（原方用法）

（3）延龄聚宝酒 一名保命丹（《扶寿精方·药酒门》）

组成：何首乌一两（去皮），赤白一两，生地黄（肥嫩者）八两，熟地黄（鲜嫩者，俱忌铁）、白茯苓（去皮）、莲蕊、桑椹子（紫黑者）、甘菊花（家园黄白二色）、槐角子（十一月十一日采，炒黄）、五加皮（真正者）各四两，天门冬（去心）、麦门冬（去心）、茅山苍术（去皮，泔浸一宿，忌铁）二两五钱，石菖蒲（一寸九节者）、苍耳子（炒，捣去刺）、黄精（鲜肥者）、肉苁蓉（酒洗，去甲心膜）、甘枸杞（去蒂，捣碎）、人参、白术（极白无油者）、当归（鲜嫩者）、天麻（如牛角尖者）、防风（去芦）、牛膝（酒洗）、杜仲（姜汁浸一宿，炒断丝）、粉甘草（去皮，炙）、沙苑白蒺藜（炒，舂去刺）。

功效：强健身体，延年益寿。

主治：宿病咸愈，身体强壮，须发不变，耳目聪明，齿牙坚固，精神胜常。

用法：上锉，生绢袋盛，无灰醇酒九斗，瓷坛中春浸十日，夏浸七日，秋冬浸十四日，取出药袋，控干，晒，碾为末，炼蜜丸，如梧桐子大。每服五十丸，无灰酒送下。（原方用法）

说明：方中沙苑白蒺藜根据"舂去刺"的说法，乃刺蒺藜，又名白蒺藜，非沙苑蒺藜。

（4）枸杞补酒方（此方为作者在临床中经过多年实践总结的一首经验方，载于作者所编写的《中医食疗学》《临床中药学解悟》《中药谚语集成》《食饮秘典为您解困惑》《方药传心录》。）

组成：枸杞子 100 克，三七 50 克，红参 50 克，海马 10 克，当归 50 克，黄精黄 50 克，熟地黄 50 克，五加皮 10 克。

功效：补益气血，强壮肝肾。

主治：多种虚损病证，如体质虚弱、乏力、怕冷、早泄、疲倦乏力、精神萎靡不振、消瘦等。经常少量饮用可增强抗病能力，延缓衰老，养颜滋补，补精益气等多种作用。此方为以补虚强壮为主的药物组方，是按照酒剂的特点选药的。方中枸杞子甘甜可口，因具有补益气血阴阳诸多作用，泡药酒为首选之品，并重用。红参具有良好的补益之功，通过补气也能生血，为常用的强壮药物。当归补血活血，并能防补药滋腻。熟地补血生精，其味甜，可使酒剂甘甜可口。三七活血补虚，促进血液运行。海马温肾壮阳，黄精补阴，为常用的保健强身要品。诸药配伍则气血阴阳皆补。五加皮防止酒生痰，为酒剂要药。李时珍认为泡药酒如果加用五加皮，饮酒不会生痰，但一般所用的量不能大。此酒味道甘甜，入口平和，无刺激性，具有补益气血阴阳等诸多作用。

用法：将上述药物浸泡在45度左右白酒，酒的度数高不超过48度，低不低于42度，即42～48度之间的酒的度数为好，浸泡半月后饮用，每日每次不超过50毫升。此药酒方刚开始饮用时味苦，慢慢则味道变成甜的，这主要是因为方中五加皮味苦的原因。此方为强壮补剂，坚持服用，具有良好的补益作用。泡药酒不要用高度酒，因为高度酒（指53度以上的酒）刺激性强，也容易使药材硬化。也不能用太低度数的酒，因为这样容易导致药材变质。

感冒、头痛、发热、哮喘、肺结核、咯血、高血压、冠状动脉粥样硬化性心脏病、神经衰弱、肝硬化、急慢性胃炎、胰腺炎、糖尿病、痛风、骨折、阳痿、酒精过敏者不宜饮用此酒。

（5）熟地黄补酒（验方）

组成：熟地黄、当归身、菊花各30克，桂圆肉20克，枸杞子100克，五加皮10克，白酒1000克。

功效：强身健体，养生防病。

主治：血虚精亏、面色不华、头晕目眩、视物昏花、睡眠不安、心悸、健忘等症。常饮能增强抗病能力，延缓衰老。此方以熟地黄为主，因为其补益作用强，加之味甜，口感好，为常用之滋补药材。

用法：将上药盛入绢袋内，悬于坛中，加入酒封固，窖藏半个月以上便可饮用。每日50毫升，可以分1～2次饮用。

（6）枸杞酒（《调疾饮食辩·卷二》）

组成：枸杞子。

功效：补益肝肾，强壮固精。

主治：阴阳气血亏虚，阳痿，大服轻身不老，精寒无子。

用法：九月十日取生湿枸杞子一升，清酒六升，煮五沸，出取研之，熟滤取汁，令其子极净，暴子令干，捣末和前汁，微火煎，令可丸，酒服二方寸匕，日二，加至三方寸匕，亦可丸服五十丸。

（7）侧子酒（《千金要方·卷七·酒醴》）

组成：侧子、牛膝、丹参、山茱萸、蒴藋根、杜仲、石斛各四两，防风、干姜、川椒、细辛、独活、秦艽、桂心、川芎、当归、白术、茵芋各三两，五加皮五两，薏苡仁二升。

功效：行气活血，补益肝肾。

主治：风湿痹不仁，脚弱不能行。

用法：上二十味，㕮咀（用口将药物咬碎，以便煎服，后用其他工具切片、捣碎或锉末，但仍用此名），绢袋盛，清酒四斗，渍六宿。初服三合，稍加以知为度，患目昏头眩者弥精。

说明：方中侧子即附生于附子的小根。蒴藋根具有祛风除湿，活血散瘀作用，现临床少用。芎䓖即川芎。茵芋具有祛风除湿作用，现少用。

（8）五加酒（《千金要方·卷十二·风虚杂补酒煎》）

组成：五加皮、枸杞根皮各一斗。

功效：强壮筋骨，祛除虚热。

主治：虚劳不足，骨蒸劳热。

用法：上二味，㕮咀，以水一石五斗，煮取汁七斗，分取四斗，浸曲一斗，余三斗用拌饭下米，多少如常酿法，熟压取服之，多少任性，禁如药法，倍日将息。（原方用法）

祛除风湿药酒方

风湿病证一般病程较长，与长期感受湿邪有关，用药酒治疗效果好，其特点是既能治病，又能增强体质，并且可以坚持，免除煎药的麻烦。常选用的药物有当归、海马、羌活、独活、五加皮、桑寄生、白花蛇、乌梢蛇、蜈蚣、全蝎等。

（1）巴戟天酒（《千金要方·卷十二·风虚杂补酒煎》）

组成：巴戟天、牛膝各三斤，枸杞根皮、麦门冬、地黄、防风各二斤。（原方剂量）

功效：补肾温阳，强腰祛湿。

主治：虚羸阳道不举，五劳七伤百病，能食下气。

用法：上六味并生用，如无生者，用干者，亦得㕮咀，以酒一石四斗浸七日，去滓，温服。常令酒气相续，勿至醉吐，慎生冷、猪、鱼、油、蒜。春七日，秋冬二七日，夏勿服。先患冷者，加干姜、桂心各一斤；好忘，加远志一斤；大虚劳，加五味子、苁蓉各一斤；阴下湿，加五加根皮一斤。有石斛加一斤佳。每加一斤药，即加酒七升。此酒每年入九月中旬即合，入十月上旬即服。设服余药，以此酒下之大妙。滓暴干捣末，以此酒服方寸匕，日三益佳。常加甘草十两佳，虚劳加黄芪一斤。（原方用法）

（2）史国公药酒（《扶寿精方·药酒门》）

组成：苍耳子（炒香，碾碎，四两，治风湿骨节顽麻），当归（一方用三两，补血生血），牛膝（治手足麻痹，补髓行血），羌活（一方止用一两，治风湿百节疼痛），防风（治肢体拘急），川萆薢（色白酥炙，一方止三两，治骨节疼痛），松节（壮筋骨），秦艽（治四肢拍急言蹇），干茄根（蒸熟，一方用八两，治风湿骨节不能屈伸），晚蚕沙（炒黄，一方三两，治瘫患百节不遂，皮内顽麻），虎茎骨（酥炙，去内毒气，壮筋骨）、鳖甲（九肋者佳，稣炙，各二两，治瘫痪），甘枸杞（一两，一方五两，治五脏风邪并明目），脚中湿步艰者加威灵仙（一两）。（原方剂量）

功效：祛风除湿，强壮筋骨。

主治：因浸酒一斛，初患手足拘挛，起伏不便，服酒三升，手能栉洗，三升半，屈伸渐有力，五升后，言语清爽，步履轻便，百节通畅，宿疾脱落矣。

用法：上锉片，生绢袋盛，无灰酒一坛浸，固泥坛口，二十七日启坛，早暮服二三杯，渣晒干为末，酒糊丸，梧桐子大，空心三五十丸，酒下。（原方用法）

说明：原方中的虎茎骨可以用其他兽骨代之。

（3）白花蛇酒（《本草纲目·卷四十三·白花蛇》）

组成：白花蛇一条，温水洗净，头尾各去三寸，酒浸，去骨刺，取净肉一两。入全蝎炒、当归、防风、羌活各一钱，独活、白芷、天麻、赤芍药、甘草、升麻各五钱。（原方剂量）

功效：祛风活络、解毒止痛。

主治：治诸风无新久，手足缓弱，口眼㖞斜，语言蹇涩，或筋脉挛急，肌肉顽痹，皮肤燥痒，骨节疼痛，或生恶疮、疥癞等疾。（原方主治）

用法：将上药锉碎，以绢袋盛贮。用糯米二斗蒸熟，如常造酒，以袋置缸中，待成，取酒同袋密封，煮熟，置阴地七日出毒。每温饮数杯，常令相续。此方乃蕲人板印，以侑蛇馈送者，不知所始也。（原方用法）

（4）石斛酒（《千金要方·卷七·酒醴》）

组成：石斛、丹参、五加皮（各五两），侧子、秦艽、杜仲、山茱萸、牛膝（各四两），桂心、干姜、羌活、川芎、橘皮、黄芪、白前、川椒、茵芋、当归（三两），薏苡仁（一升），防风（二两），钟乳（八两，捣碎，别绢袋盛，系大药袋内）。（原方剂量）

功效：补益肝肾，散寒通经。

主治：风虚气满，脚疼痹挛，弱不能行。

用法：上二十一味㕮咀，以酒四斗渍三日，初服三合，日再，稍稍加以知为度。（原方用法）

（5）松叶酒（《千金要方·卷七·酒醴》）

组成：松叶。

功效：祛风除湿。

主治：脚弱十二风痹不能行，服更生散数剂，及众治不得力，服此一剂便能远行，不过两剂。

用法：松叶六十斤㕮咀，以水四石，煮取四斗九升，以酿五斗米如常法。别煮松叶汁，以渍米并馈饭，泥酿封头七日发，澄饮之取醉，得此力者甚众，神妙。（原方用法）

（6）祛风药酒方（《惠直堂经验方·卷二·诸风门》）

组成：生地黄、当归、枸杞、丹参各一两，熟地黄一两五钱，茯神、地骨皮、牡丹皮、川芎、白芍、女贞子各五钱，薏苡仁、杜仲、秦艽、续断各七钱五分，牛膝四钱，桂枝二钱五分，桂圆肉四两。（原方剂量）

功效：补血养阴，祛风通络。

主治：风湿腰痛，血热。

用法：黄酒二斗，绢袋盛药，浸七日随用。（原方用法）。也可以用白酒浸药。

（7）三蛇愈风丹（《本草纲目·卷四十三·白花蛇》）

组成：白花蛇、乌梢蛇、土蝮蛇各一条。

功效：祛风止痒，通络止痛。

主治：治疠风，手足麻木，眉毛脱落，皮肤瘙痒，及一切风疮。

用法：三蛇并酒浸，取肉晒干，苦参头末四两，为末，以皂角一斤切，酒浸，去酒，以水一碗，挼取浓汁，石器熬膏，和丸梧子大。每服七十丸，煎通圣散下，以粥饭压之，日三服。三日一浴，取汗避风。（原方用法）

（8）鲁公酒（《千金翼方·卷十六·诸酒》）

组成：细辛半两，茵芋、乌头（去皮）、踯躅各五分，木防己、天雄（去皮）、石斛各一两，柏子仁、牛膝、山茱萸、通草、秦艽、桂心、干姜、干地黄、黄芩（一作黄芪）、茵陈、附子（去皮）、瞿麦、王荪（一作王不留行）、杜仲（炙）、泽泻、石楠、防风、远志各三分，去心。（原方剂量）

功效：祛风散寒，活血止痛。

主治：主百病风眩心乱，耳聋目瞑泪出，鼻不闻香臭，口烂生疮，风齿瘰疬，喉下生疮，烦热厥逆上气，胸胁肩髀痛，手不上头，不自带衣，腰脊不能俯仰，脚酸不仁，难以久立。八风十二痹，五缓六急，半身不遂，四肢偏枯，筋挛不可屈伸，贼风咽喉闭塞，哽哽不利，或如锥刀所刺，行人皮肤中无有常处，久久不治，入人五脏，或在心下，或在膏肓，游行四肢，偏有冷处，如风所吹，久寒积聚风湿。五劳七伤，虚损万病方。（原方主治）

用法：上二十五味，切，以酒五斗渍十日，一服一合，加至四五合，以知为度。（一方加甘草三分）

温肾散寒药酒方

用温阳补肾散寒的方药治疗肾阳虚寒证，肾阳为人身元阳，阳虚诸症多与肾阳不足关系密切，故补阳以补肾阳为主，症见形寒肢冷、腰膝酸软、阳痿早泄、自汗怕冷、虚喘耳鸣、尿清便溏、神疲乏力等。常用药物有杜仲、锁阳、附子、肉桂、淫羊藿、巴戟天、仙茅、肉苁蓉、补骨脂等。

（1）杜仲酒（《千金翼方·卷十六·诸酒》）

组成：杜仲（八两，炙），羌活（四两），石楠（二两），大附子（三枚，去皮）。（原方剂量）

功效：强壮筋骨，温肾散寒。

主治：主腰脚疼痛不遂风虚。

用法：上四味，切，以酒一斗渍三宿，服二合，日再。

（2）钟乳酒（《千金要方·卷七·酒醴》）

组成：钟乳（八两），丹参六两，石斛、杜仲、天门冬各五两，牛膝、防风、黄芪、川芎、当归各四两，附子、桂心、秦艽、干姜各三两，山茱萸、薏苡仁各一升。

功效：活血化瘀，温经散寒。

主治：治风虚劳损，脚疼冷痹羸瘦挛弱不能行。

用法：上十六味㕮咀，以清酒三斗渍之三日，初服三合，日再，后稍加之，以知为度。

（3）鹿茸酒（《本草纲目·卷五十一·鹿》）

组成：嫩鹿茸一两，去毛切片，山药末一两。

功效：温肾壮阳，补益虚损。

主治：治阳事虚痿，小便频数，面色无光。

用法：将二药绢袋裹，置酒坛中，七日开瓶，日饮三盏。将茸焙作丸服。

（4）鹿茸驱寒酒（验方）

组成：鹿茸5克，人参10克，当归50克，制川乌、制草乌、红花、陈皮、炮姜、甘草各20克。

功效：温肾散寒，活络止痛。

主治：风湿痹痛之四肢麻木、筋骨酸痛、腰膝乏力、老伤复发等症。

用法：上药粉碎成粗粉，置于白酒中，再入蜂蜜200克。酒要高于药面3厘米。浸泡半月后饮用，每日30毫升，可以分1～2次饮用。此药酒方不能多饮，因方中所用川乌、草乌有毒，但其中蜂蜜可解川乌、草乌毒。

（5）仙灵脾酒（《本草纲目·卷十二·淫羊藿》）

组成：淫羊藿。

功效：补肾壮阳，散寒止痛。

主治：阳痿，腰膝冷痛。

用法：用淫羊藿一斤，酒一斗，浸三日，逐时饮之。（原方用法）

（6）壮腰补肾酒（验方）

组成：鹿茸片10克，巴戟20克，肉苁蓉30克，川杜仲30克，人参20克，蛤蚧1对，川续断30克，骨碎补30克，冰糖80克。

功效：壮阳补肾，强筋健骨。

主治：肾虚腰膝酸软乏力，阳痿，性欲淡漠，低血压，腰酸无力等。

用法：将上药浸入45度白酒中，1个月后饮用，每次10～20毫升。

（7）对虾酒（《本草纲目拾遗·卷十》）

组成：对虾。

功效：补肾兴阳，强壮腰膝。

主治：肾虚阳痿。

用法：将对虾一对洗净，置于瓷罐或瓶中，以50度白酒200毫升浸泡，每日随量饮用，也可以作为佐餐。

（8）延龄固本酒（《万病回春·卷四·补益》）

组成：天门冬（水泡，去心），麦门冬（水泡，去心），生地黄（酒洗），熟地黄（酒蒸），山药、牛膝（去芦，酒洗），杜仲（去皮，姜酒炒），巴戟（酒浸，去心），五味子、枸杞子、山茱萸（酒蒸，去核），白茯苓（去皮），人参、木香、柏子仁各二两，老川椒、石菖蒲、远志（甘草水泡，去心）、泽泻各一两，肉苁蓉（酒洗，四两），覆盆子、车前子、菟丝子（酒炒烂捣成饼，焙干）、地骨皮各一两半。妇人，加当归（酒洗）、赤石脂（煨）各一两（原方剂量）。

功效：强身固本，补益虚损。

主治：治五劳七伤，诸虚百损，颜色衰朽，形体羸瘦，中年阳事不举，精神短少，未至五旬须发先白，并左瘫右痪，步履艰辛，脚膝疼痛，小肠疝气，妇人久无子息，下元虚冷。

用法：上为细末，好酒打稀面糊为丸，如梧桐子大。每服八十丸，空心温酒送下。服至半月，阳事雄壮；至一月，颜如童子，目视十里，小便清滑；服至三月，白发返黑。久服，神气不衰，身轻体健，可升仙位。（原方用法）

健运脾胃药酒方

脾胃功能不佳，对食欲、消化、吸收有很大影响。保养脾胃，防止脾胃受损，除可以进食药物调理外，也可以用药酒预防脾胃疾病。平时应注意保养脾胃，要注意保暖，避免受冷，也要保持良好的情绪。

（1）缩砂酒（《调疾饮食辩·卷二》）

组成：砂仁。

功效：行气止痛，安胎。

主治：除心腹痛，消食积，胎气不安。

用法：将砂仁研粗末浸酒，每次 30 毫升。

（2）健脾酒（验方）

组成：人参、白术、莲子、黄精、龙眼、大枣、百合、山药、白扁豆、薏苡仁各 50 克，五加皮 25 克，冰糖适量。

功效：健脾益胃，补益气血。

主治：脾气虚弱，气血不足之食欲不振、精神萎靡、失眠健忘、心悸多梦、脾虚腹泻、贫血、月经不调、白带过多等症。

用法：将上述药材置于白酒中浸制，酒高于药面 3 厘米。每日 50 毫升，可以分 1 ~ 2 次饮用。此方的口感是甜的，口感好，坚持应用，可达到强壮作用。

（3）养胃酒（验方）

组成：木香 20 克，砂仁 20 克，丁香 3 克，檀香 10 克。

功效：健脾开胃，增进食欲。

主治：脾胃不适、食欲不振、脘腹胀痛等症。

用法：将以上药捣碎成末，放入纱布袋中封口，入蜂蜜 100 克，置于白酒瓶中密封浸泡，半月后饮用。

（4）佛手酒（验方）

组成：佛手。

功效：醒脾开胃，疏肝理气。

主治：脾胃气滞，肝气郁结之情志抑郁、食欲不振、胸胁胀满、恶心呕吐、咳嗽多痰等症。

用法：佛手洗净，晾干后投入酒中，密封浸泡半个月后饮用，每日 2 次，每次饮服 20 ~ 30 毫升。

（5）温脾酒（验方）

组成：干姜 30 克，甘草 30 克，大黄 15 克，人参 20 克，制附子 20 克。

功效：温中通便，温胃散寒。

主治：脘腹冷痛，大便秘结或久痢等症。

用法：上药共捣细，置于净瓶中，倒入黄酒浸之，经 15 天后开启去渣备用。

每日早、晚各 1 次，每次饮 20 ~ 40 毫升。

（6）白术酒（验方）

组成：白术。

功效：健脾祛湿，益气补中。

主治：脾胃虚弱之食欲不振、精神萎靡、大便失常。

用法：将白术置于白酒中浸泡，半月后饮服。

（7）茴香酒（验方）

组成：小茴香。

功效：散寒止痛，理气和胃。

主治：肝、脾、肾三经血凝气滞所致的胸胁腰腹胀满、脚气攻心、疝气偏坠。

用法：将小茴香浸置于白酒中，半月后饮用。

（8）木香酒（《调疾饮食辩·卷二》）

组成：木香。

功效：调理脾胃，行气止痛。

主治：胸腹胀满，一切气滞不行。

用法：将木香研末，浸入白酒中。

养颜美容药酒方

脸上的雀斑、黄褐斑常常令人苦恼，这类病症往往多见于肝郁气滞，伴随有胸胁胀痛、月经不调，或伴有胸闷、气短、善太息、抑郁等。用黄酒泡上一些疏肝理气的中药，可以起到养颜祛斑的作用。养颜酒多用黄酒浸泡。

（1）地黄酒（《千金翼方·卷十六·诸酒》）

组成：生地黄汁一石。

功效：养阴生津，美白肌肤。

主治：身体虚弱，皮肤黧黑。

用法：煎取五斗，冷渍曲发，先淘米暴干，欲酿时，别煎地黄汁，如前法渍米一宿，漉干炊酿，一如家酿法，拌馈亦以余汁，酘酘皆然，其押出地黄干滓，亦和米炊酿之，酒熟讫封七日押取，温服一盏，常令酒气相接。慎猪、鱼，服之百日，肥白，疾愈。（原方用法）

（2）枸杞酒（《千金翼方·卷十三·酒膏散·枸杞酒》）

组方：枸杞根一斤、干地黄末、干姜末、商陆根末、泽泻末、椒末、桂心末各一升。

功效：祛除瘢痕，美颜健身。

主治：皮肤瘢痕。因疮疡、跌打伤损皮肤、烫火伤、扭挫伤、手术等瘥后所致。一般轻者可留有色斑，重则可形成瘢痕。本病发生在关节活动部位，因瘢痕挛缩，可不同程度的影响其功能活动。发生于面、颈等部位影响美观。

用法：上六味，盛以绢袋，纳酒中，密封口，埋入地三尺，坚覆上二十日。沐浴整衣冠，向仙人再拜讫，开之，其酒当赤如金色。平旦空肚服半升为度，十日万病皆愈，二十日瘢痕灭。恶疾人以一升水和半升酒分五服，服之即愈。若欲食石者，取河中青白石如枣杏仁者二升，以水三升煮一沸，以此酒半合居中，须臾即熟可食。（原方用法）

（3）柏子仁酒（验方）

组成：柏子仁、制何首乌、肉苁蓉、黄精各100克。

功效：滋润五脏、悦泽颜色。

主治：肝肾不足所致的腰膝酸软、面色皮肤干燥、头发萎黄或者早白，或脱发，大便干燥。

用法：将上四味药材置容器中，加入白酒，密封，每日振摇1次，浸泡1天后饮用，每次50毫升。

（4）桃花酒（验方）

组成：桃花、玫瑰花、黄精、当归、蜂蜜各50克。

功效：驻颜活血，补血润肤。

主治：面色晦暗、黄褐斑，或妊娠产后面黯，皮肤干燥，此药酒能够使面色红润、肌肤细嫩、有光泽、弹性好。

用法：将药材浸泡在白酒中，半月后饮用，每日10毫升。此酒中桃花有泻下作用，有减肥瘦身的特点，故每次饮用不能太多。此酒芬芳馥郁，玫瑰花香突出，饮之口爽神怡，愉悦情志，使人舒适。

（5）固本酒（《扶寿精方·药酒门》）

组成：生熟地黄、白茯苓（去皮，各三两），天麦门冬（酒润，去心）、人参

（各一两）（原方剂量）

功效：补益气阴，嫩肤美容。

主治：妇人下虚寒，胡桃连皮作引饮之，久则能生子。治劳疾，补虚弱，乌须发，美容颜，久服面如童子。忌莱菔、葱、蒜、豆饭。

用法：上药切片，用瓷瓶盛好酒十大壶，浸药三日，文武火煮一二时，以酒黑色为度。如上热，减人参五钱。如下虚或寒，将韭子炒重黄色为末，空腹服三五杯，用铜钱抄韭末一钱，饮之。（原方用法）

（6）冬虫夏草养身酒（验方）

组成：冬虫夏草 5 克，枸杞子 100 克，黄精、黄芪、龙眼肉各 50 克，人参、当归身各 30 克。

功效：补气血，养身益寿。

主治：身体虚弱，精神不振，疲乏无力等。服用可使面色红润光泽，为温和的健身酒。

用法：将上药泡酒，每日早、晚各服 1 次，每次量不宜超过 20 毫升，老年人以 10 ~ 15 毫升为佳。

（7）黄精酒（《奇效良方·卷二十一》）

组成：黄精、苍术各四斤，枸杞根五斤，松叶九斤，天门冬三斤，去心。（原方剂量）

功效：补益虚羸，延年补寿。

主治：主多种疾病，如身体虚弱、颜面萎黄、发白再黑、齿落更生。

用法：将药材浸泡在白酒中，半月后饮用。每次 50 毫升，每天 1 次。

（8）红颜酒（《万病回春·卷四·补益》）

组成：胡桃（仁泡，去皮）四两，小红枣四两，白蜜四两，酥油二两，杏仁（泡，去皮、尖，不用双仁，煮四五沸，晒干）一两。（原方用量）

功效：养颜嫩肤，补虚强身。

主治：皮肤粗糙，晦暗无光泽。

用法：上药用自造好酒一坛，先以蜜、油溶开入酒，随将三药入酒内浸三七日，每早、晚服二三杯甚妙。（原方用法）

活血化瘀药酒方

瘀血病证可以发生于身体任何部位，尤其是老年人应适当用些活血药，以促进血液的运行。药材常可以选用具有活血化瘀作用的药物，如当归、川芎、延胡索、红花、桃仁、郁金、三七、丹参等。

（1）三七活血酒（验方）

组成：三七、檀香、丹参、山楂、当归、柏子仁、延胡索各 50 克。

功效：安神镇静、和血止痛。

主治：心血瘀阻之心悸怔忡、头昏目眩、失眠健忘、多梦、记忆力下降、胸部刺痛、舌质紫暗、脉象沉涩等症。

用法：浸白酒中半月后饮用，每日饮用 50 毫升。

（2）当归治损药酒（验方）

组成：当归 50 克，川续断 30 克，三七 10 克，苏木 30 克，川芎 30 克，红花 20 克，延胡索 20 克，香附 30 克，冰糖 100 克，白酒 1000 毫升。

功效：活血化瘀，通络止痛。

主治：跌打损伤，肌肉筋骨肿胀，疼痛。跌打损伤多会出现瘀血，要选用具有活血化瘀作用的药物进行治疗，三七是治疗跌打损伤最常用的药物。

用法：将药材浸泡酒中 1 个月。每次服 30 ~ 50 毫升。亦可外搽患处。

（3）红花活血酒（验方）

组成：红花 20 克，当归 20 克，牛膝 30 克，生地黄 30 克，细辛 20 克，丹参 50 克，制附子 20 克，川芎 30 克，大枣 20 枚，白酒 2000 毫升。

功效：温经散寒，活血化瘀。

主治：寒湿、血瘀所致患肢肢端疼痛、苍白或紫暗，受寒加重，四肢不温。

用法：将药材置容器中，加入白酒，密封，浸泡半月后饮用。口服，每日 1 次，每次 50 毫升。

（4）喇嘛酒方（《随息居饮食谱》）

组成：胡桃肉、龙眼肉各四两，枸杞子、何首乌、熟地黄各一两，白术、当归、川芎、牛膝、杜仲、豨莶草、茯苓、丹皮各五钱，砂仁、乌药各二钱五分。（原方剂量）

功效：滋补肝肾，养血柔筋。

主治：半身不遂，风痹麻木。

用法：上十六味，绢袋盛之，入瓷瓶内，浸醇酒五斤，隔水煎浓候冷，加滴花烧酒十五斤，密封七日饮。

（5）当归酒（《本草纲目·卷十四·当归》）

组成：当归三两，切。

功效：活血化瘀，补血通络。

主治：手臂疼痛，筋痿，各种疼痛，月经不调。

用法：酒浸三日，温饮之。饮尽，别以三两再浸，以瘥为度。

（6）延胡酒（《本草纲目·卷十三·延胡索》）

组成：玄胡索、当归、桂心等分。

功效：活血化瘀，温经止痛。

主治：冷气腰痛，又治气滞、血瘀、寒凝、经前腹痛。

用法：上三药为末，温酒服三五钱，随量频进，以止为度，遂痛止。

（7）舒络酒（验方）

组成：三七 20 克（打碎或切片），当归 30 克，川续断 30 克，延胡索 30 克，苏木 20 克，红花 20 克，香附 20 克，川芎 10 克，冰糖 80 克。

功效：活血化瘀，行气止痛。

主治：跌打损伤旧患，肌肉筋骨疼痛。

用法：将上药浸泡白酒中，每次服 20 ～ 30 毫升，每日 2 次。亦可外搽患处。

（8）跌打止痛酒（验方）

组成：生川乌 10 克，生草乌 10 克，樟脑 20 克，大黄 20 克，冰片 5 克，细辛 10 克，延胡索 30 克，苏木 20 克。

功效：活血散瘀，舒筋止痛。

主治：各种疼痛。

用法：将上述药物放入高度酒中，半月后以酒外搽患处，每日 3 ～ 5 次。皮肤破损处忌搽。此酒有毒，严禁内服，严禁入眼。

乌须黑发药酒方

须发变白与肝肾亏虚、精血不足有极为密切的关系。若肝肾不足，常见须发早白、脱发、腰膝酸软、头晕耳鸣、神疲乏力、头痛、面色萎黄不华及失眠、健忘、遗精早泄、女子月经不调等症，治疗多补益肝肾，充达气血。

（1）首乌乌发酒（验方）

组成：制何首乌 20 克，生地黄 20 克，黑芝麻 50 克，当归 30 克，黄酒 1000 毫升。

功效：补益肝肾，乌须黑发。

主治：腰酸膝软，预防或治疗头发发白，早脱。

用法：将上述药材捣碎，用纱布袋包好，浸入黄酒，密封贮存。每次服 30 毫升，每日 2 ~ 3 次。补肝肾，养精血，清热生津，乌发。

（2）白菊花酒《本草纲目·卷十五·菊花》

组成：白菊花软苗及菊花。

功效：清热解毒，清肝明目。

主治：治丈夫妇人久患头风眩闷，头发干落，胸中痰壅，每发即头旋眼昏，不觉欲倒者，是其候也。先灸两风池各二七壮，并服此酒及散，永瘥。

用法：春末夏初，收白菊软苗，阴干捣末，空腹取一方寸匕，和无灰酒服之，日再服，渐加三方寸匕。若不饮酒者，但羹粥汁服，亦得。秋八月合花收暴干，切取三大斤，以生绢袋盛，贮三大斗酒中，经七日服之，日三次，常令酒气相续为佳。

（3）侧柏叶生发酒（《常用中药配伍速查手册》《方药传心录》）

组成：侧柏叶、三七、红参、天麻、制首乌、当归、骨碎补各 50 克。

功效：补肾祛风，生发乌发。

主治：多种原因所致脱发、白发、头皮屑过多、头皮痒。此方立足于祛风、活血、补肾三大原则。方中侧柏叶乃是治疗脱发要药，在古代的本草书中即有记载。天麻祛风，因头居上巅，风邪最易袭之，而头部受到风邪的侵蚀，就会导致头发掉落，故以其祛风，从而达到固发之功。三七活血，若血瘀导致气血运行不畅，就会导致头发异常，故以其活血兼养血而生发。制首乌补益肝肾，而头发的生长与肾的关系最为密切，取制首乌补益作用，达到乌发生发的作用，此乃是治疗头发异常的要药。骨碎补补肾，尤对肾虚脱发效果好。当归养血，发乃血之余，若血虚头发得不到濡润就会掉落，故取其补血生发。人参补气，气能生血，而血足则能固发。全方具有祛风活血、补气养血、滋养肝肾之功，共凑生发乌发之效。

用法：将上述药物一同浸入到45度白酒中，浸泡半月后，以此酒外搽。不拘次数。要坚持应用，一般在用药1个月后出现效果。所用白酒的度数不能太高，因为会影响药的成分溶出，也不能太低，因为会影响药酒的保管，甚至变质。以药酒外搽，使药物可以直达病所，药汁直接作用于头发促其生长。此方为作者治疗脱发的一首经验方。

（4）黑芝麻乌发酒（验方）

组成：黑芝麻、枸杞子、生地黄各等量。

功效：滋阴养肝，乌须黑发。

主治：阴虚血热、头晕目眩、须发早白、头发干燥、口舌干燥等。

用法：将以上3味药置于容器中，加入白酒中，密封。放置30日后，每次服10～20毫升，每日服1～2次。

（5）黑发酒（验方）

组成：女贞子、旱莲草、桑椹子各等量。

功效：滋补肝肾，乌发益寿。

主治：肝肾不足所致的头晕、目眩、腰膝酸困、须发早白、耳鸣等。

制法：将上3味药入瓶中加酒，密封，半月后饮用，并以此酒外搽。

（6）补肾乌发酒（验方）

组成：制首乌200克，茯苓100克，枸杞子80克，川牛膝、菟丝子、山药、炒杜仲各60克，补骨脂50克。

功效：填精补髓，乌须延年。

主治：肾虚之早衰、腰膝酸软、耳鸣遗精、须发早白。

用法：将上药研成粗末，装入纱布口袋，置干净容器中，加入白酒浸泡。每日早、晚各1次，每次20～30毫升。

（7）首乌当归酒（验方）

组成：何首乌30克，熟地黄30克，当归10克。

功效：补益精血，乌发助肾。

主治：须发早白、腰酸、头晕、耳鸣等。

用法：将3味药洗净，切碎，用纱布包，置于容器中，加入白酒中浸泡，浸泡半月后，每次空腹温服10～20毫升，每日服1～2次。

（8）一醉不老丹酒（《扶寿精方·药酒门》）

组成：莲子蕊、生熟地黄、槐角子、五加皮各三两，没石子三雌三雄。（原方剂量。注：没石子为蜂科没食子蜂的幼虫，分雌雄，故原文有三雌三雄之说，即没食子六只）。

功效：补肾固精，养血乌须。

主治：腰膝无力、遗精滑泄、精神萎靡、须发早白等症。

用法：将上药石臼杵碎，生绢袋盛，无灰酒十斤，夏月浸十日，秋二十日，春冬一月，取起袋控，晒干，为末。用大麦二两，炒和前末，炼蜜为丸，每一钱作一饼，以薄荷为细末，一层末，一层饼，瓷器贮，忌铁。每饭后噙化几饼，前酒任意饮之。须连日饮尽，顿久恐泄味，如饼难咽，以酒下之。（原方用法）此将药渣利用起来，做丸药服用，体现了药酒与药丸并用的特点，使疗效有所提高。

补益气血药酒方

（1）菊花酒（《千金翼方·卷十六·诸酒》）

组成：菊花、杜仲（各一斤，炙），独活、钟乳（研）、萆薢（各八两），茯苓（二两），紫石英（五两），附子（去皮）、防风、黄芪、肉苁蓉、当归、石斛、桂心（各四两）。

主治：主男女风虚寒冷，腰背痛。食少羸瘦无色，嘘吸少气，去风冷，补不足。

功效：补益虚损，温补气血。

用法：上十四味，切，以酒七斗渍五宿，一服二合，稍渐加至五合，日三。（《千金》有干姜）

（2）还童酒方（《回生集·卷上》）

组成：熟地黄三两，生地黄四两，全当归四两，川萆薢二两，羌活一两，独活一两，淮牛膝二两，秦艽三两，苍术二两，块广皮二两，川断二两，麦冬三两，枸杞二两，川桂皮五钱，小茴香一两，乌药一两，丹皮二两，宣木瓜二两，五加皮四两。（原方剂量）

功效：强筋健骨，补益肝肾。

主治：久服能添精补髓，强壮筋骨，祛风活经络，大补气血，如加蕲蛇、虎骨更妙。（原方主治）

用法：上药十九味，绢袋盛贮，用陈酒五十斤，好烧酒亦可，汤煮三炷香，埋土中三日，早晚饮三五杯。

（3）黄芪酒（《千金要方·卷七·酒醴》）

组成：黄芪、乌头、附子、干姜、秦艽、川椒、川芎、独活、白术、牛膝、苁蓉、细辛、甘草各三两，葛根、当归、菖蒲各二两半，山茱萸、桂心、钟乳、柏子仁、天雄、石斛、防风 各二两，大黄、石南各一两。（《胡洽》有泽泻三两，茯苓二两，人参、茵芋、半夏、栝楼、芍药各一两，无秦艽、川芎、牛膝、肉苁蓉、甘草、葛根、当归、菖蒲、钟乳、大黄，为二十二味，名大黄芪酒。）

功效：补益气血，通经活络。

主治：风虚脚疼，痿弱气闷，不自收摄兼补方。

用法：上二十五味，㕮咀，无所熬练，清酒三斗渍之，先食服一合，不知可至五合，日三。以攻痹为佳，大虚加苁蓉，下痢加女萎，多忘加菖蒲，各三两。

（4）八珍酒（《万病回春·卷四·补益》）

组方：当归（全用，酒洗）三两，南芎一两，白芍（煨）二两，生地黄（酒洗）四两，人参（去芦）一两，白术（去芦，炒）三两，白茯苓（去皮）二两，粉草（炙）一两半，五加皮（酒洗，晒干）八两，小肥红枣（去核）四两，核桃肉四两。（原方用量）

功效：滋补气血，调理脾胃。

主治：气血亏损引起的面黄肌瘦、心悸怔忡、精神萎靡，脾虚食欲不振、气短懒言、劳累倦怠、头晕目眩。

用法：上㕮咀，共装入绢袋内，用好糯米酒四十斤，煮二炷香，埋净土中五日夜，取出，过三七日，每晨、午、夕温饮一二小盏。（原方用法）

（5）填骨万金煎（《千金要方·卷十二·风虚杂补酒煎》）

组成：生地黄取汁三十斤，甘草、阿胶、肉苁蓉各一斤，桑根白皮（切）八两，麦门冬、干地黄各二斤，石斛一斤五两，牛髓三斤，白蜜十斤，清酒四斗，麻子仁三升，大枣一百五十枚，当归十四两，干漆二十两，蜀椒四两，桔梗、五味子、附子各五两，干姜、茯苓、桂心各八两，人参五两。（原方剂量）

功效：补益虚损，润肠通便。

主治：内劳少气，寒疝里急，腹中喘逆，腰脊痛，除百病。

用法：上二十三味，先以清酒二斗六升，纳桑根白皮、麻子仁、枣、胶，为刻识之，又加酒一斗四升，煮取至刻，绞去滓，内蜜、髓、地黄汁，汤上铜器煎，内诸药末，半日许使可丸止，大瓮盛，饮吞如弹丸一枚，日三。若夏月暑热，煮煎转味，可以蜜、地黄汁和诸药成末，为丸如梧子，服十五丸，不知稍加至三十丸。

（6）固本遐龄酒（《万病回春·卷四·补益》）

组成：当归（酒洗），巴戟（酒浸，去心），肉苁蓉（酒洗），杜仲（酒炒，去丝），人参（去芦），沉香、小茴香（酒炒），破故纸（酒炒），石菖蒲（去毛，青盐），木通、山茱萸（酒蒸，去核），石斛、天门冬（去心），熟地黄、陈皮、狗脊、菟丝子（酒浸蒸），牛膝（去芦），酸枣仁（炒），覆盆子（炒），各一两，枸杞子二两，川椒（去子）七钱，神曲（炒）二两，白豆蔻、木香各三钱，砂仁、大茴香、益智（去壳）、乳香各五钱，虎胫骨（酥炙）三两，淫羊藿新者四两，糯米一升，大枣一升，生姜二两，远志（甘草水泡去心）一两，新山药捣汁四两，捣汁，用小黄米明流烧酒七十斤。（原方剂量）

功效：补益肝肾，调理气血。

主治：肝肾虚损所致的少气无力、面黄肌瘦、食欲减退、精神不振、腰膝酸软、行走无力、阳痿、多梦、怔忡健忘、目昏眩晕、耳鸣耳聋。

用法：上为末，糯米、枣肉、黏饭同姜汁、山药汁、炼蜜四两和成块，分为四块，四绢袋盛之，入酒坛内浸二十一日取出热服。早、晚各饮一二盏，数日见效。（原方用法）

（7）人参固本酒（验方）

组成：何首乌60克，枸杞子60克，生地黄60克，熟地黄60克，麦门冬60克，天门冬60克，人参60克，当归60克，茯苓30克。

功效：补益气血，填精益髓。

主治：身体虚弱，精神疲惫，睡眠不佳，记忆力减退。

用法：将所有药材捣成碎末，装入纱布袋，入白酒浸泡，半月后饮用。每次20～30毫升，每日早、晚各1次，将酒温热，空腹服用。

（8）补血顺气药酒方（《医便·卷一》）

组成：天门冬（去心）、麦门冬（去心）各四两，怀生、熟地黄（肥大沉水，枯朽不用）各半斤，人参（去芦）、白茯苓（去皮）、甘州枸杞子（去梗）各二两，砂仁七钱，木香五钱，沉香三钱。

功效：清肺滋肾，补血顺气。

主治：身体匮乏，疲倦无力，须发早白，面色萎黄。

用法：上用瓦坛盛无灰好酒三十斤，将药切片，以绢袋盛放坛内，浸三日，文武火煮半时，以酒黑色为度。如热，去木香，减人参五钱；如下虚寒或，将韭子炒黄色，为细末，空心用酒三五盏，每盏挑韭末一铜钱饮之。妇人下虚无子，久饮亦能生子。用核桃连皮过口。此药甚平和，治痨疾，补虚损，乌须发，久服貌如童子。忌黄白萝卜、葱、蒜，否则令人须发易白。

（9）气血培补酒（验方）

组成：人参30克，黄芪30克，当归身20克，龙眼肉60克，熟地黄50克。川芎15克。

功效：补益气血，强壮身体。

主治：气血虚弱、面色苍白无光泽、乏力，或月经稀少色淡，月经来迟等。

用法：将上药浸泡白酒中，半月后饮用，每次服10～20毫升。

止咳化痰药酒方

咳嗽可分为外感咳嗽和内伤咳嗽两大类。外感咳嗽为感受六淫之邪，邪束肺机，肺失宣降而引起，分风寒咳嗽和风热咳嗽。内伤咳嗽主要为脏腑功能失调所致，与多个脏腑功能失调有关，常分为痰热咳嗽、痰湿咳嗽、阴虚咳嗽、气虚咳嗽、燥咳、木火刑金等证。治疗咳嗽的药酒有滋阴养血、润燥、散寒、补肾纳气、疏肝化痰、镇咳化痰等方法。

（1）冬虫夏草酒（验方）

组成：冬虫夏草50克，白酒500毫升。

功效：补肺益肾，止咳平喘。

主治：身体虚弱所致的多种疾患，如疲倦乏力、精神困顿、健忘失眠、咳嗽气喘、腰膝酸软等。

用法：将冬虫夏草捣碎，装入干净的瓶子中，加入白酒，加盖密封，置阴凉干燥处，1 个月后饮用，每次 10 ~ 20 毫升。

（2）白前酒（验方）

组成：白前 50 克，白酒 500 毫升。

功效：泻肺降气，化痰止嗽。

主治：咳嗽。

用法：将白前捣成粗末，装入纱布袋中，放入干净的器皿中，倒入白酒浸泡，1 个月后饮用，每次 20 ~ 50 毫升。

（3）紫苏子酒《肘后备急方》

组成：紫苏子 100 克。

功效：止咳化痰，下气定喘。

主治：治疗痰涎壅盛，肺气上逆作喘之证。

用法：将紫苏子微炒，研碎，绢袋盛，浸于 1 斤黄酒内，7 天后服。每次服 10 毫升，1 日 2 次。由于本品有滑肠耗气之弊，阴虚喘逆及脾虚便溏者忌用。

（4）桑白皮酒（验方）

组成：桑白皮 100 克。

功效：泻肺平喘。

主治：肺热咳喘，能泻肺热而下气平喘，泻肺行水而消痰。

用法：将桑白皮洗净，晒干，浸于米酒中，7 天后服。每次服 20 毫升，1 日 3 次。

（5）润肺止咳酒（验方）

组成：百部、黄精、天冬、枸杞各等量。

功效：润肺止咳，养颜美容。

主治：干咳少痰，面部蝴蝶斑、晦暗，腰膝酸软，精神萎靡。

用法：将上述药材浸泡在黄酒中，也可以用白酒，每天饮用 50 毫升。

（6）满山红酒（验方）

组成：满山红 60 克。

功效：止咳祛痰，平喘。

主治：反复咳嗽喘息，痰多。

用法：将满山红叶或花（映山红、杜鹃花）浸入1斤白酒，浸15天后饮用，每次服20毫升，1日2次。

（7）橘红止咳酒（验方）

组成：化州橘红、佛手、白前、百合、枇杷叶各50克。

功效：化痰止咳，理气健脾。

主治：对多种咳嗽及胸中痰滞、呕吐呃逆、饮食积滞、食积伤酒、呕恶痞闷、长期胃痛、气痛等有独特疗效。延年久咳嗽，得橘红一片如得千金。

用法：将上药置入白酒中，略加白糖浸泡后，半月后饮用。

（8）百部酒（验方）

组成：百部、紫菀、五味子、桂心、杏仁、干姜、皂荚、竹叶各50克。

功效：止咳化痰，润肺下气。

主治：痰涎壅盛、肺气上逆所致的多种咳嗽，如气嗽、饮嗽、燥嗽、冷嗽等。

用法：将上述药物打成粗粉，置入白酒中，半月后饮用。

调经止痛药酒方

妇科疾患以月经不调、痛经最为多见，采用药酒进行治疗的方法已有悠久的历史。痛经大多是因气滞、血瘀、寒湿凝滞、血脉不畅所致，将活血补血、温经散寒、理气通络的中药泡在酒中，以酒的通行经络之势来缓解痛经，能够起到事半功倍的调经效果。女性在泡调经的药酒前，最好根据不同的证型来选泡酒的药物。如气滞血瘀型的痛经，可以选用具有祛寒止痛的当归、山楂等药材；寒湿凝滞型可以选用桂枝、小茴香等药材；气血不足型可以选用补血的熟地黄、补气的黄芪等。调经的药酒多选用黄酒，因为对女性来说，黄酒作用温和、容易接受。用黄酒泡药酒可以采取热浸法。不习惯黄酒味道的人，可以在泡好的药酒中加点蜂蜜或红糖，蜂蜜能缓急止痛，红糖能补血温中。

（1）红花酒（《金匮要略》）

组成：红花。

功效：活血化瘀，调经止痛。

主治：一切风邪病毒，妇女产后邪气侵入、血滞不行、腹中刺痛。

用法：将红花置入容器中，加入白酒，浸泡半月，必需时服用20毫升，若不善饮酒者，可兑入少许红糖。

（2）调经止痛酒（验方）

组成：香附、佛手、红花各15克，茜草、当归、鸡血藤各20克，月季花、益母草各30克。

功效：理气活血，调经止痛。

主治：气滞血瘀之经前乳胀、痛经、月经不调、情绪不稳。

用法：将上药共切碎，用1500毫升米酒浸10天后饮用。

（3）妇人经脉不通方（《鲁府禁方·卷三·经闭》）

组成：大黄（二两，面包烧熟），头红花（二两），肉桂（一两，去粗皮），吴茱萸（一两，炒），当归（一两，酒洗，炒）。（原方用量）

功效：温经散寒，活血通络。

主治：妇人血寒血凝，经闭不通，腹痛。

用法：上五味为细末，每服二三钱，好黄酒调下，量人虚实加减。一方加香附米一两，莪术、槟榔各五钱，尤佳。（原方用法）

（4）仙传种子药酒方（《鲁府禁方·卷三康集·求嗣》）

组成：白茯苓（去皮净，一斤），大红枣（煮去皮核，取肉半斤），胡桃肉（去皮，泡去粗皮，六两），白蜂蜜（六斤，入锅熬滚，入前三味，搅匀再用微火熬滚，倾入瓷坛内，又加高烧酒三十斤，糯米白酒十斤，共入蜜坛内），黄芪（蜜炙），人参、白术（去芦）、川芎、白芍（炒）、生地黄、熟地黄、小茴香、枸杞子、覆盆子、陈皮、沉香、木香、官桂、砂仁、甘草（各五钱），乳香、没药、五味子（各三钱）。（原方剂量）

功效：补虚益气，保元调经。

主治：安魂定魄，改易颜容，添髓驻精，补虚益气，滋阴降火，保元调经，壮筋骨，润肌肤，发白再黑，齿落更生，目视有光，心力无倦，行步如飞，寒暑不侵，能除百病，交媾而后生子也。神秘不可传与非人，宝之宝之。（原方主治即作用）

用法：上为细末，共入蜜坛内和匀，箬叶封口，面外固，入锅内，大柴火煮二炷香取出，埋于土中，三日去火气。每日早、午、晚三时，男女各饮数杯，勿令大醉。（原方用法）

（5）种玉酒（《古方汇精·卷三·妇科门》）

组成：全当归（五两，切片，此能行血养血），远志肉（五两，用甘草汤洗，此能散血中之滞，行气消痰）。

功效：养血行血，行气消痰。

主治：治妇女经水不调，气血乖和，不能受孕，或生过一胎，停隔多年，服此药酒百日，即能受孕。如气血不足、经滞痰凝者，服至半年，无不见效。受胎后加服泰山磐石散，保护胎元。

用法：上二味，用稀夏布袋盛之，以甜三白酒十斤浸之，七日为度。每晚随量温饮之，慎勿间断，服完照方再制。再于每月经期，加用青壳鸭蛋，以针刺孔七个，用蕲艾五分，水一碗，将蛋安于艾水碗内，饭锅上蒸熟，食之。多则五六个，少则二三个，尤妙。

（6）当归通络酒（验方）

组成：人参 50 克，当归 100 克，老鹳草 100 克，鸡血藤 100 克，骨碎补 100 克，狗脊 120 克，秦艽 120 克，五加皮 10 克，陈皮 50 克，白糖 100 克。

功效：补气活血，祛风舒筋。

主治：气血亏虚，风湿痹痛，筋骨疼痛，肢体麻木。

用法：上药粉碎成粗粉，溶解于白酒中，酒要高于药面 3 厘米。每日 50 毫升，可以分 1 ~ 2 次饮用。

（7）三七酒（验方）

组成：三七 30 克，丹参 50 克，佛手 60 克，黄酒 500 毫升。

功效：活血化瘀，通经止血。

主治：经期腹痛，月经过多，有瘀血块，

用法：将上述药材置于酒中浸泡后饮用。

（8）山楂荔枝酒（验方）

组成：山楂、荔枝核各 50 克，黄酒 500 毫升。

功效：散结止痛，通经活血。

主治：闭经，月经不通，经期腹痛，月经有瘀血块。

用法：将药材浸泡于黄酒中，密封半月后饮用。

半身不遂药酒方

中风，又称卒中，临床分出血性（脑溢血）卒中和缺血性（脑血栓形成）卒中不同。中医则根据病情深浅轻重，将本病分为中经络、中脏腑两种。中经络者但见口眼㖞斜、肌肤麻木、半身不遂、言语不利等表现，一般没有神志上的改变，其病势较轻；而中脏腑者则猝然昏仆、不省人事，并见中经络的临床表现，病势较急重。本病多由肝肾不足、血虚失养、痰热上扰、肝风内动等引发。药酒治疗本病主要用于治疗中经络者以及中风后遗症者。其治疗原则是益气活血、养血祛风、温经通络、化痰宣痹、补肾益精。中风后遗症久治缓图，用药酒治疗多有效验。若患有高血压和脑溢血者应慎用。

（1）祛疯酒（《经验奇方·卷上》）

组成：大熟地、龙眼肉（各二两），全当归、潞党参、炙棉芪、米仁、茯神、甘枸花（各五钱），炒白芍、炒冬术、千年健、海风藤、羌活、独活、虎茎骨、钻地风、五加皮、杜仲、忍冬藤、川续断、牛膝（各三钱），淡附片、瑶桂心、炙桂枝、虎斗蕉、明天麻、川芎、炙甘草（各二钱），广木香、红花（各一钱五分）。（原方剂量）

功效：祛风通络，强筋健骨。

主治：治一切疯痛，半身不遂等症。

用法：上药用陈绍酒浸瓷瓶，瓷盘作盖，棉纸封口，重汤炖至点三炷香时为度。随量温饮，一日两次，其效如神。孕妇忌服。（原方用法）

说明：原方中的炙棉芪即炙黄芪。米仁即薏苡仁。虎茎骨可以用其他兽骨代之。瑶桂心即肉桂。

（2）麻桂通络酒（验方）

组成：麻黄、桂枝、羌活、独活、威灵仙、当归、川芎、红花、土鳖、桃仁、干姜、寻骨风、杜仲、川牛膝、乌梢蛇、松节、伸筋草、熟附片各 10 克，生甘草 5 克，樟脑 5 克，冰片 2 克，白酒适量。

功效：通筋活络，活血化瘀。

主治：风湿痹症、骨质增生、外伤瘫痪等所致肢体麻木、冷痛肿痛、屈伸不利等症。

用法：将上述药材浸泡白酒中，7 天后，用该药酒涂擦患肢。

（3）黄芪寄生酒（《经验奇方·卷下·手足风湿麻木作痛》）

组成：生黄芪、桑寄生、木瓜、老生姜（各三钱），生白芍二钱，大红枣二十枚。

功效：补益气血，伸筋止痛。

主治：肢体麻木，半身不遂。

用法：用米酒炖透代茶，渐服渐效，不拘几服，至愈为度。

说明：原方无方名，此名称乃作者所加。

（4）治风内消丸（《鲁府禁方·卷一·中风》）

组成：川芎（一两），干山药、白芷、甘松、防风（各七钱半），草乌（炮去皮）、当归、芍药（酒炒）、天麻、甘草、细辛、白胶香、牛膝（去芦）、两头尖（各五钱），人参、木香（各二钱）。

功效：祛风止痉，养血通络。

主治：治男妇左瘫右痪，口眼㖞斜，半身不遂，言语蹇涩，手足麻木，行步艰难，遍身疼痛。

用法：上为细末，酒糊为丸，如樱桃大，每服一丸，细嚼，无灰黄酒送下。

（5）蕲蛇酒（《喻选古方试验·卷三·中风》）

组成：蕲蛇一条（只取肉四两），羌活、归身、天麻、秦艽、五加皮各二两，防风一两。（原方剂量）

功效：祛风通络，活血止痒。

主治：治中风伤酒，半身不遂，口目㖞斜，肤皮瘰痹，骨节疼痛及年久疥癣，恶疮风癞。

用法：将蕲蛇酒洗，润透，去骨刺及近头三寸，只取肉四两，以生绢袋盛之。入金华酒坛内，悬胎安置，入糯米生酒醅五壶，浸袋，箬叶密封，安坛于大锅中，水煮一日，取起，埋阴地七日取出。每饮一二杯，仍以滓晒干吞下。切忌见风、近色及鱼、羊、鹅、面发风之物。

（6）长松酒（《本草纲目·卷十二·长松》）

组成：长松一两五钱，状似独活而香，乃酒中圣药也。熟地黄八钱，生地黄、黄芪蜜炙、陈皮各七钱，当归、厚朴、黄柏各五钱，白芍药煨、人参、枳壳各四钱，苍术米泔制、半夏制、天门冬、麦门冬、砂仁、黄连各三钱，木香、蜀椒、胡桃仁各二钱，小红枣肉八个，老米一撮，灯心五寸长一百二十根，一料分十剂，绢袋盛之。

功效：补气活血，祛风除湿。

主治：滋补一切风虚，瘫痪挛痹诸风疾，半身不遂等。

用法：凡米五升，造酒一尊，煮一袋，窨久乃饮。

说明：上方乃原方剂量。方中长松，喻嘉言认为即仙茅（见《喻选古方试验·卷三》）。

（7）虎潜酒（《喻选古方试验·卷三·瘫痪挛痹诸风疾》）

组成：虎茎骨一对（羊稣炙），龟板（醋炙）三两，补骨脂、牛膝、生地黄、骨碎补、枸杞子各半两，当归三两，羌活、独活、续断、桑寄生（无真者以桑枝代）、海风藤、红花、茯苓（人乳拌）、杜仲各一两，川芎、丹参各三钱，没药、乳香、赤首乌、小茴香、狗脊炙（去毛）各六钱。

功效：强筋健骨，活血通络。

主治：治风气，舒筋健步，止痛荣血，三十六种风证，服之皆妙。亦治骨软风疾、腰膝疼、行步不得、遍身瘙痒。

用法：将上药切成片，入绢袋内，浸好陈酒二十斤，封固坛口，隔水煮三炷香，埋土内，二日后，开饮随量。人弱者，加人参二三两。

说明：方中虎茎骨可以用其他动物骨代之。

外科疮疡药酒方

（1）菊花酒（《绛囊撮要·外科》）

组成：菊花 100 克。

功效：清热解毒，活血止痛。

主治：疔毒恶疮。

用法：白菊花连根茎叶捣烂，入微水绞汁，热酒温服，渣敷患处，即止疼消肿。

（2）葱矾酒（《绛囊撮要·外科》）

组成：白矾三钱，葱白七茎。

功效：消疮止痛，解毒退黄。

主治：一切疔毒恶疮初起走黄，无不神效。

用法：同捣烂，分作七块，用热白酒送下。吃完盖暖，出汗，再饮葱白汤，催之汗出淋漓，待停一二时，从容去被，其患如失。大忌风寒。

（3）一支箭（《鲁府禁方·卷四·痈疽》）

组成：白及、天花粉、知母（去毛）、牙皂、乳香、半夏、金银花、穿山甲（酥炙）、贝母（去心）各50克。（注：原方未标明各药剂量）

功效：活血解毒，消肿止痛。

主治：诸般肿毒，恶毒不可忍者。

用法：上锉，每一剂各一钱五分，酒二钟，煎一钟，温服汗出即愈。感寒失于表解，流成便毒痈疽，往来寒热甚艰危。独活、生黄芪、当归尾、金银花穗、大黄酒炒甚奇，穿山甲要炒成珠，利下脓血即愈。（原方用法）

（4）神验酒煎散（《外科精要·卷下·痈疽经验杂方》）

组成：人参、没药、当归各一两，炙甘草一分，瓜蒌（半生半炒）一个。

功效：顺气活血，化瘀解毒。

主治：痈疽发背诸疖毒。

用法：上㕮咀，以酒五升，煮至二升，净瓷瓶贮之，每服半盏，浸酒半盏，温服无时候，更用滓焙干，加当归生为末，酒煮面糊丸，如梧子大，每服五十丸，用此浸药酒吞下顺气活血，无如此药也。

（5）忍冬酒（《本草纲目·卷十八·忍冬》）

组成：忍冬（根、茎、花、叶均可）一把，甘草一两。（原方剂量）

功效：清热解毒，消痈止痛。

主治：治痈疽发背，不问发在何处，发眉发颐，或头或项，或背或腰，或胁或乳，或手足，皆有奇效。乡落之间，僻陋之所，贫乏之中，药材难得，但虔心服之，俟其疽破，仍以神异膏贴之，其效甚妙。

用法：用忍冬藤生取一把，以叶入砂盆研烂，入生饼子酒少许，稀稠得所，涂于四围，中留一口泄气，其藤只用五两，木捶槌损，不可犯铁，大甘草节生用一两，同入沙瓶内，以水二碗，文武火慢煎至一碗，入无灰好酒一大碗，再煎十数沸，去滓分为三服，一日一夜吃尽。病势重者，一日二剂。服至大小肠通利，则药力到。沈内翰云：如无生者，只用干者，然力终不及生者效速。

忍冬圆治消渴愈后，预防发痈疽，先宜服此。用忍冬草根茎花叶皆可，不拘多少，入瓶内，以无灰好酒浸，以糠火煨一宿，取出晒干，入甘草少许，碾为细末。以浸药酒打面糊，丸梧子大。每服五十丸至一百丸，汤酒任下。此药不特治痈疽，大能止渴。

说明：此方原载于陈自明《外科精要·卷下·论痈疽向安忽然发渴》，原名忍冬圆，《本草纲目》《喻选古方试验》改为忍冬酒。

（6）苦参酒（《本草纲目·卷十三·苦参》）

组成：苦参100克。

功效：清热燥湿、消肿止痒。

主治：毒热足肿，作痛欲脱者。

用法：苦参煮酒渍之。若热毒病症出现局部的红肿热痛，可以苦参煮酒浸泡局部。此方简单易行，便于应用。

跌打损伤药酒方

跌打损伤泛指因跌、打、磕、碰等原因而受的伤，包括刀枪、跌仆、殴打、闪挫、刺伤、擦伤、运动损伤等，伤处多有疼痛、肿胀、出血或骨折、脱臼等，也包括一些内脏损伤。其治疗原则是活血化瘀、消肿止痛。

（1）螃蟹酒（《绛囊撮要·外科》）

组成：螃蟹（剂量见下）。

功效：活血化瘀，通络止痛。

主治：浑身打伤，并治接骨。

用法：生螃蟹（大者一只，小者三只）石臼内捣碎，滚黄酒冲服。其渣罨伤处。骨内谷谷有声，其骨自接。即打伤者，一夜即愈。

（2）土鳖酒（《绛囊撮要·外科》）

组成：土鳖虫（剂量见下）。

功效：破血散瘀，接骨止痛。

主治：跌打损伤，筋伤骨折，瘀肿疼痛。

用法：地鳖虫（十余个）生捣，绞汁，用滚黄酒冲服效。

（3）内伤酒药方（《古方汇精·卷二·跌打损伤类》）

组成：红花、桃仁（炒）、秦艽、续断、广木香、砂仁（炒）、牡丹皮、威灵仙各一两，当归、五加皮、怀牛膝各三两，骨碎补（捶碎，忌铁，晒干）、胡桃肉（炒）、杜仲（炒）、丹参各二两。

功效：活血行气，强壮筋骨。

主治：治跌打损伤太过，腹胁腰膝、筋骨肢体疼痛无力。不拘远年近日，男女老少，皆效。

用法：择道地药，制过，晒干，用陈酒二十斤，将一半同药隔汤煮大线香三炷，待冷定取开，将所存之酒，冲入封固。每日早晚，随意温服一二杯。

（4）跌打损伤神效方（《疑难急症简方·卷一·跌打损伤》）

组成：乳香、没药（并去油）、当归、生地黄、丹皮、五加皮、海金沙、煅自然铜各一钱。

功效：活血化瘀，消肿止痛。

主治：一切损伤瘀血。

用法：用酒水各半煎服，不用酒者不效，不过两贴即开口，再服两贴痊愈。

说明：此方用酒煎药，取酒的辛散作用加强药物的活血之功，并注明无酒者无效，说明酒的止痛作用好。

果蔬食类药酒方

（1）徐国公仙酒方（《万病回春·卷四·补益》）

组成：龙眼肉（剂量见下）。

功效：补益气血，强壮身体。

主治：专补心血，善壮元阳，怔忡惊悸，不寐等症。

用法：好烧酒一坛，龙眼（去壳）二三斤入酒内浸之。日久则颜色娇红，滋味香美。早、晚各随量饮数杯。悦颜色，助精神，大有补益，故名仙酒。

（2）山楂酒（验方）

组成：山楂 100 克。

功效：调经止痛，活血化瘀。

主治：月经不调，痛经，食欲不佳，劳力过度，身体疲倦。

用法：将山楂洗净，置入白酒中，半月后饮用，每日 50 毫升。

（3）青梅酒（验方）

组成：青梅 100 克。

功效：生津止渴，安蛔止痛。

主治：口干舌燥，食欲不振，蛔虫性腹痛、腹泻。

用法：将青梅洗净，置于黄酒中，1 个月后饮用，每日 100 毫升。

（4）樱桃酒（验方）

组成：鲜樱桃 200 克，白酒 1000 毫升。

功效：益气补血，祛除风湿。

主治：身体虚弱，四肢不仁，瘫痪。

用法：将樱桃去杂质，洗净，置坛中以酒浸泡，密封，每 2 ～ 3 日搅拌 1 次，泡 1 ～ 20 天即成。每日服 2 次，每次 10 ～ 30 毫升。

（5）椒酒（《调疾饮食辩·卷二》）

组成：川椒 100 克。

功效：温中散寒，降逆和中。

主治：脾胃虚寒，脘腹冷痛，呕吐，泄泻。

用法：将川椒置于酒中，密封，半月后饮用。每次 10 毫升，每日 2 次。

（6）桑椹酒（《本草纲目·卷三十六·桑》）

组成：桑椹 500 克。

功效：润肠通便，补益肝肾。

主治：肝肾亏虚之头晕目眩、耳鸣、消渴便秘。

用法：先将桑椹置于白酒中浸泡，半月后饮用，每次 50 毫升。每日 1 次。

（7）豆淋酒（《调疾饮食辩·卷二》）

组成：黑豆。

功效：补益脾肾，祛风解毒。

主治：中风困笃，口噤口喎，背强瘛瘲，目眩头旋，又主产后瘀血。均须饮酒尽量，温覆取微似汗，极效。

用法：黑豆三升炒焦，以酒五升荡热沃之。

（8）木瓜酒（《调疾饮食辩·卷二》）

组成：木瓜 250 克。

功效：舒筋活络，和胃化湿。

主治：腰脚疼痛，筋脉挛急，转筋。

用法：用木瓜蒸熟煮酒，病愈即止。

第五章

酒精中毒表现

饮酒过量有可能导致中毒，出现一系列的临床表现。醉酒现象是急性酒精中毒的表现，酒精能抑制中枢神经。长期饮酒的人容易导致食欲减退、营养不良、肝硬化、智力下降、注意力减退、记忆力模糊，并出现手、舌、四肢震颤，妄想等。

急性酒精中毒

（1）兴奋期

兴奋期表现为醉酒后逐渐兴奋，言语增多，并有夸大色彩，进而表现为口齿不清、步态不稳、兴奋更加明显。大多数人面色发红，这是因为酒精使血管扩张，也有的人是因为血管收缩而表现为脸色苍白。自觉身心愉快，毫无顾虑，甚至粗陋无礼貌，易感情用事，或怒或愠，或悲或喜，或寂静入睡，有时呕吐。

（2）共济失调期

共济失调期表现为动作逐渐笨拙、平衡难以保持、行动蹒跚、举步不稳、语无伦次、含糊不清，且正常礼仪紊乱，呈现人格失控。

（3）昏睡期

昏睡期表现为意识障碍、颜面苍白、皮肤湿冷、口唇微嗦、呼吸缓慢、鼻鼾声、脉搏增快、体温下降、呼吸中枢麻痹，甚至死亡。若饮酒过量导致中毒，应立即进行救治，以防因酒精中毒而造成严重后果。

慢性酒精中毒

慢性酒精中毒指由于长期过量饮酒导致中枢神经系统的严重中毒，其发展缓慢，可持续数日、数周，甚至数年。进入人体的乙醇由于不能被消化吸收，会随着血液进入大脑，引起慢性中毒。慢性中毒是一种进行性的、潜在的、可以致人死亡的疾病，可使人对饮酒有强烈渴望，且对酒精的耐受性、依赖性增强，难以控制。轻者仅有情绪上的改变，严重者则会完全丧失协调性、视觉、平衡和语言等，也会表现为肝肾硬变、心脏扩大、神经炎、肌萎缩、记忆力丧失、意识障碍、步态不稳、有丰富的幻觉，且躯干、手、舌或全身会出现震颤，表现类似癫痫大发作等。慢性酒精中毒的患者会逐渐变得自私、孤僻、无责任心、情绪不稳定、情感迟钝、工作能力和记忆力下降，本病发展下去可导致痴呆。

第六章

解酒

宴席上需要饮酒，但若饮酒过多就会醉酒，因此需要解酒，否则醉酒者不仅有失礼仪，而且接踵而至的是头痛、头晕、发热、反胃、恶心、呕吐等不适，严重者须到医院治疗。酒醉其实就是酒精中毒，是由饮酒过量而致急性或慢性中毒。

解酒方法

《脾胃论·卷下·论饮酒过伤》中提到了2个解酒方法，即"夫酒者，大热有毒，气味俱阳，乃无形之物也。若伤之，止当发散，汗出则愈矣；其次莫如利小便，二者乃上下分消其湿。"意思是说解酒可以用发汗或利小便的方法。《太平圣惠方》有一名为"饮酒令人不醉方"的解酒方，由柏子仁、大麻子仁各一两组成。其制法为将上药捣筛为散，以水一大盏，煎至六分，去滓，放温服。主治饮酒令人不醉。都为一服，比常时乃进酒三倍。醉酒的人若想及时醒酒，可以采用在耳尖放血的方法。先对耳尖局部皮肤进行消毒，然后用消毒的三棱针或采血针对准耳尖迅速点刺，轻轻挤压出3 ~ 5滴血，再用消毒棉按压针孔止血片刻。

解酒药物、食物

1. 解酒药物、食物的选择

一般来说，在选用解酒的药物或食物时，应掌握以下6个方面。

（1）选用芳香之品：因为芳香之药能醒酒，常用的如砂仁、白豆蔻、苍术、藿香、佩兰等。

（2）选用生津之品：因为饮酒后常出现口干舌燥，而生津之品能止渴润燥，同时多具有解酒的作用，如麦冬、玉竹、石斛等。

（3）选用利尿之品：因为饮酒后通过利尿可以加速酒精在体内的排泄，减少酒精中毒的可能，如芦根、白茅根、泽泻、竹叶等。

（4）多吃水果：饮酒过多后可以吃一些水果或者喝一些果汁，因为水果和果汁中的酸性成分可以中和酒精。很多人酒后往往不吃饭，这样危害更大，应吃一些容易消化的食物。例如新鲜葡萄中含有丰富的酒石酸，能与酒中乙醇相互作用形成酯类物质，降低体内乙醇浓度，达到解酒的目的。同时，其酸味也能缓解酒后反胃、恶心的症状。饮酒前吃葡萄还能预防醉酒。

（5）多饮热汤：饮酒后尽量饮用热汤，因为热汤具有解酒效果，一般认为鱼汤更好。

（6）酒后要吃饭：因为吃饭可以降低酒精的浓度，减缓酒精的吸收速度，保护胃黏膜。俗话说："喝酒吃肉不吃饭，黄泉路上转一转。"

2. 常见解酒食物

（1）甘蔗与白萝熬汤可解酒。

（2）甘蔗榨汁、鲜藕榨汁、梨子、橙子、橘子、苹果、香蕉、荸荠等果品食用均可解酒。

（3）西瓜汁治酒后全身发热，且能利尿，既能加速酒精从尿液排出，又具有清热作用，有利于解酒。

（4）西红柿治酒后头晕。西红柿汁含有特殊的果糖，能促进酒精分解，使酒后头晕逐渐消失。实验证明，喝西红柿汁比吃西红柿的解酒效果更好。

（5）芹菜汁治酒后胃肠不适，颜面发红。

（6）豆腐遍体贴之，冷即易，以醒为度。

（7）枳椇子煎浓汤灌。

（8）柚子蘸白糖对消除酒后口腔中的酒气和臭气有奇效。李时珍在《本草纲目》中早就记载了柚子能够解酒。

（9）香蕉治酒后心悸、胸闷。酒后吃香蕉能增加血糖浓度，降低酒精在血液中的浓度，达到解酒的目的，还能减轻心悸症状，消除胸口郁闷。

（10）绿豆研水灌。

（11）绿豆熬成汤加白糖混合后饮。

（12）萝卜汁、青蔗浆随灌。

（13）萝卜捣成汁饮服，或将萝卜切成丝，加适量米醋和白糖食用。

（14）新鲜葡萄治酒后反胃、恶心。

（15）蜂蜜水治酒后头痛。蜂蜜中含有一种特殊的果糖，可以促进酒精的分解吸收，减轻头痛症状。另外，蜂蜜还有催眠作用，能使人很快入睡，且第二天起床后也不会头痛。

（16）橄榄能有效改善酒后厌食症状。自古以来橄榄就作为醒酒、清胃热、促食欲的良药，既可直接食用，也可加冰糖炖服。

（17）葡萄根或叶 100 克，水煎后取 50 克，加适量糖，用于酒后饮服，可解酒、止呕。

3. 文献记载解酒药物、食物

古代文献中记载了大量具有解酒的食物、药物，若正确选择则有利于身心健康，防止疾病的发生。

（1）丁香：温中降逆，散寒止痛，温肾壮阳，香口去臭。用于治疗胃寒呕吐，呃逆；胃寒，脘腹冷痛；阳痿、宫冷；龋齿，口臭等。为治疗呃逆的要药。《日华子本草》云其能“杀酒毒”。

（2）人参：大补元气，补脾益肺，生津止渴，安神益智。人参对乙醇的解毒作用十分明显，能缩短乙醇麻醉的持续时间和加快恢复正常的时间，能有效地保护乙醇中毒的肝脏。通常以生晒参为好，而红参因偏温而当少用。

（3）山楂：消食化积，活血化瘀。用于治疗肉食积滞，胃脘饱满胀痛，腹胀，泄泻，小儿疳积；血瘀经闭，痛经，产后恶露不尽，腹痛，疝气痛等证。其健运脾胃而助消化，且尤善消除油腻肉食积滞。清代王士雄的《随息居饮食谱》中云：“醒脾气，消肉食，……解酒，化痰。”山楂对饮酒过量又有油腻肉积者尤好。

（4）五味子：敛肺滋肾，固精止遗，涩肠止泻，益气生津，固表止汗，宁心安神。用于治疗肺虚久咳，肺肾两虚之喘咳；肾虚不固之遗精、滑精；脾肾阳虚之久泻；津伤口渴，消渴；气虚自汗，阴虚盗汗；阴血亏虚、心神失养或心肾不交之虚烦心悸、失眠多梦。《日华子本草》载其能“解酒毒”，宜于呕吐津伤者。

（5）甘蔗：“解酒毒”。（《日华子本草》）本品既能清热生津，又能利尿。捣汁饮之，方法简便。

（6）白豆蔻：化湿行气，温中止呕。用于治疗湿阻气滞之脘腹胀满者，胃寒、湿阻气滞之呕吐者，可单用为末服。《本草纲目》载其能“解酒毒”。

（7）白扁豆：补脾气，化湿。用于治疗脾虚湿滞之食少便溏、泄泻，或脾虚湿浊下注之白带过多；暑湿吐泻。本品既能补气健脾，又兼能化湿，但作用平和，宜入复方使用。其亦食亦药，补脾而不腻，化湿而不燥。若暑月乘凉饮冷，外感于寒，内伤于湿之阴暑者常用。《本草图经·卷十八》载其“主女子带下，兼杀酒毒，亦解河豚毒。”

（8）地瓜：“解酒毒”。（《四川中药志》）治慢性酒精中毒，生食为妙。

（9）红豆蔻：“解酒毒”。（《本草拾遗》）

（10）肉豆蔻：温中行气。用于治疗胃寒气滞之脘腹胀痛、食少呕吐等证。《日华子本草》载其“调中，下气，止泻痢，开胃，消食。皮外络，下气，解酒毒。”《得配本草·卷二》亦认为其“消宿食，解酒毒。”

（11）西瓜：“解酒毒”。（《饮膳正要》）本品既能清热解暑，又能利尿，为夏月解酒妙药。其皮即西瓜翠衣，亦能解酒。

（12）杨梅：“疗呕逆吐酒”。（《日华子本草》）生津止渴，和胃止呕，涩肠止泻。用于治疗津伤口干、烦渴，亦用于治疗饮酒过度所致口干渴，胃纳失运之吐泻、食少，泻痢不止，或痧气，腹痛吐泻，痢疾。生食或糖渍后含食。

（13）花生：“醒酒”。（《医林纂要探源》）

（14）赤小豆花：“主病酒头痛”。（《神农本草经》）

（15）陈皮：理气健脾，燥湿化痰，降逆止呕。用于治疗脾胃气滞所致的脘腹胀满、恶心呕吐、不思饮食；痰湿咳嗽，痰多胸闷，为治痰湿之要药；气机阻滞之恶心、呕吐、呃逆。其能行气解酒毒。

（16）鸡内金：消食健脾，涩精止遗，化石通淋。用于治疗饮食停滞所致的各种证候，尤宜于食积兼脾虚之证，其消食化积作用强；遗精，遗尿，可单用炒焦研；砂石淋证，胆结石，可以本品研末服。

（17）苹果：生津润肺，除烦解暑，开胃醒酒，益脾止泻。用于治疗热病津伤之咽干口渴，或肺燥干咳，盗汗；病后胃纳不佳，或食后腹胀不舒，醉酒。无论是开胃或是醉酒，均可于饭后生食之，故对消化不良、气壅不通者，食苹果可消食顺气。脾虚慢性腹泻者可以空腹温水调服苹果粉，亦可吃苹果泥，不吃其他东西，此法多适用于单纯性的轻度腹泻。《随息居饮食谱》载其能“醒酒”。本品生津开胃，对醉酒口渴、胃纳不佳者为宜。

（18）金橘：化痰理气，祛风止咳，消食化积。用于治疗胸脘痞闷作痛，痰多；口渴，食滞纳少，消化不良，大便溏泄，腹胀；风寒袭肺之咳嗽咳痰，尤善治百日咳。《本草纲目》载其“止渴解醒，辟臭，皮尤佳。”

（19）枳椇子：利水消肿。用于治疗水湿内停之水肿、小便不利；醉酒或胃热伤津之烦热、口渴、呕吐；肺虚咳嗽，咽干。《滇南本草·卷一·拐枣》云“治一切左瘫右痪，风湿麻木，能解酒毒。”《世医得效方·卷七·酣饮》拟枳椇子丸，以枳椇子配伍麝香，“治饮酒多发积，为酷热熏蒸，五脏津液枯燥，血泣小便并多，肌肉消铄，专嗜冷物寒浆。”民间有“千杯不醉枳椇子”的说法。唐代饮食家孟诜曰：“昔有南人修舍用此木，误落一片入酒瓮中，酒化为水也。”（《本草纲目·卷三十一·枳椇》）可见其解酒作用之强。宋代苏颂所著《图经本草·木部·卷十二》也有类似记载：“枝枸不直，啖之甘美如饴，八、九月熟，谓之木蜜。本从南方来，能败酒，若以为屋柱，则一屋之酒皆薄。”苏东坡曾记载这样一件事：眉山揭颖臣患消渴病，每天饮水数斗，饭亦成倍增多，小便频数。服治消渴病的药 1 年，病反而加重，自己猜度必死。请蜀医张肱诊治，张肱诊后笑道：“先生您几乎被误治死啊。”于是就拿出麝香，用酒化开，做了 10 多颗丸子，用棘枸子（即枳椇子）煎汤服下，结果病愈。探问他治愈此病的缘故，张肱说：“颖臣的脾脉极热，但肾气不衰，应该是由果实、酒物过度，积热在脾，所以吃得多且饮水多，水既然饮得多，小便则不可能不多，非消非渴，麝香能解酒果花木毒，棘枸亦能除酒毒，正如房子外面种有此树，屋内酿酒多不佳，故麝香、枳椇子这二味药能解除酒果之毒。”（《本草纲目·卷三十一·枳椇》）

（20）柑子：生津止渴，醒酒利尿，润肺健脾，化痰止咳。用于治疗热病后津液不足之口渴、舌燥，或伤酒后之烦渴；咳嗽痰多，咽喉不适，食欲不振，尤以热痰病证多用。《医林纂要》载其能“醒酒”。《日华子本草》载柑皮亦“可解酒毒及酒渴”。可将其焙干为末，加少许食盐内服。

（21）柚：行气宽中，开胃消食，化痰止咳。用于治疗胃病之胃肠胀气、消化不良、饮食减少；慢性咳嗽，痰多气喘等症。其还能除口中恶气。《日华子本草》载其“解酒毒，治饮酒人口气。”对于酒醉、口臭，或乘车、船昏眩呕吐者，慢慢嚼服柚肉可以缓解症状。其皮即柚子皮，亦解酒毒。

（22）柿：清热润燥，生津止渴，固肠止泻。用于治疗燥热咳嗽或咯血，咽喉热痛，咳嗽痰多，或痔疮出血；胃热伤阴之烦热口干、心中烦热；慢性腹泻，痢疾。其丰腴多汁，味甜可口，入胃能养阴生津止渴。《名医别录》载其能“解酒热毒”。柿能抑制胃吸收酒精，还能与酒分解产生的乙醛直接发生反应，故有助于防酒醉。生食或绞汁服，也可加工制成柿饼、柿干食用。

（23）砂仁：化湿行气，温中止泻，安胎。用于治疗湿阻或脾胃气滞之脘腹胀痛、食少纳差，以寒湿气滞者最为适宜。砂仁与补益药同用，取其行气以健胃，使之补而不腻。本品为醒脾调胃要药。脾胃虚寒之泄泻者可单用研末吞服。砂仁也用于治疗呕吐、气滞妊娠呕吐、胎动不安等症，可与白术、苏梗等配伍。

（24）茶叶：“又兼解酒食之毒”。（《本草纲目》）其清热除烦，内含鞣质，能减少酒精在胃肠道的吸收，减轻因饮酒过量而出现的烦渴。

（25）草豆蔻：燥湿行气，温中止呕。用于治疗脾胃寒湿偏重、气机不畅所致脘腹冷痛；寒湿内盛、清浊不分之腹痛泻痢；寒湿内盛、胃气上逆之呕吐。《开宝本草》载其能“解酒毒”。四味豆蔻（白豆蔻、草豆蔻、红豆蔻、肉豆蔻）均能醒酒，其中白豆蔻芳香气清，以酒醉又呕吐甚者为宜；红豆蔻辛热温燥，以酒醉胃冷不适者为宜，也宜于醉酒后寡言少语、表情淡漠者；草豆蔻介于上述二药之间，醒酒止呕又温胃；肉豆蔻行散之力不及白豆蔻，温散之力不及红豆蔻。

（26）草果：燥湿温中，除痰截疟。用于治疗寒湿偏盛之脘腹冷痛、呕吐泄泻、舌苔浊腻，疟疾。《本草纲目》引李杲云：“温脾胃，止呕吐，治脾寒湿、寒痰……消宿食，解酒毒、果积，兼辟瘴解瘟。”

（27）香蕉：清热润肠，润肺止咳，生津止渴，解酒毒。用于治疗痔疮出血，大便干结，便血；肺燥咳嗽，热病伤津之口渴、烦渴喜饮。也用于因轻微饮酒过多致烦躁、口干舌燥者。《日用本草》载：“生食破血……解酒毒；干者解肌热烦渴。”《本草求原》载：“止咳润肺解酒，清脾滑肠。”香蕉不仅是上等水果，也是解酒良药。

（28）桑椹子：滋阴补血，生津润燥。用于治疗肝肾虚损、阴血不足之头昏耳鸣、眩晕、目暗昏花、须发早白、腰膝酸软；消渴所致的阴虚津少，口干舌燥；阴血亏虚，津伤口渴，内热消渴及肠燥便秘等证，其作用平和。《本草纲目》谓其捣汁饮，能解酒中毒。

（29）梨子：润肺消痰，清热生津。用于治疗热咳或燥咳，声嘶失音，亦治久咳不止，痰滞不利，痰热惊狂，阴虚有热；热病津伤口渴，暑热烦渴，消渴，痢疾；噎膈，便秘等证。《本草纲目》载其可“解疮毒、酒毒”。本品生食治酒后烦渴效好，亦可榨汁服。

（30）莱菔（萝卜）：清热生津，凉血止血，下气宽中，消食化痰。用于治疗消渴口干，衄血，咳血；食积胀满，咳喘泻痢，咽痛失音。对于咳喘、咽痛痰多者，因其味甘而能生津止渴，性凉而能清热凉血。《本草纲目》载其可“解酒毒”。将其洗净生嚼服或捣汁频饮均可，为民间常用解酒药。

（31）高良姜：散寒止痛，温中止呕。用于治疗脾胃虚寒之脘腹冷痛，为治脘腹冷痛之常用药。也用于治胃寒呕吐，或肝寒犯胃之呕吐。《本草从新·卷一》载其“暖胃散寒，消食醒酒，治胃脘冷痛。”其子名红豆蔻，也能温肺散寒，醒脾燥湿，消食解酒。

（32）绿豆芽、绿豆花：清热解毒，通利小便，醒酒。用于治疗热毒壅盛之口渴、烦躁、大便不利、小便不利、赤热短少。《本草纲目》载其能“解酒毒”。用于伤酒后胃中不适时，将本品凉拌多食。

（33）绿豆粉：“解酒食诸毒”。（《日用本草》）

（34）菖蒲：开窍醒神，化湿和中，宁神益志。用于治疗中风之痰迷心窍、神志昏乱、舌强不语；湿浊中阻之脘闷腹胀、痞塞疼痛；健忘，失眠，耳鸣，耳聋。据《千金要方·卷十四·小肠府方》记载：“七月七日取菖蒲，酒服三方寸匕，饮酒不醉。”李时珍曰：“七月七日，取菖蒲为末，酒服方寸匕，饮酒不醉，好事者服而验之，久服聪明。”（《本草纲目·卷十九·菖蒲》）这是讲菖蒲具有解酒的作用。若因饮酒过度导致酒醉就可以选用菖蒲。菖蒲虽然可以解酒，但也有用菖蒲泡酒饮用者，李时珍说：“菖蒲酒治三十六风，一十二痹，通血脉，治骨痿，久服耳目聪明。”（《本草纲目·卷二十五·酒》）至于所说的“三十六风”只是一个虚数，指治疗多种风证痹痛。七夕日采石菖蒲，末服之，饮酒不醉。大醉者以冷水浸发即解。饮酒先服食盐一匕，饮必倍。清水漱口，饮虽多不乱。

（35）菘菜（小白菜）：“解酒渴”。（《名医别录》）

（36）菠菜：“解酒毒”。（《食疗本草》）

（37）葛花：解酒醒脾。用于治疗饮酒过度、头痛、头昏、烦渴、呕吐酸水等伤及胃气之证。梁代陶弘景云：“同小豆花干末酒服，饮酒不醉也。”《脾胃论》中有葛花解酲汤。《滇南本草》中有葛花清热丸治饮酒过度，酒积热毒，损伤脾胃，呕血吐血，发热烦渴，小便赤少。“葛花一两，黄连一钱，滑石一两（水飞），粉草五钱，共为细末，水叠为丸，每服一钱，白滚水下，此药可治胃热实火。脾胃寒冷，吞酸吐酸者禁忌。”《滇南本草》载：“治头目眩晕，憎寒壮热，解酒醒脾胃，酒毒酒痢，饮食不思，胸膈饱胀发呃，呕吐酸痰，酒毒伤胃，吐血呕血。消热，解酒毒。”《本经逢原·卷二·蔓草部·葛根》云：“花能解酒毒，葛花解醒汤用之，必兼人参。但无酒毒者不可服，服之损人天元，以大开肌肉而发泄伤津也。”这是说葛花虽然解酒作用好，但由于有“损人”之弊，实乃减肥瘦身。从作者多年的临床用药经验来看，尚未发现此药损人之害，但可作为临床用药之参考。从古代的文献来看，葛花是解酒的要品，可以与其他药物配伍同用，也可以单独泡水饮服。在剂量上可以不受限制，通过临床观察，其并无副作用。对于因推脱不了而要饮酒之人，作者常推荐事先用葛花泡水饮，或边饮酒边饮葛花茶，对解酒有良好的作用。

（38）葛根：疏散风热，生津止渴，升阳止泻，透发麻疹。用于治疗外感表证发热，无论风寒、风热，均可选用；热病口渴、消渴；麻疹初期，透发不畅；脾虚泄泻，湿热痢疾。唐代甄权的《药性论》、陈藏器的《本草拾遗》及宋代刘翰、马志等所著的《开宝本草》均云其能“解酒毒”。此外，葛谷（葛的种子）也有醒酒作用。

（39）硼砂：外用清热解毒，用于治疗咽喉肿痛、口舌生疮、目赤肿痛。本品为喉科及眼科常用药，且较多外用。内服清肺化痰，用于治疗痰热咳嗽兼有咽喉肿痛者尤宜。本品内服兼可解毒消肿。古代记载饮酒欲不醉者，服硼砂末少许。

（40）槟榔：驱虫，行气消积，利水消肿，截疟。用于治疗多种肠道寄生虫病；食积气滞，脘腹胀满，痢疾，里急后重；水肿，脚气肿痛；多种疟疾。李时珍说：“其功有四：一曰醒能使之醉，盖食之久，则熏然颊赤，若饮酒然，苏东坡所谓‘红潮登颊醉槟榔’也。二曰醉能使之醒，盖酒后嚼之，则宽气下痰，余酲顿解，朱晦庵所谓‘槟榔收得为祛痰’也。三曰饥能使之饱。四曰饱能使之饥。盖空腹食之，则充然气盛如饱；饱后食之，则饮食快然易消。”（《本草纲目·卷三十一·槟榔》）

（41）橄榄：亦名青果，清热利咽，生津止渴，解毒。用于治疗风热上袭或热毒蕴结而致咽喉肿痛，本品利咽作用好；烦渴，咽干口燥，音哑；津伤口干、口渴；鱼蟹中毒和酒毒。《图经本草·卷三十六·橄榄》记载：“主消酒，疗鯸鲐毒，人误食此鱼肝迷闷者，可煮汁服之，必解。其木作楫拨，着鱼皆浮出，故知物有相畏如此也。"《本草备要·果部·橄榄》载："肺、胃之果，清咽生津，除烦醒酒，解河豚毒（投之煮佳）及鱼骨鲠（如无橄榄，以核磨水服。橄榄木作舟楫，鱼拨即浮出，物之相畏有如此者）。"《滇南本草》云橄榄"能解湿热春温，生津止渴，利痰，解鱼毒、酒积滞，神效"。宋代张杲《医说·卷四·口齿喉舌耳》载："苏州吴江县浦村王顺富家人因食鳜鱼被哽，骨横在胸中，不上不下，痛声动邻里，半月余饮食不得，几死。忽遇渔人张九，言：'你取橄榄与食即软也。'适此春夏之时，无此物，张九云：'若无，寻橄榄核捣为末，以急流水调服之。'果安。问张九：'你何缘知橄榄治哽。'张九曰：'我等父老传，橄榄木作取鱼棹篦，鱼若触着即便浮，被人捉，却所以知鱼怕橄榄也。今人煮河豚，须用橄榄，乃知化鱼毒也。'"《本草纲目》亦载此事。我国历代许多医书均提到橄榄能解一切鱼鳖之毒，如宋代《开宝本草·卷十七·橄榄》说："其木作拨，著鱼皆浮出。"但对于中毒严重者，橄榄也无能为力。

（42）橙子：健胃止呕，生津止渴。用于治疗恶心呕吐，食欲不振，胸腹胀满作痛，痔疮出血，腹中雷鸣或大便溏泄；胃阴不足之口渴、心烦。《玉楸药解》载其可"解酒"，将其做成橙饼，亦解酒。其皮即橙子皮，《食疗本草》云可"解酒病"。用于治疗饮酒过多所致的口干舌燥、呕吐。

（43）藕："解酒毒"。(《本草拾遗》) 生食或捣汁饮用。

上述诸药（含食物）具有芳香化湿作用又能解酒毒者有白豆蔻、红豆蔻、草豆蔻、肉豆蔻、草果、丁香、扁豆，这些药物多含挥发油，能促进胃液分泌，多用于饮酒过量，毒伤脾胃，湿浊郁遏者。

具有生津止渴作用又能解酒毒者有五味子、莱菔、香蕉、苹果、橙子、柚、杨梅、橄榄、柑、梨、金橘、西瓜、地瓜、甘蔗、藕，这些药物、食物滋润多液，对于饮酒过量所致的口干、口渴尤为有效，除五味子外，均为常用果品。若轻微中毒，即时食用，能缓解或减轻因饮酒过量而致的中毒反应，且以生食或取汁服为好。

解酒剂型

解酒的剂型主要有以下 8 种。

（1）汤剂：将具有解酒作用的药材制成汤剂，具有吸收快、配方灵活的特点，可以有针对性地、有选择性地选用食物或药物。

（2）口服液：将具有解酒作用的药材制成口服液，其吸收快，也能增加对酒的耐受量，酒后饮用，能消除酒醉引起的各种症状。

（3）冲剂：将具有解酒作用的药物研成粉末，以开水直接冲服，达到解酒作用。药材可以选用枳椇子、葛花、葛根、砂仁、白豆蔻、苍术、山楂。在饮酒前饮用，可以防止酒醉。若醉酒后饮用可以缩短醒酒时间。

（4）烟剂：将药材晒干，制成碎片或丝状物，加工成圆柱或圆盘状，以便点燃闻其烟雾。可以选用葛花、葛根、佩兰、藿香、苍术、淡竹叶、五味子、薄荷、白芷等，若饮酒量多的人闻烟雾可以使大脑清醒。

（5）胶囊剂：将具有解酒作用的药材制成胶囊，便于服用。药材可以选用雄黄、丁香、砂仁、白豆蔻、麦芽、薏苡仁、莱菔子等，研极细末装入胶囊服用，有利于治疗急性酒精中毒。

（6）饮料：将具有解酒作用的药材或食材制成饮料饮用，可达到解酒作用。药材可以选用葛根、麦芽、莱菔子、薏苡仁等。

（7）丸剂：将药材制成丸剂，便于携带、服用。药材可以选用藿香、沉香、红豆、葛根、陈皮、甘草、丁香、砂仁、白豆蔻、干姜，做成丸剂，用于饮酒过多、胸膈滞闷、呕吐酸水、胃腹疼痛者。

（8）散剂：将具有解酒作用的药材研成粉状，直接用水泡服。一般可以选用清热、利尿、解酒的药材，如葛根、黄芩、砂仁、枳椇子、陈皮、白豆蔻、猪苓、泽泻、葛花、连翘、虎杖、石菖蒲、砂仁、甘草等。

★ 喝酒脸红新说

喝酒脸红者要从酒精代谢说起，酒精（乙醇）绝大部分在肝脏代谢，乙醇脱氢酶将乙醇转化为乙醛，随后乙醛脱氢酶将乙醛转化为乙酸，最后乙酸被转化为二氧化碳、水和脂肪。脂肪是酒精代谢产生的能量在体内储存的形式，这也正是喝酒会引起啤酒肚、脂肪肝的原因。若乙醛脱氢酶缺乏，导致乙醛过多蓄积，而乙醛会导致人醉态连连，表现为面红目赤、头晕目眩。有的人酒量大，其实是因为这些人体内的乙醛脱氢酶相对较多而已。而体内缺乏乙醛脱氢酶的人，其体内的酒精不能被快速代谢，因而饮酒后就容易醉。

喝酒脸红不仅是不胜酒力的表现，饮酒多少与某些疾病也有一定的联系。人们饮酒，无论白酒、啤酒、葡萄酒，饮用的主要是酒精，即乙醇。作为一种化学物质，酒精在肝脏内被分解代谢，过多在体内停留就会醉酒。

有研究认为亚洲人饮酒后会脸红，这种现象在其他种族里却比较少见。据认为，亚洲人的乙醛脱氢酶基因出现变异，导致乙醛脱氢酶在体内存量不足，所以亚洲人饮酒量不及欧洲人。通常又由于女性体内乙醛脱氢酶较男性少，所以女性饮酒比男性少。我国北方人体内的乙醛脱氢酶较南方人高，故北方人较南方人更能饮酒。

民间认为酒量是练出来的，但有研究认为，酒量大小与有无酒瘾并非后天锻炼而成的，而是由饮酒基因所决定的。虽说饮酒是练不出来的，但饮酒前多吃食物有助于延缓酒精在胃肠道的吸收，能使大部分酒精与食物相结合，进而降低单位体积消化物中的酒精浓度，进而防止酒醉。

解酒药方

若因饮酒过量，就需要解酒，而最简便有效的解酒方法是饮用温开水来稀释乙醇，使体内乙醇通过尿液排出体外。某些中药如枳椇子、葛花、赤豆花、绿豆花等都具有一定的解酒作用。喝酒、嗜酒者须遵循前人“少饮为佳”的金玉良言，牢牢把握喝酒的度，从预防保健的角度来说，要防止暴饮醉酒，以免伤本滋病，贻害根本。

1. 古代解酒药方

古代解酒药方并不少见，而最著名的解酒方是葛花解醒汤，李东垣的《内外伤辨惑论 · 卷下 · 论酒客病》载葛花解醒汤：“白豆蔻仁、缩砂仁、葛花（以上各五钱），干生姜、神曲（炒黄）、泽泻、白术（以上各二钱），橘皮（去白）、猪苓（去皮）、人参（去芦）、白茯苓（以上各一钱五分），木香五分，莲花青皮（去穰，三分）。上为极细末，称和匀，每服三钱匕，白汤调下，但得微汗，酒病去矣。此盖不得已而用之，岂可恃赖日日饮酒。此药气味辛辣，偶因酒病服之，则不损元气，何者？敌酒病故也，若频服之，损人天年。”李东垣的《脾胃论·卷下》记载此方“治饮酒太过，呕吐痰逆，心神烦乱，胸膈痞塞，手足战摇，饮食减少，小便不利。”并记载了 19 首方来治疗因饮酒过伤导致的不适。

《寿世保元 · 卷二 · 饮食》载有葛花解醒汤、八仙锉散、石葛汤、百杯丸、解酒仙丹、神仙醒酒丹、醒醉汤、饮酒不醉方、断酒法、伤酒不药法等方子。明代龚廷贤所著的《种杏仙方 · 卷四》载万杯不醉丹：“白葛根（四两，青盐水浸一昼夜，取出晒干），白果芽（白果内青芽，一两，蜜浸一日，砂锅内焙干），细芽茶（四两），绿豆花（四两，阴干），葛花（一两，童便浸七日，焙干），陈皮（四两，青盐水浸一日以上。青盐用一两化水），菊花蕊（未开口菊青朵头，四两），豌豆花（五钱），真牛黄（一钱），青盐（四两，盛入牛胆内，煮一炷香，同胆皮共用）。上共为细末，用蟒胆为丸，如梧桐子大。饮酒半醉，吞一丸，其酒自解。再饮时再服。如此经年不醉。”

2. 作者自制解酒药方

作者根据临床用药的体会，自制一首解酒之方，命名为葛花醒酒汤。

组成：葛花 20 克，枳椇子 15 克，砂仁 6 克，白豆蔻 6 克，泽泻 10 克，猪苓 10 克，石菖蒲 6 克，丁香 3 克，香薷 10 克，生甘草 10 克，薄荷 6 克，太子参 10 克，佛手 10 克。

功效：醒酒解醉，化湿利尿。

主治：酒醉导致的呕吐、腹满不适、神志不清、胡言乱语、狂躁等。

方解：解酒一般要选用具有芳香化湿、利尿的药物和食物，上方即据此选用药物组方。方中葛花、枳椇子具有良好的解酒作用，为治酒醉首选之品；砂仁、白豆蔻、香薷、佛手芳香化湿，和中醒脾；薄荷宣畅气机；猪苓、泽泻利尿渗湿，加速酒毒的排泄；丁香、石菖蒲醒脾祛浊；太子参扶助正气；生甘草调和诸药，全方共助醒酒之功。

用法：按照上方的药物比例，一起研末后以水冲服，也可以泡水饮服。每次用药粉约 10 克左右即可。若在某种特定场合需要饮酒时，可以事先取药末适量，将其泡水后饮服，或者在饮酒过程中，边饮酒边饮此药茶水，会使酒量增加，且无不良反应。

使用注意：若饮酒中毒严重者，需要去医院进行救治。本方选用具有芳香化湿、利尿之品治疗酒毒，以促进排泄，减轻酒毒对于身体的伤害。要注意的是，本方是不得已而用之，切不可因用解酒药而大量饮酒。

3. 解酒单验方

对于轻度或中度醉酒，一般不需采取特殊的医疗措施。但因其皮肤扩张，容易散热，故须保暖，以防着凉。如有呕吐，要当心呕吐物被吸入气管引起肺部感染，应及时清除口内的呕吐物。对步态不稳者，要防止跌伤。如急于催醒，可用鸡毛、筷子或牙刷柄刺激病人咽喉部，以引起呕吐，促使将已饮入而未吸收的酒精吐出来，醉酒症状就会明显减轻。对重度醉酒者，应及时送医院进行急诊抢救，千万不能耽误时间。应对之急，可以选用下列单方以解酒。

（1）大白菜帮洗净，切成细丝，加些食醋、白糖，拌匀后腌渍 10 分钟食用。

（2）乌梅 30 克水煎服，解醉酒后之烦渴。

（3）牛奶与酒混合，可使蛋白凝固，缓解酒精在胃内吸收，并有保护胃黏膜的作用，减少对酒精的吸收。

（4）冬瓜炖汤服，因冬瓜有利尿作用，有利于乙醇加快排泄。

（5）甘草 60 克，绿豆 120 克，煎汤饮之。

（6）甘蔗去皮，榨汁服。

（7）甘薯绞碎，加白糖适量，搅拌服下。

（8）生白萝卜洗净榨汁，代茶饮服。或醉酒后可嚼食生萝卜。或将萝卜切成丝，加醋和糖凉拌食用。

（9）生姜含于口中，有止吐作用。

（10）生梨汁饮服或吃梨。

（11）生绿豆或赤豆、黑豆 50 ~ 100 克，加适量水煮烂，连豆带汤一并喝下。

（12）生蛋清、鲜牛奶、霜柿饼煎汤服。

（13）生番薯切细，拌入白糖服食。

（14）生橄榄 20 克，加冰糖 30 克炖服。或生橄榄 60 克，酸梅 10 克，水煎取汁，加糖调味食用。

（15）白萝卜洗净后，取汁服。或白萝卜汁加红糖，每次饮用 1 杯。也可直接吃生萝卜。

（16）白醋 10 毫升，加适量白糖、开水，频频饮之。

（17）白糖润肺生津，可解口干燥渴。服用适量的白糖水，能稀释胃中酒精浓度，减少酒的吸收。

（18）皮蛋蘸醋服食。

（19）竹茹 10 ~ 15 克，水煎服。

（20）竹笋 100 克，水煮汤饮。

（21）米汤饮服，因米汤中含有多糖类及 B 族维生素，加入白糖饮用，疗效更好。

（22）肉豆蔻 10 ～ 12 克，水煎服。

（23）西瓜汁能加速酒精从尿液排出，避免其被机体吸收而引起全身发热，也具有清热去火功效，能帮助全身降温。

（24）西红柿汁饮服，因能促进酒精分解，使酒后头晕感逐渐消失。

（25）杨桃醋渍，加水煎服。

（26）灵芝泡水饮服，可以快速分解人体内的酒精。

（27）芹菜汁能治酒后胃肠不适、颜面发红、胃肠不适。

（28）豆腐能解乙醛毒，可以食用。

（29）陈醋 30 克，红糖 15 克，生姜 3 片，煎水服。

（30）饮酒过多，大热烦躁者，砂仁 10 克、茯神、葛根、人参、白芍、瓜蒌、枳实、生地黄、甘草、酸枣仁各 20 克，煎汤服用。

（31）鸡蛋、皮蛋能形成一层保护膜，防止酒精渗透胃壁，达到解酒作用。

（32）松花蛋 2 个，浸渍食醋后食用。

（33）柚子可消除口中酒气。

（34）茭白榨汁，加少量姜汁灌服。

（35）草莓挤汁，加米醋、糖适量，拌匀饮服。

（36）食盐少许，用白开水泡后饮服。

（37）食醋 20 ～ 25 毫升，徐徐服下。或食醋与白糖浸渍过的大白菜心食用。

（38）香蕉治酒后心悸、胸闷。或香蕉皮切成条状水煎，加糖适量饮服。

（39）海蜇洗净后，加水煎汤饮服。

（40）荸荠洗净捣成泥状，用纱布包裹压榨出汁饮服，或加少量冰糖服。

（41）高良姜 10 ～ 15 克，水煎服。

（42）绿豆、红小豆、黑豆各 50 克，加甘草 15 克，煮烂，豆、汤一起服下，能提神解酒，缓解酒精中毒症状。

（43）绿豆、扁豆、青豆、黄豆、黑豆、赤小豆各 25 克，葛根、甘草、砂仁各 10 克，煎汤饮服。

（44）绿豆适量，用温开水洗净，捣烂，开水冲服或煮汤服。

（45）菜花捣汁，加白糖饮服，可解酒清热。

（46）菱角 250 克连壳捣碎，加白糖 60 克，水煎后滤汁，一次服用。

（47）雪梨 2 ~ 3 个，洗净切片，捣成泥状，用纱布包裹压榨出汁饮服。

（48）葛花 20 克，用开水泡服。

（49）葛根 30 克，加水适量，煎汤饮服。

（50）葡萄干嚼食。

（51）葡萄汁、芹菜叶熬汁取 30 毫升，米醋调服，可治酒后头痛、头晕、反胃。新鲜葡萄中含有丰富的酒石酸，能与酒中乙醇相互作用形成酯类物质，降低体内乙醇浓度，达到解酒目的。同时，其酸酸的口味也能有效缓解酒后反胃、恶心的症状。

（52）蜂蜜水可治酒后头痛，能有效减轻酒后头痛症状，促进酒精的分解吸收。

（53）酸枣、葛花各 10 ~ 15 克，煎服。

（54）鲜草莓洗净食用。

（55）鲜菱角 5 ~ 8 枚剥壳，醋浸 2 天，加糖适量生食，治酒后胃热心烦。

（56）鲜橙 3 ~ 5 个，榨汁饮服，或食服。

（57）鲜藕洗净，捣成藕泥，取汁饮服。

（58）橄榄 20 克，打碎，用冰糖 30 克炖，分 3 次服，可治酒毒湿热、饮食停滞。

（59）橄榄 4 枚，芦根 60 ~ 100 克，水煎服。可治酒后胃热心烦，能清热生津，降火除烦。

（60）橄榄 60 克，酸梅 10 克，水煎取汁，加糖调味食用，可治酒毒烦渴。

（61）橘皮 10 克煎汁，加入鲜萝卜汁、鲜藕汁各 50 毫升，调匀饮用。或橘皮适量，焙干，研成细末，加少许食盐，用温开水冲服。

（62）藕切成薄片后，在开水中烫一下捞出，放入少量白糖搅拌，待凉后一次食完。或用藕汁饮服。

第七章

饮酒有利弊，饮时需注意

中医认为，酒是助湿热之物，过量饮酒有害无益。研究发现，若60岁以上的人喝2杯酒以后，走路就会出现问题，容易绊倒。

对于烟、酒、茶三者，抽烟有害无益，而饮酒有害有益，喝茶有益无害，所以应该不抽烟、少饮酒、多喝茶。适量饮酒有利于身体健康，但大量饮酒则对于身体有害无益。因为酒可以促进气血运行，兴奋大脑，加强体内的物质代谢，少量饮酒可以扩张血管，改善睡眠。但大量饮酒时，酒中所含的乙醇需要肝脏进行解毒，饮酒过多就会加重肝脏的负担，导致肝脏功能受损，且容易导致肝硬化、酒精肝、肝坏死等，还可引起胃炎、肾炎、胰腺炎、心肌病变、脑病变、神经炎等多种疾病。酗酒还容易导致癌症。所以饮酒既有益也有害。

《博物志·卷十》记载：王尔、张衡、马均昔冒重雾行，一人无恙，一人病，一人死。问其故，无恙人曰："我饮酒，病者食，死者空腹。"这是说三人之中，空腹者死，饱食者病，饮酒者健。此酒势辟恶，胜于他物之故也。这就说明适量饮酒是有益的，所以饮酒既是一种享受，也是一种情调，同时也能防病。尤其是朋友聚会时，往往忘乎所以，容易醉酒，如饮用不加以注意，就有可能导致身体受损。李时珍告诫人们："少饮则和血行气，壮神御寒，消愁遣兴；痛饮则伤神耗血，损胃亡精，生痰动火。"（《本草纲目·卷二十五·酒》）清代严西亭等所著的《得配本草·卷五》云："黄酒、烧酒，俱可治病，但最能发湿中之热。若贪饮太过，相火上炎，肺因火而痰嗽，脾因火而困怠，胃因火而呕吐，心因火而昏狂，肝因火而善怒，胆因火而发黄，肾因火而精枯，大肠因火而泻痢，甚则失明，消渴呕血，痰喘肺痿，痨瘵，反胃噎嗝，鼓胀癥瘕，痈疽痔漏，流祸不小，可不慎欤！"因此饮酒应注意。

饮酒前，时间情绪需调整

（1）饮酒时间：一般而言，早晨和上午不宜饮酒，尤其是早晨最不宜饮酒。

因为在这段时间，胃分泌的酒精脱氢酶浓度最低，在饮用同等量的酒精时，更多的酒精被人体吸收，从而导致血液中的酒精浓度较高，而酒是有毒的，这样就会对人的肝脏、脑等器官造成较大伤害。相对而言，若在下午饮酒，则对人体比较安全，尤其是在 15 ~ 17 时最为适宜。此时不仅人的感觉敏锐，而且由于人在午餐时进食了大量的食物，使血液中所含的糖分增加，对酒精的耐受力也加强，且时间也比较充裕，可以慢斟细饮，所以此时饮酒对人体的危害较小。但不可夜饮。《本草纲目·卷二十五·酒》引汪颖《食物本草》载："人知戒早饮，而不知夜饮更甚。既醉既饱，睡而就枕，热拥伤心伤目。夜气收敛，酒以发之，乱其清明，劳其脾胃，停湿生疮，动火助欲，因而致病者多矣。"之所以戒夜饮，主要是因为夜气收敛，一方面所饮之酒不能发散，热壅于里，有伤心、伤目之弊；另一方面酒本为发散走窜之物，可扰乱夜间人气的收敛和平静，伤人和气。所以很多人饮酒后头痛，这就是夜饮带来的危害。

（2）发怒时勿饮酒：因盛怒会加快酒精进入血液的速度，造成肝脏受损。同时，中医认为怒伤肝，这样就会造成对肝的更大伤害。

（3）郁闷时勿饮酒：心情不佳时，饮酒极易导致醉酒，伤害身体，所谓"借酒浇愁愁更愁"是也。因为心情不好时多为肝气郁结，而酒毒需要肝脏解毒，这样就更加重了肝脏的负担。

（4）吃药后勿饮酒：吃药后不宜饮酒，特别是在服安眠药、镇静剂、感冒药之后。因为这些药物与酒结合会产生对身体不利的影响。

（5）空腹勿饮酒：空腹时，酒精吸收快，人容易喝醉，而且空腹喝酒对胃肠道伤害大，容易引起胃出血、胃溃疡，因此空腹不宜饮酒。最好的预防酒醉的方法就是在喝酒之前，先食用油质食物，如肥肉、蹄髈等，或饮用牛奶，利用食物中脂肪不易消化的特性来保护胃部，以防止酒精渗透胃壁。空腹饮酒加快了酒精进入血液的速度，如果边吃东西边饮酒，就不容易喝醉。因为若边进食边饮酒，酒在胃内停留时间长，吸收缓慢，所以不易酒醉。

（6）不要混饮：饮酒时，一般不要喝杂酒，即不能喝了茅台，又喝五粮液。因为酒的香型不同，不但感受不到饮酒的乐趣，还会导致身体受损。物性有相反相忌，丛然杂进，轻则五脏不和，重则立兴祸患。并且各种不同的酒中除都含有乙醇外，还含有其他一些互不相同的成分，其中有些成分不宜混杂。多种酒混杂饮用会产生一些新的有害成分，会使人感觉胃部不适、头痛等。正所谓“酒不可杂饮。饮之，虽善酒者亦醉，乃饮家所忌。”

（7）不要将药酒作宴会用酒：某些药物成分可能跟食物中一些成分发生矛盾，或者发生化学变化，饮后会令人恶心、呕吐等不适。有些体质的人不适合饮用药酒，故应避免用药酒作宴会用酒。

（8）饮酒忌成瘾：适量饮酒是一种乐趣，但若嗜酒成瘾，则可引起精神紊乱，失去控制力。慢性酒精中毒者由于长期饮酒，引起人格改变和智能衰退，变得自私孤僻，说话不修边幅，对人漠不关心，出现情绪不稳、记忆力减退、性功能下降、震颤等征象。

饮酒中，慢斟细酌勿混饮

（1）慢斟细饮：喝酒不宜过快过猛，应当慢斟细饮，让身体有时间分解体内的乙醇。酒桌上罚酒数杯或一口焖的做法不利于养生，也不利于健康。饮酒不宜大口，因大口喝酒，酒精会很快地进入胃中，对肝、胃、肾均有强烈刺激。不善饮酒而又必须饮酒者可从少量开始，逐渐增量，亦可兑水后服用。乙醇靠肝脏分解，需要各种维生素来维持辅助，如果饮酒时胃肠中空无食物，则乙醇最易被迅速吸收，造成肝脏受损。饮酒应提倡饮必小咽，很多人饮酒常讲究干杯，似乎一杯杯的干才觉得痛快，才显得豪爽，其实这样饮酒是不科学的。正确的饮法应该是轻酌慢饮。《吕氏春秋》就提到：“凡养生，……饮必小咂，端直无戾。”喝酒不宜大口太急，吃饭、饮酒都应慢慢地来，这样才能品出味道，才不会导致内脏受损。

（2）暴酒勿饮：白酒存放的时间越长，口感越好，酒以陈者为上，愈存愈妙。暴酒（指仓促酿成的酒）切不可饮，饮必伤人。酒以不苦、不甜、不咸、不酸、不辣为好酒。昔人有云：“清烈为上，苦次之，酸次之，臭又次之。”所以劝人饮酒者，新酒、暴酒、烈酒、劣酒就不要强逼人饮，好酒也以少劝为佳。酒戒酸、戒浊、戒生、戒狠暴、戒冷、务清、务洁、务中和之气。

（3）切勿强饮：饮酒时不能强逼硬劝别人，自己也不能赌气争胜，不能喝多却硬要往肚里灌，这是摧残自己。饮酒之人，其善饮者不待劝，其绝饮者不能劝，唯有能饮而故不饮者宜劝。然能饮而故不饮也可能有多种原因，饮宴苦劝人醉，并不高雅，君子饮酒，率真量情。以大醉为欢乐，实不可取。

（4）提倡温饮：白酒一般在室温下饮用，但是稍加温后再饮，口味较为柔和，香气也浓郁。古有关羽温酒斩华雄的故事，这是因为酒中的一些低沸点的成分都含有较辛辣的口味，如乙醛、甲醇等较易挥发，从而减少有害成分。温饮更芳香适口。有人主张冷饮，也有人主张温饮，古人认为冬天饮冷酒手会颤抖，故提倡温饮，因为热饮伤肺、冷饮伤脾。主张冷饮的人认为酒性本热，如果热饮，其热更甚，易于损胃。如果冷饮，则以冷制热，无过热之害。至于冷饮、温饮何者适宜，可随个体情况的不同而有所区别对待。从季节来说，冬季宜温饮，夏季宜冷饮。特别是黄酒提倡温饮，温饮的显著特点是酒香浓郁，酒味柔和，但加热时间不宜过久，否则酒精都挥发掉了，反而淡而无味。

（5）不要混饮：因为各种酒的成分、含量不同，若互相混杂则会发生变化，混饮使人饮后不舒适，甚至头痛、易醉。①不宜与啤酒同饮，因会加速酒精对全身的渗透吸收，对肝、肾等产生强烈的刺激和危害。②不宜与碳酸饮料同饮，如可乐、汽水等，以免加快身体吸收酒精的速度。③不宜与咖啡同饮，酒精能刺激大脑，使其过度兴奋和麻痹，咖啡也有兴奋大脑的作用，增加酒精对人体的损害，这样会加重对大脑的刺激，也刺激血管扩张，加快血液循环，极大增加心血管的负担，对人体造成的损害会超过单纯喝酒的许多倍，甚至诱发高血压，如果再加上情绪紧张、激动，其危险性会更大。酒后也不宜喝咖啡，因咖啡因是一种利尿剂，酒后大量喝咖啡会导致身体缺水加剧。若是患有经常性失眠症的人，会使病情恶化。若是患有神经性头痛的人如此饮用，会立即引发病痛。若是心脏不适，或是有阵发性心动过速的人，很可能诱发心脏病。生活中，一旦将二者同时饮用，应饮用大量清水或是在水中加入少许葡萄糖和食盐喝下，可以缓解不适症状。

（6）饮酒适量：饮酒不能过量，孔子曾指出：“唯酒无量，不及乱。”就是告诫人们饮酒必须量力而行、适可而止。如果不加节制、多饮滥饮，甚至酗酒成瘾，就会损害身体。正所谓“饮酒适量是良药，酒量过度是砒霜。”

（7）少饮烈酒：酒液中酒精含量较高，有害成分也高。高度酒中除含有较高的乙醇外，还含有杂醇油、醛类、甲醇等多种有害成分。过量饮用烈酒，轻者会出现头晕、头痛、胃病、咳嗽、胸痛、恶心、呕吐、视力模糊等症状，严重者则会出现呼吸困难、昏迷、甚至死亡。而低度酒有害成分少，却富含糖、有机酸、氨基酸、维生素等多种营养成分。所以饮酒要饮质量好、度数低的酒。

（8）多吃蔬菜：蔬菜类食物或者豆制品中含有很丰富的维生素 C、维生素 B

等能量成分，这些物质能够和酒精拮抗，所以在饮酒时多吃蔬菜更有利于保护身体，而不至于使身体受损。主要以多吃新鲜蔬菜、鲜鱼、瘦肉、豆类、蛋类等为好。忌用咸鱼、香肠、腊肉下酒，因为此类熏腊食品含有大量色素与亚硝胺，可与酒精发生反应，不仅伤肝，而且损害口腔与食道黏膜，甚至诱发癌。

（9）多吃甜食：酒的主要成分是乙醇，其进入人体，在肝脏分解转化后才能排出体外，这样就会加重肝脏的负担。所以饮酒时，应适当选用保肝食品。糖对肝脏具有保护作用，如糖醋鱼、糖藕片等。

（10）不要抽烟：饮酒时吸烟更伤身，谚云："吸烟加饮酒，阎王牵着走。"酒有毒，烟亦有毒，二者同时侵犯身体，害处更大。

饮酒后，沐浴服药需谨慎

（1）酒后不宜洗澡：酒精的代谢速度与环境温度或人体运动有关，人在饮酒后，体内储备的葡萄糖在洗澡时会因体力活动和血液循环加快而大量地消耗掉，造成血糖含量大幅度下降，从而导致体温也较快地降低。同时，酒精抑制了肝脏的正常生理活动，妨碍了体内葡萄糖储存的恢复，故洗热水澡无助于解酒。即使不饮酒去洗澡，因洗澡时门窗紧闭，空气不流通，室内缺氧，人在热水中浸泡后，全身血管扩张，加上大脑缺氧，就容易出现头昏。而喝酒后引起血管扩张，体温也随之急剧降低，使肌体疲劳，容易出现低血糖症。喝酒后酒精使大脑皮层兴奋，心跳及血液循环加速，再加上洗澡时热水刺激，会使血压进一步升高，引起昏厥现象，甚至危及生命。

（2）酒后不宜服药：因酒精会和多数药品发生化学反应，并产生有毒物质，所以酒后服药害处多。一方面可增加对大脑的抑制作用，而另一方面又使药力徒增，超过人体正常耐受量，致使发生危险。特别是年老体弱或患有心、肝、肾疾病的人更应避免酒后服药。

（3）酒后不宜立即睡觉：饮酒过量后不要任其自然入睡，如果是重度酒精中毒，很有可能一睡不醒。酒精会扰乱睡眠中的呼吸，致使肺部运气不规律等现象，从而对身体产生危害。

（4）酒后不宜唱歌：唱歌主要是一项声带运动，饮酒后声带紧张麻木，大声歌唱很容易损伤声带和支配声带的运动肌肉，引起声带红肿、裂伤。饮酒后多兴奋，因酒精对咽部的刺激，使人唱歌后会感觉喉部发憋难受，说话声音沙哑。

（5）酒后不宜吃烧烤：食物在烧烤过程中，不仅食物中蛋白质的利用率降低了，同时还会产生致癌物质苯并芘。而且肉类中的核酸经过加热分解，产生基因突变物质，也可能导致癌症的发生。当饮酒过多而使血铅含量增高时，烧烤食物中的上述物质与其结合，容易诱发消化道肿瘤。

（6）酒后不宜饮浓茶：有不少饮酒之人常常喜欢酒后喝茶，认为喝茶可以解酒，其实则不然，酒后喝茶对身体极为有害。①茶叶中的茶多酚虽有一定的保肝作用，但浓茶中的茶碱可使血管收缩，血压上升，反而会加剧头疼。②茶叶中的茶碱有利尿作用，酒精转化为乙醛后还来不及再分解，便从肾脏排出，会使肾脏受到乙醛的刺激，从而影响肾功能。③饮酒后常会出现口渴，而茶性寒，酒、茶入肾脏为停毒之水，会出现腰脚重坠，也会导致水肿、消渴。④喝茶会抑制胃酸分泌，冲淡胃液，不利于消化，使人感到不适。茶中含量较多的单宁，当胃壁收缩时，可影响到胃对脂肪和蛋白质水解物的吸收，并妨碍人体对铁的吸收。⑤饮茶过多，大量水分进入身体后，会加重心脏和血管的负担。茶中的茶碱也与酒同样具有兴奋心脏的作用，茶与酒相互作用，更易诱发胃病，加重心脏负担。李时珍说："酒后饮茶，伤肾脏，腰脚重坠，膀胱冷痛，兼患痰饮水肿、消渴挛痛之疾。"（《本草纲目·卷二十五·酒》）

（7）酒后多饮水：喝白酒时要多喝白开水，这样可以降低酒精在胃肠道的浓度，也有利于酒精尽快随尿排出体外，防止酒精中毒。

平时饮酒，把握适度益健康

（1）酒量方面：不习惯饮酒的人在服用药酒时，可以先从小剂量开始，逐步增加到需要服用的量，也可以冷开水稀释后服用。平时惯于饮酒者，服用药酒量可以比一般人略增一些，但也要掌握分寸，不能过分。饮量适度，少饮有益，多饮有害。无太过，亦无不及。对于药酒，太过伤损身体，不及等于无饮，起不到养生作用。

（2）性别方面：妇女有经、带、胎、产等生理特点，在妊娠期、哺乳期就不宜使用药酒。在行经期，如果月经正常，也不宜服用活血功效较强的药酒。育龄夫妇忌饮酒过多。适量饮酒使人感觉松弛、无焦虑，引起性兴奋；过量饮酒则破坏性行为，并抑制性功能。慢性酒精中毒影响性欲，并伴有内分泌紊乱。男性表现为血中睾酮水平降低，引起性欲减退、精子畸形和阳痿。如果这种受酒精损伤的精子与卵子结合，所发育成形的胎儿出生后可出现智力迟钝、发育不良、愚顽，且容易生病。妊娠饮酒可导致胎儿畸形，孕妇饮酒可影响胎儿发育。

（3）年龄方面：年老体虚者，因新陈代谢较缓慢，在服用药酒时可适当减量。相反，青壮年由于新陈代谢相对旺盛，药酒用量可相对多一些。儿童生长发育尚未成熟，脏器功能尚未齐全，所以一般不宜服用药酒，如病情确有需要，也应注意适量。

（4）不与女斗：女性通常是不肯喝酒的，一是与中国的传统文化影响有关。古今中外的文学作品中，善饮女性不是荡妇就是女侠，如《水浒传》中的“母夜叉”孙二娘与“菜园子”丈夫张青在十字坡开酒店，动不动就在酒里下蒙汗药，将一条条汉子麻翻，剁成肉馅，做成人肉包子出售，就连打虎的英雄武松也差一点成了孙二娘的刀下鬼。二是因为女性胃中解酒的一种酶低于男性，所以女性多不饮酒。三是由于善饮的女性受传统的习俗影响，绝不轻易饮酒。四是因为通常会喝酒的女性若是饮酒，就说明其胃中解酒的酶大大高于正常水平，所以在酒桌上，男性大多不同女性拼酒，怕的就是酒量不及女性而出丑，有“好男不跟女斗”的习俗。所以一般情况下，大多数女性是轻易不肯喝酒的，女性自己克制自己，因为怕酒后出丑，破坏了自身的形象。因此在酒席上，男士不要与女士拼酒。

患病期间，饮酒伤身需控制

生病期间不要饮酒，这是因为酒产生的副作用较多。

（1）感冒者不宜饮酒：感冒患者，尤其是严重者，多有不同程度的体温偏高、升高，治疗要用退热药，如果服用对乙酰氨基酚后，一旦饮用了白酒，两者产生的代谢产物对肝将产生严重损害，直到完全坏死。

（2）肝病患者忌饮酒：在肝功能正常的情况下，喝点酒能够增进食欲，而且肝脏也能顺利地完成解酒的任务。如果患有肝脏疾病，则肝脏无法完成解毒的任务，从而加重肝脏病情。因为酒精需要在肝脏解毒，肝炎患者的肝功能不全，解毒能力降低，饮酒会使酒精在肝脏内积聚，使肝细胞受损伤而进一步失去解毒能力，加重病情。肝炎患者饮酒还可导致营养不良性肝硬化。

（3）眼睛充血者忌酒：饮酒过多，酒中的有害成分对眼睛有较大的损伤，能使视神经萎缩，严重的甚至可导致失明。看电视可使视力衰退，而饮酒又损害视神经，二者同时进行等于火上浇油，对视力大有损伤。因此，饮酒过多后切勿急于看电视，老年人尤应注意。

（4）糖尿病患者禁酒：糖尿病患者在服药期间宜戒酒，因为少量的酒即可使药酶分泌增多，使降血糖药物如胰岛素等的疗效降低，导致达不到治疗效果。如果大量饮用酒，则会抑制肝脏中药酶的分泌，使降糖药的作用增强，导致严重的低血糖反应，甚至昏迷死亡。

（5）冠状动脉粥样硬化性心脏病患者忌饮酒过多：冠状动脉粥样硬化性心脏病患者少量饮啤酒、黄酒、葡萄酒等低度酒可促进血脉流通，气血调和，故少量饮酒对冠状动脉粥样硬化性心脏病患者并无害处，甚至有利，关键在于防止一次性大量饮酒及长期过量饮酒。

（6）高血压患者忌多饮酒：血压会随着饮酒量的增多而波动，血压愈高，心、脾、肾等重要器官的并发症也愈多，因此高血压患者宜戒酒，服用治疗药酒也应适量。

（7）中风患者忌饮酒过多：长期大量饮用高度白酒能损害大脑神经细胞，影响人的智力。对中风病人来说，脑血管已经出现病变，若再受到酒精的刺激，会使中枢神经处于兴奋或抑制状态，中枢神经一旦兴奋，就可导致血压突然上升、心率加快而存在脑出血的危险性。如果中枢神经处于抑制状态，则可使血压降低、脑供血不足而发生脑梗死。若少量饮用低浓度的优质药酒，对中风后遗症病人的康复而言，也有一定益处。

（8）胃肠溃疡患者少饮酒：经常或过量饮酒，酒精就会刺激食管黏膜，导致食管充血、水肿，形成食管炎。酒精还能破坏胃黏膜的保护层，刺激胃酸分泌和胃蛋白酶增加，导致胃黏膜充血、水肿和糜烂，从而引起急、慢性胃炎和消化性溃疡。胃肠溃疡患者即使饮用少量的低度酒，也足以破坏其胃黏膜，加重病情。因此，肠胃溃疡患者要忌酒。

（9）肾炎患者忌酒：慢性肾炎患者抵抗力较低，容易发生感染，饮酒不仅不利于肾功能的康复，而且还加重肾脏负担，导致肾炎病情恶化。饮酒不仅会破坏慢性肾炎患者机体的内环境，不能为肾脏修复提供良好环境。饮酒还会影响机体的氮平衡，增加蛋白质的分解，增加血液中的尿素氮含量，进而增加肾脏负担，故应禁酒。

（10）结核病患者禁酒：酒是促使结核病易患和高发的重要因素。普通量的酒精即可妨碍呼吸道细菌的清除功能，因为酒可使巨噬细胞的运动功能下降，吞噬作用减弱，降低其杀菌能力。饮入酒中约5%经肺排出，而酒从肺排出会刺激呼吸道，降低呼吸道的防御能力，易使结核菌乘虚而入。酒精中毒可直接损害人体的免疫系统，若酒精与抗结核药物同服，则毒副作用增大，如异烟肼与酒同服可致恶心、呕吐、头晕、头痛、呼吸困难、心律不齐、心肌梗死等。在服用抗结核药物时，应禁酒及含酒精饮料等。

（11）胰腺炎患者禁酒：饮酒和进食高脂肪食物是引起慢性胰腺炎急性发作或迁延难愈的重要原因。其中饮酒是导致胰腺炎的直接原因，酒精可刺激胃酸的分泌，使胰液和胰酶的分泌增加，故应禁吃大肥大肉，忌暴饮暴食。

（12）痛风患者禁酒：痛风是由于体内嘌呤代谢紊乱，嘌呤的代谢产物尿酸在血液中的水平升高，聚集成结晶沉积在关节内或关节周围，或沉积在肾脏或输尿管里，引起痛风发作，发作时关节红肿疼痛甚至变形。酒精易使体内乳酸堆积，对尿酸排出有抑制作用，尤其是啤酒本身即含有大量嘌呤，可使血尿酸浓度增高，所以痛风患者需禁酒。无论白酒还是啤酒，其主要成分都是乙醇，而乙醇会延缓尿酸排泄，导致尿酸堆积，诱发痛风。

（13）哮喘患者禁酒：哮喘患者中约有10%的人对酒精过敏，饮酒能诱发哮喘发作和加重哮喘病情。病人在缓解期如饮少量酒，常无大碍，但如果饮酒过多，由于酒精能刺激咽喉部、兴奋大脑皮层、扩张外周血管，进而会激发哮喘发作，所以还是以不饮为宜。哮喘性支气管炎是由于上呼吸道感染了病毒所致。这些病毒又都可成为支气管炎的致病原，使感染往下蔓延，引起支气管壁发炎、黏膜充血水肿、管壁肌肉痉挛，支气管因而变得相对狭窄而产生哮鸣音。一般在饮酒1小时内发生哮喘。患有支气管哮喘、慢性气管炎、肺气肿等慢性病的患者常出现咳嗽、痰多，夜间及早晨有加重现象，影响睡眠，特别是老人，其肺的通气功能本来就较差，故应禁酒。

（14）阳痿患者禁酒：成年男子一次大量摄取酒精后，随着酒精浓度的升高，血中雄性激素睾酮的浓度下降，故男性日常应尽量少喝酒。少量饮酒使人处于迷糊状态，导致性兴奋，而大量饮酒可导致性抑制，可呈现性欲减退、精子畸形、阳痿等性功能障碍。慢性酒精中毒会导致不能正常地产生雄激素和精子。因此有饮酒嗜好者，如一旦发现早泄、阳痿、遗精和性冷淡等性功能障碍时，应戒酒。

（15）骨折患者禁酒：大量的酒精能损害人体骨骼的新陈代谢和钙的吸收，使其丧失正常生长发育和修复损伤的能力，酒精还会影响药物对骨骼的修复作用。所以骨折患者不宜饮酒，若实在要饮酒，可以喝一点活血化瘀、续筋接骨的药酒。

（16）酒精过敏者禁酒：酒精过敏表现最常见的是皮肤瘙痒，伴红色丘疹，多见于过敏体质。本来就对酒精过敏的人不能饮酒，若需要大量、长期喝酒才会引起酒精过敏者，可以少量饮用，慢慢适应就不会出现过敏症状了。

（17）其他：其他疾病患者如咯血、高血压、失眠者一般不宜饮酒。

第八章

《本草纲目》特效药酒方

与酒有关的小偏方

惊怖卒死：温酒灌之即醒。

鬼击诸病，卒然着人，如刀刺状，胸胁腹内切痛，不可抑按，或吐血、鼻血、下血，一名鬼排：以醇酒吹两鼻内，良。肘后。

马气入疮，或马汗、马毛入疮，皆致肿痛烦热，入腹则杀人：多饮醇酒，至醉即愈，妙。肘后方。

虎伤人疮：但饮酒，常令大醉，当吐毛出。梅师。

蛇咬成疮：暖酒淋洗疮上，日三次。广利方。

蜘蛛疮毒：同上方。

毒蜂螫人：方同上。

咽伤声破：酒一合，酥一匕，干姜末二匕，和服，日二次。十便良方。

卅年耳聋：酒三升，渍牡荆子一升，七日去滓，任性饮之。千金方。

天行余毒，手足肿痛欲断：作坑深三尺，烧热灌酒，着屐踞坑上，以衣壅之，勿令泄气。类要方。

下部痔䘌：掘地作小坑，烧赤，以酒沃之，纳吴茱萸在内坐之。不过三度良。外台。

产后血闷：清酒一升，和生地黄汁煎服。梅师。

身面疣目，盗酸酒浮，洗而咒之曰：疣疣，不知羞。酸酒浮，洗你头。急急如律令。咒七遍，自愈。外台。

断酒不饮：酒七升，朱砂半两，瓶浸紧封，安猪圈内，任猪摇动，七日取出，顿饮。又方：正月一日酒五升，淋碓头杵下，取饮之。千金方。

丈夫脚冷不随，不能行者：用淳酒三斗，水三斗，入瓮，灰火温之，渍脚至膝。常着灰火，勿令冷，三日止。千金方。

海水伤裂，凡人为海水咸物所伤，及风吹裂，痛不可忍：用蜜半斤，水酒三十斤，防风、当归、羌活、荆芥各二两为末，煎汤浴之。一夕即愈。使琉球录。

与酒有关的药酒方

时珍曰：本草及诸书，并有治病酿酒诸方。今辑其简要者，以备参考。药品多者，不能尽录。

愈疟酒：治诸疟疾，频频温饮之。四月八日，水一石，曲一斤为末，俱酘（酒再酿或再饮）水中。待酢煎之，一石取七斗。待冷，入曲四斤。一宿，上生白沫起。炊秫一石冷酘，三日酒成。贾思勰齐民要术。

屠苏酒：陈延之小品方云：此华佗方也。元旦饮之，辟疫疠一切不正之气。造法：用赤木桂心七钱五分，防风一两，菝葜五钱，蜀椒、桔梗、大黄五钱七分，乌头二钱五分，赤小豆十四枚，以三角绛囊盛之，除夜悬井底，元旦取出置酒中，煎数沸。举家东向，从少至长，次第饮之。药滓还投井中，岁饮此水，一世无病。时珍曰：苏魁，鬼名。此药屠割鬼爽，故名。或云，草庵名也。

逡巡酒：补虚益气，去一切风痹湿气。久服益寿耐老，好颜色。造法：三月三日收桃花三两三钱，五月五日收马蔺花五两五钱，六月六日收脂麻花六两六钱，九月九日收黄甘菊花九两九钱，阴干。十二月八日取腊水三斗。待春分，取桃仁四十九枚好者，去皮尖，白面十斤正，同前花和作曲，纸包四十九日。用时，白水一瓶，曲一丸，面一块，封良久成矣。如淡，再加一丸。

五加皮酒：去一切风湿痿痹，壮筋骨，填精髓。用五加皮洗刮去骨煎汁，和曲、米酿成，饮之。或切碎袋盛，浸酒煮饮。或加当归、牛膝、地榆诸药。

白杨皮酒：治风毒脚气，腹中痰癖如石。以白杨皮切片，浸酒起饮。

女贞皮酒：治风虚，补腰膝。女贞皮切片，浸酒煮饮之。

仙灵脾酒：治偏风不遂，强筋坚骨。仙灵脾一斤，袋盛，浸无灰酒二斗，密封三日，饮之。圣惠方。

薏苡仁酒：去风湿，强筋骨，健脾胃。用绝好薏苡仁粉，同曲、米酿酒，或袋盛煮酒饮。

天门冬酒：润五脏，和血脉。久服除五劳七伤，癫痫恶疾。常令酒气相接，勿令大醉，忌生冷。十日当出风疹毒气，三十日乃已，五十日不知风吹也。冬月用天门冬去心煮汁，同曲、米酿成。初熟微酸，久乃味佳。千金。

百灵藤酒：治诸风。百灵藤十斤，水一石，煎汁三斗，入糯米三斗，神曲九两，如常酿成。三五日，更炊投之，即熟。澄清日饮，以汗出为效。圣惠方。

白石英酒：治风湿周痹，肢节中痛，及肾虚耳聋。用白石英、磁石煅醋淬七次各五两，绢袋盛，浸酒中，五六日，温饮。酒少更添之。圣济总录。

地黄酒：补虚弱，壮筋骨，通血脉，治腹痛，变白发。用生肥地黄绞汁，同曲、米封密器中。五七日启之，中有绿汁，真精英也，宜先饮之，乃滤汁藏贮。加牛膝汁效更速，亦有加群药者。

牛膝酒：壮筋骨，治痿痹，补虚损，除久疟。用牛膝煎汁，和曲、米酿酒。或切碎袋盛浸酒，煮饮。

当归酒：和血脉，坚筋骨，止诸痛，调经水。当归煎汁，或酿或浸，并如上法。

菖蒲酒：治三十六风，一十二痹，通血脉，治骨痿，久服耳目聪明。石菖蒲煎汁，或酿或浸，并如上法。

枸杞酒：补虚弱，益精气，去冷风，壮阳道，止目泪，健腰脚。用甘州枸杞子煮烂捣汁，和曲、米酿酒。或以子同生地黄袋盛，浸酒煮饮。

人参酒：补中益气，通治诸虚。用人参末同曲、米酿酒。或袋盛浸酒煮饮。

薯蓣酒：治诸风眩运，益精髓，壮脾胃。用薯蓣粉同曲、米酿酒。或同山茱萸、五味子、人参诸药浸酒煮饮。

茯苓酒：治头风虚眩，暖腰膝，主五劳七伤。用茯苓粉同曲、米酿酒，饮之。

菊花酒：治头风，明耳目，去痿痹，消百病。用甘菊花煎汁，同曲、米酿酒。或加地黄、当归、枸杞诸药亦佳。

黄精酒：壮筋骨，益精髓，变白发，治百病。用黄精、苍术各四斤，枸根、柏叶各五斤，天门冬三斤，煮汁一石，同曲十斤，糯米一石，如常酿酒饮。

桑椹酒：补五脏，明耳目。治水肿，不下则满，下之则虚，入腹则十无一活。用桑椹捣汁煎过，同曲、米如常酿酒饮。

术酒：治一切风湿筋骨诸病，驻颜色，耐寒暑。用术三十斤，去皮捣，以东流水三石，渍三十日，取汁，露一夜，浸曲、米酿成饮。

蜜酒：孙真人曰：治风疹风癣。用沙蜜一斤，糯饭一升，面曲五两，熟水五升，同入瓶内，封七日成酒。寻常以蜜入酒代之，亦良。

蓼酒：久服聪明耳目，脾胃健壮。以蓼煎汁，和曲、米酿酒饮。

姜酒：诜曰：治偏风，中恶疰忤，心腹冷痛，以姜浸酒，暖服一碗即止。一法：用姜汁和曲，造酒如常，服之佳。

葱豉酒：诜曰：解烦热，补虚劳，治伤寒头痛寒热，及冷痢肠痛，解肌发汗。并以葱根、豆豉浸酒煮饮。

茴香酒：治卒肾气痛，偏坠牵引，及心腹痛。茴香浸酒，煮饮之。舶茴尤妙。

缩砂酒：消食和中，下气，止心腹痛。砂仁炒研，袋盛浸酒，煮饮。

莎根酒：治心中客热，膀胱胁下气郁，常忧不乐。以莎根一斤切，熬香，袋盛浸酒。日夜服之，常令酒气相续。

茵陈酒：治风疾，筋骨挛急。用茵陈蒿炙黄一斤，秫米一石，曲三斤，如常酿酒饮。

青蒿酒：治虚劳久疟。青蒿捣汁，煎过，如常酿酒饮。

百部酒：治一切久近咳嗽。百部根切炒，袋盛浸酒，频频饮之。

海藻酒：治瘿气。海藻一斤，洗净浸酒，日夜细饮。

黄药酒：治诸瘿气。万州黄药切片，袋盛浸酒，煮饮。

仙茆（即仙茅）酒：治精气虚寒，阳痿膝弱，腰痛痹缓，诸虚之病。用仙茆九蒸九晒，浸酒饮。

通草酒：续五脏气，通十二经脉，利三焦。通草子煎汁，同曲、米酿酒饮。

南藤酒：治风虚，逐冷气，除痹痛，强腰脚。石南藤煎汁，同曲、米酿酒饮。

松液酒：治一切风痹脚气。于大松下掘坑，置瓮承取其津液，一斤酿糯米五斗，取酒饮之。

松节酒：治冷风虚弱，筋骨挛痛，脚气缓痹。松节煮汁，同曲、米酿酒饮。松叶煎汁亦可。

柏叶酒：治风痹历节作痛。东向侧柏叶煮汁，同曲、米酿酒饮。

椒柏酒：元旦饮之，辟一切疫疠不正之气。除夕以椒三七粒，东向侧柏叶七枝，浸酒一瓶饮。

竹叶酒：治诸风热病，清心畅意。淡竹叶煎汁，如常酿酒饮。

槐枝酒：治大麻痿痹。槐枝煮汁，如常酿酒饮。

枳茹酒：治中风身直，口僻眼急。用枳壳刮茹，浸酒饮之。

牛蒡酒：治诸风毒，利腰脚。用牛蒡根切片，浸酒饮之。

巨胜酒：治风虚痹弱，腰膝疼痛。用巨胜子二升炒香，薏苡仁二升，生地黄半斤，袋盛浸酒饮。

麻仁酒：治骨髓风毒痛，不能动者。取大麻子中仁炒香，袋盛浸酒饮之。

桃皮酒：治水肿，利小便。桃皮煎汁，同秫米酿酒饮。

红曲酒：治腹中及产后瘀血。红曲浸酒煮饮。

神曲酒：治闪肭腰痛。神曲烧赤，淬酒饮之。

柘根酒：治耳聋。方具柘根下。

磁石酒：治肾虚耳聋。用磁石、木通、菖蒲等分，袋盛酒浸日饮。

蚕沙酒：治风缓顽痹，诸节不随，腹内宿痛。用原蚕沙炒黄，袋盛浸酒饮。

花蛇酒：治诸风，顽痹瘫缓，挛急疼痛，恶疮疥癞。用白花蛇肉一条，袋盛，同曲置于缸底，糯饭盖之，三七日，取酒饮。又有群药煮酒方甚多。

乌蛇酒：治疗、酿法同上。

蚺蛇酒：治诸风痛痹，杀虫辟瘴，治癞风疥癣恶疮。用蚺蛇肉一斤，羌活一两，袋盛，同曲置于缸底，糯饭盖之，酿成酒饮。亦可浸酒。详见本条。颖曰：广西蛇酒：坛上安蛇数寸，其曲则采山中草药，不能无毒也。

蝮蛇酒：治恶疮诸瘘，恶风顽痹癫疾。取活蝮蛇一条，同醇酒一斗，封埋马溺处，周年取出，蛇已消化。每服数杯，当身体习习而愈也。

紫酒：治卒风，口偏不语，及角弓反张，烦乱欲死，及臌胀不消。以鸡屎白一升炒焦，投酒中待紫色，去滓频饮。

豆淋酒：破血去风，治男子中风口喎，阴毒腹痛，及小便尿血，妇人产后一切中风诸病。用黑豆炒焦，以酒淋之，温饮。

霹雳酒：治疝气偏坠，妇人崩中下血，胎产不下。以铁器烧赤，浸酒饮之。

龟肉酒：治十年咳嗽。酿法详见龟条。

虎骨酒：治臂胫疼痛，历节风，肾虚，膀胱寒痛。虎胫骨一具，炙黄捶碎，同曲、米如常酿酒饮。亦可浸酒。详见虎条。

麋骨酒：治阴虚肾弱，久服令人肥白。麋骨煮汁，同曲、米如常酿酒饮之。

鹿头酒：治虚劳不足，消渴，夜梦鬼物，补益精气。鹿头煮烂捣泥，连汁和曲、米酿酒饮。少入葱、椒。

鹿茸酒：治阳虚痿弱，小便频数，劳损诸虚。用鹿茸、山药浸酒服。详见鹿茸下。

戊戌酒：诜曰：大补元阳。颖曰：其性大热，阴虚无冷病人，不宜饮之。用黄狗肉一只煮糜，连汁和曲、米酿酒饮之。

羊羔酒：大补元气，健脾胃，益腰肾。宣和化成殿真方：用米一石，如常浸浆，嫩肥羊肉七斤，曲十四两，杏仁一斤，同煮烂，连汁拌末，入木香一两同酿，勿犯水，十日熟，亟甘滑。一法：羊肉五斤蒸烂，酒浸一宿，入消梨七个，同捣取汁，和曲、米酿酒饮之。

腽肭脐酒：助阳气，益精髓，破症结冷气，大补益人。腽肭脐酒浸擂烂，同曲、米如常酿酒饮。

参考文献

[1] 张印生，韩学杰 . 孙思邈医学全书 . 北京 ：中国中医药出版社，2015.

[2] 李世华 , 王育学 . 龚廷贤医学全书 . 北京 ：中国中医药出版社，2015.

[3] 章穆 . 调疾饮食辩 . 北京 ：中医古籍出版社，1987.

[4] 罗贯中 . 三国演义 . 长沙 ：岳麓书社，1986.

[5] 施耐庵 . 水浒传 . 沈阳 ：北方联合出版传媒集团万卷出版公司，2014.

[6] 吴承恩 . 西游记 . 北京 ：华夏出版社，2007.

[7] 曹雪芹，高鹗 . 红楼梦 . 北京 ：华夏出版社，2007.

舌尖上的酒文化

我醉欲眠卿且去
明朝有意抱琴来
葡萄美酒夜光杯
欲饮琵琶马上催
醉卧沙场君莫笑
古来征战几人回
花间一壶酒
独酌无相亲
举杯邀明月
对影成三人
对酒当歌 人生几何
譬如朝露 去日苦多

永结无情游
相期邈云汉
渭城朝雨浥轻尘
客舍青青柳色新
劝君更尽一杯酒
西出阳关无故人
明月几时有
把酒问青天
不知天上宫阙
今夕是何年
我居北海君南海
寄雁传书谢不能

即从巴峡穿巫峡
便下襄阳向洛阳
三杯两盏淡酒
怎敌他晚来风急
雁过也 正伤心
却是旧时相识
抽刀断水水更流
举杯消愁愁更愁
人生在世不称意
明朝散发弄扁舟
五花马 千金裘
呼儿将出换美酒

今朝有酒今朝醉
明日愁来明日愁
莫许杯深琥珀浓
未成沉醉意先融
疏钟已应晚来风
瑞脑香消魂梦断
辟寒金小髻鬟松
醒时空对烛花红
李白斗酒诗百篇
长安市上酒家眠
天子呼来不上船
自称臣是酒中仙
绿蚁新醅酒